알기쉬운

바이러스

오 상 진 지음

探 求 堂

서 문

바이러스란 무엇인가? 바이러스도 생물의 일부인가? 이런 궁금증들은 필자의 학생시절 가지고 있던 의문들 중의 하나였습니다. '바이러스'라는 말 속에는 '은밀한', '정체가 불분명한' 이라는 의미가 은연중에 포함되어 있으며, 바이러스는 너무 작아서 우리 몸에 침입하는 과정을 확인하는 것이 불가능하고 증상이 나타나면 그때서야 감염이 일어난 것을 깨닫게 됩니다. 비슷한 예로 '컴퓨터 바이러스'라는 말이 있는데 이 말도 은밀한 가운데 컴퓨터에 침투하여 해를 일으키는 행태가 생물체의 바이러스와 비슷하기 때문에 사용하게 된 말입니다. 바이러스의 가장 큰 특징은 크기가 매우 작다는 것입니다. 바이러스의 크기를 표기하는 단위인 나노미터(nm)는 1미터의 10억분의 1에 해당하며 최첨단의 전자현미경으로도 겨우 관찰할 수 있을 정도의 크기에 불과합니다. 또 바이러스의 구조는 매우 간단하여 자기가 필요한 유전정보만을 가지고 다니며 외부에는 단백질 껍질을 가지고 있어서 유전정보를 보호해 줍니다. 살아있는 모든 생명체(식물, 동물, 미생물)는 모두 바이러스를 가지고 있으며 바이러스는 숙주와 상호관계를 유지하며 살고 있습니다. 바이러스가 단순히 생명체를 괴롭히기 위해 존재하는 것은 아니며, 거대한 생물계(biosphere)의 관점으로 보면 어느 하나가 지나치게 늘어나지 않도록 조절하는 조절자의 역할을 수행한다는 것이 생물학자들의 생각입니다.

바이러스의 또 다른 특징은 그들이 가지고 있는 유전정보가 자주 변한다는 것입니다. 그러면 바이러스는 왜 변할까요? 바이러스가 숙주로 사용하는 모든 생물들은 환경의 변화에 끊임없이 적응하며 변해가고 있습니다. 숙주를 이용해 살아가는 바이러스는 숙주의 변화속도보다 더 빠른 속도로 변하지 않으면 생존경쟁에서 도태될 위험에 빠지게 됩니다. 결국 바이러스는 유전적 변이를 통해 다양성을 추구하며 그 다양성은 바이러스의 생존전략인 셈입니다. 우리는 아직도 해결의 실마리를 찾지 못하는 에이즈 바이러스, 사스 바이러스, 조류 인플루엔자 바이러스 등의 바이러스들을 알고 있습니다. 사스 바이러스는 원래 사람에 감염하지 않는 동물의 코로나바이러스가 변이를 일으킨 것이며, AIDS를 일으키는 HIV는 원래 침팬지나 원숭이를 감염하는 바이러스였습니다. 이들은 원래의 숙주로부터 돌연변이를 통해서 사람에 대한 친화력을 획득한 다음에, 사람에게 심각한 위협이 되고 있습니다. 또 조류독감 바이러스는 조류, 돼지, 사람 등의 동물을 떠돌아다니면서 사람의 면역기억이 쇠하여질 때를 기다려 인간으로 다시 진입할 기회를 호시탐탐 노리고 있습니다. 이와 같은 상황에서 인간들도 바이러스 변화에 관심을 가지며 이에 대하여 장기적으로 대응해 나가는 지혜가 필요할 것입니다. 필자는 지난 10여 년간 대학에서 바이러스에 대한 강의를 해오고 있습니다. 많은 학생들이 처음에는 흥미에 차서 오지만, 나중에는 내용이 너무 방대하고 복잡해 어려워하는 것을 많이 보았습니다. 그래서 처음 배우는 학생들이 알아야 할 내용을 체계적으로 설명해주는 책이 있으면 좋겠다고 생각하여 그 동안 강의에 사용하던 자료를 정리해 책으로 만들게 되었습니다. 책의 출판에 심혈을 기울여주신 홍석우 사장님을 비롯한 탐구당 모든 관계자들의 노고에 진심으로 감사를 드립니다. 아울러 이 책을 읽는 분들께 모든 내용을 충분히 이해할 수 있는 하나님의 지혜와 총명을 풍성하게 내려주시기를 하나님께 간구합니다.

알기 쉬운 바이러스

1부: 바이러스의 특성

2부: 바이러스와 숙주의 상호작용

3부: 세균성바이러스

4부: 식물 바이러스

5부: 바이러스와 인간

6부: 바이러스와 암

7부: 프리온과 비로이드

8부: 바이러스와 생물계

1부

바이러스의 특성

제 1장. 바이러스는 무엇인가?

▣1. 바이러스의 발견

이집트 상형문자의 그림 (1500 B.C.). 막대기를 가진 사람을 보면 소아마비의 특징을 나타냄.

'virus'는 라틴어로 '독소(poison)'라는 의미를 갖는데 이런 이름이 붙게 된 이유는 바이러스가 생물체에 독성효과를 미치기 때문이다. 그러나 바이러스가 독소와 다른 점은 전염력이 있으며 자손을 생산할 수 있다는 것이다.

독성물질은 희석을 통하여 독성을 약화시킬 수 있으나 바이러스는 희석을 하더라도 복제를 통해 여전히 독성효과를 나타낼 수 있다. 그러면 바이러스에 의한 질병은 언제부터 존재했던 것일까? 기원전 1000년경 이집트의 파라오가 천연두에 감염되어 사망하였으며, 기원전 2-3세기에 인도와 중국에서 천연두의 발생을 추측케 하는 기록이 있으며, 9세기경 페르시아의 한 의사가 천연두와 홍역의 증상을 세밀하게 묘사한 것이 현재까지 남아있다. 고고학적 유물에서도 이러한 증거를 찾을 수 있는데 이집트의 상형문자에서 소아마비로 보이는 사제의 모습(사진)이 그려져 있는 것으로 보아 그 당시에도 소아마비가 존재한 것으로 보인다.

이러한 사실은 바이러스의 역사가 생명체의 역사만큼이나 길다는 것을 보여주는 것이다.

바이러스 연구의 창시자들

메이어 이바노프스키 바이에링크

바이러스를 체계적으로 연구하는 학문을 '바이러스학(virology)'이라고 부르는데, 바이러스학의 탄생은 지금으로부터 약 100년 남짓 거슬러 올라간다. 독일의 농화학자인 메이어는 1887년 Holland에서 담배잎에 일어나는 질병에 관하여 연구를 하였는데, 담배잎에 명암의 병변을 만드는 이 병의 이름을 '담배모자이크병(Tobacco mosaic disease)'이라고 명명하였다. 메이어는 이 병의 원인을 볼 수도, 배양할 수도 없었으나, 병에 걸린 담배잎을 갈아 만든 추출액이 다른 건강한 잎에도 병을 일으킨다는 것을 발견하였다. 그 당시 러시아의 젊은 과학자인 이바노프스키 (1864-1920)는 담배모자이크병의 원인이 무엇인지에 매우 흥미를 가지고 있었으며 코흐의 세균가설을 통하여 이 병의 원인을 증명하고자 하였다. 그 당시 (1884년) 파스퇴르의 공동연구자이던 챔버랜드(Chamberland)가 세균을 거르는 필터를 고안하였는데 이 필터는 도자기로 만들어졌는데 필터의 구멍이 매우 작아 세균도 통과할 수가 없는 것이었다(이 필터는 Chamberland가 고안하여 'Chamberland filter'라고 부른다).

이바노프스키가 사용한 필터

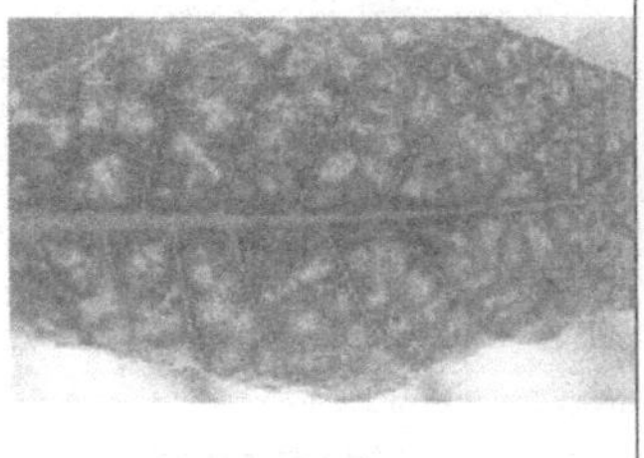

담배모자이크병에 걸린 잎

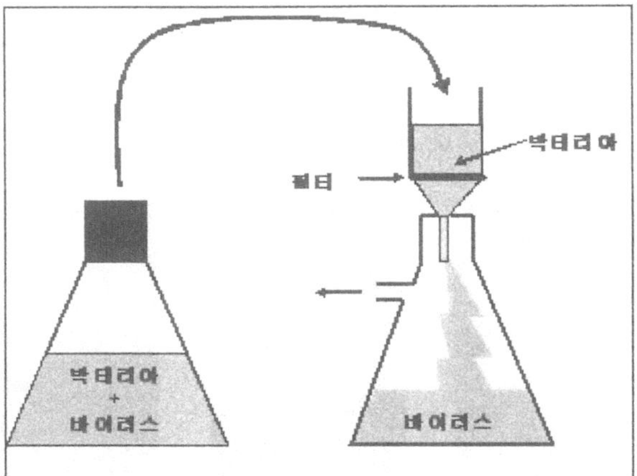

바이러스, 박테리아, 세포 등이 섞여있는 혼합물을
Bacterial-proof filter를 통과시키면
바이러스만 빠져나올 수 있다

이바노프스키는 담배모자이크병 잎사귀의 추출액을 Chamberland 필터를 통과시켜 세균을 걸러낸 다음 그 여과액을 다른 건강한 잎에 문질렀을 때도 똑같이 담배모자이크병이 발생한다는 결과를 1892년 발표하였다. 그는 이 결과를 통하여 세균보다 작으면서 전염성을 지니고 있는 물체가 존재할 가능성을 처음으로 인식하였다. 그러나 그가 발견한 것은 그 당시에 정설로 받아들여지는 이론을 뒤엎는 결과였기 때문에, 그는 자신의 실험결과가 필터나 실험방법의 오류 때문이라고 한동안 생각하기도 하였다. 그러나 6년이 지난 1898년 바이에링크는 같은 실험을 통하여 담배모자이크병 전염력의 재생산을 확인하였고, 새로운 형태의 전염성인자가 존재한다는 사실을 확신하게 되었다. 바이에링크는 담배모자이크병 잎사귀 추출액에 존재하는 이 인자를 '전염력 있는 살아있는 액체(contagium vivum fluidum)'라고 명명했다.

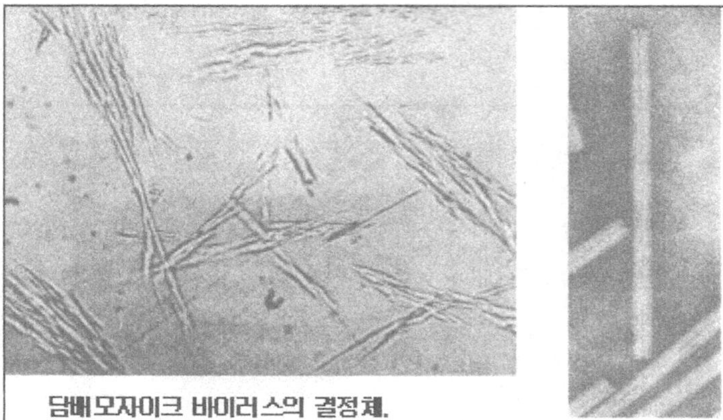

담배모자이크 바이러스의 결정체.
결정은 수많은 바이러스 입자로 구성된다.

담배모자이크 바이러스

1935년 스탠리에 의하여 담배모자이크 바이러스(TMV) 결정체가 만들어지고 드디어 TMV 입자 모양의 관찰에 성공하게 되었다. 이바노프스키의 발표 후 50년이 지난 1942년 스탠리박사는 그의 Science 논문에서 '이바노프스키를 바이러스학의 창시자로 여기는 것은 지극히 당연한 일이다'라고 주장하였다. TMV의 발견을 뒤이어서, 소의 구제역(foot and mouth disease) [Loeffler and Frosch, 1898], 모기에 의한 황열(yellow fever) [Reed, 1901], 닭의 백혈병[Ellerman and Bang, 1908] 등도 'filtrable agent'에 의하여 일어난다는 것이 확인되었고, 질병을 초래하는 filtrable agent들을 '바이러스'라고 명명하게 되었다. Twort와 d'Herelle 등은 1915년과 1917년에 각각 세균에 감염하여 증식하는 세균성 바이러스를 발견하였는데 이것을 '박테리오파아지(bacteriophage)' 또는 '파아지(phage)'라고 불렀다.

▣2. 바이러스의 특성

1. 바이러스는 매우 작다.

바이러스의 크기는 매우 작아서 보통 현미경으로는 물론 성능이 좋은 전자현미경으로도 관찰하기가 쉽지 않다. 일반적으로 수백에서 수십 나노미터(1 나노미터는 1 밀리미터의 100 만분의 1에 해당함)의 크기에 불과하다. 바이러스의 genome(유전체)도 최소한의 유전자만을 지니고 다니기 때문에 매우 작다. 사람의 경우 30,000개 정도의 유전자를 포함하는데 비해 바이러스는 3개~400개 정도의 유전자를 포함한다.

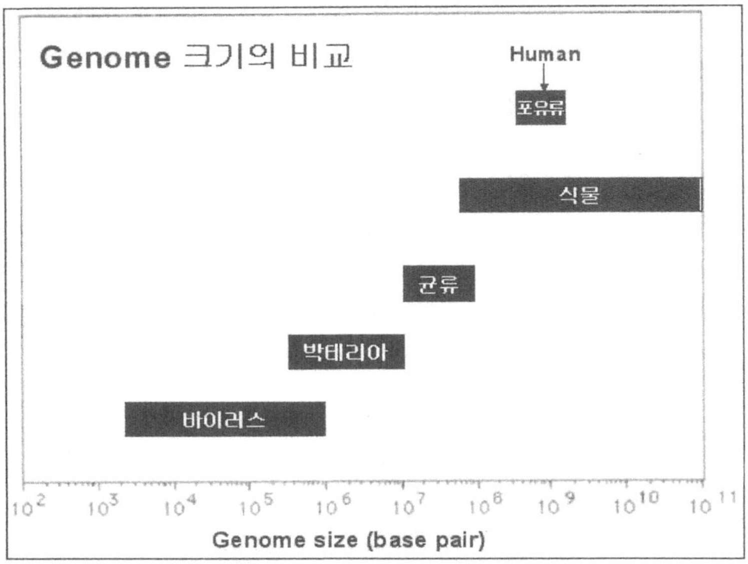

2. 바이러스는 핵산과 단백질로 구성된다.

바이러스는 숙주를 이용하여 자신과 똑같은 바이러스를 생산할 수 있는 유전체(genome)로서 DNA나 RNA 중의 (오직) 하나를 포함한다. 핵산을 파괴할 수 있는 핵산가수분해효소에 의하여 핵산이 파괴되는 것을 막기 위하여 캡시드(capsid) 껍질에 의하여 보호되고 있다.

3. 바이러스는 대사능력이 없다.

바이러스 자신은 대사능력이 전혀 없다. 바이러스는 리보좀(ribosome)을 비롯한 단백질합성기구를 가지고 있지 못하며, 스스로 에너지도 생산할 수 없다. 그렇기 때문에 바이러스는 살아있는 다른 생물체의 세포내에서 숙주의 단백질합성기구를 이용해야만 증식을 할 수 있으므로 '절대적 세포내 기생체(obligate intracellular parasite)'에 해당된다.

▣3. 바이러스의 구조

1. 비리온(virion)

비리온(virion)은 완전한 바이러스 입자(particle)를 말하는데, 숙주의 바깥에 존재하면서 대사기능을 나타내지 않는 개별입자로 오랫동안 존재할 수 있으며, 살아있는 세포를 감염하여 바이러스를 증식할 수 있다.

2. 외피단백질(캡시드, capsid)

유전정보를 가지고 있는 바이러스의 핵산은 매우 중요하기 때문에 외부의 위험요인으로부터 보호하기 위하여 단백질로 구성된 껍질에 의하여 단단히 둘러싸여 있다.

3. 캡소머 또는 캡소미어 [Capsomer(e)]

바이러스의 외피단백질은 겉으로 보기에는 매우 복잡하지만 비교적 단순한 동일한 형태의 단백질 소단위(subunit)가 많이 모여서 복잡한 구조를 형성하게 된다. capsid를 구성하는 단백질 소단위(subunit)를 '캡소머'라 부른다.

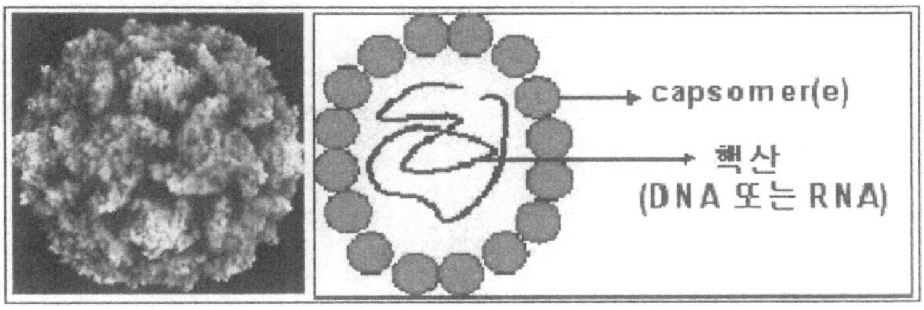

4. 핵산 (nucleic acid, genome)

바이러스의 중심에는 자손 바이러스를 복제할 수 있는 유전정보인 핵산을 포함하고 있다. 핵산은 DNA 또는 RNA로서 둘 중에서 한가지만을 포함하고 있다.

5. 외막 (envelope)

외막은 모든 바이러스가 다 가지고 있는 것은 아니며, 동물 바이러스 중에는 바이러스 입자가 숙주로부터 빠져나올 때 지질로 구성된 숙주의 핵막이나 원형질막에 둘러싸여 나오는 경우도 있다. 외막은 숙주로부터 유래하지만 외막에 삽입되어있는 외막단백질은 바이러스의 유전자에 의하여 만들어진 것이다.

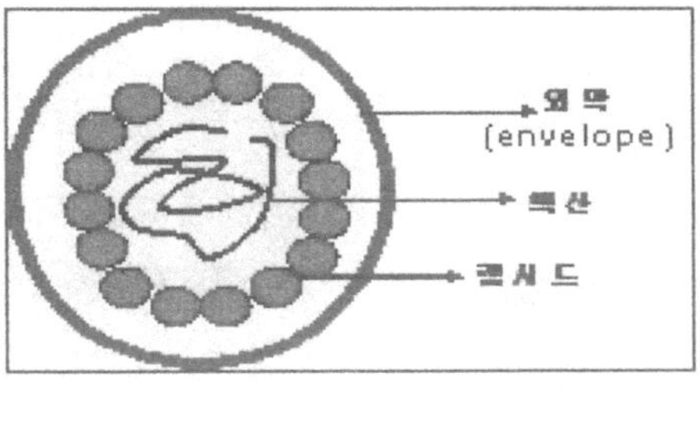

▣4. 바이러스의 모양

바이러스의 모양은 외부 단백질 껍질의 모양에 의해 결정되며, 크게 정이십면체(cubic, icosahedral) 대칭 또는 나선형(helical) 대칭 구조로 나누고, 위의 두형에 해당되지 않으면 복합형(complex)으로 분류한다

바이러스 group에 따른 nucleocapsid 형태

Virus group	핵산의 형태	캡시드의 형태
Parvovirus	DNA	정이십면체형
Papovavirus	DNA	정이십면체형
Adenovirus	DNA	정이십면체형
Herpesvirus	DNA	정이십면체형
Poxvirus	DNA	복합형
Picornavirus	RNA	정이십면체형
Reovirus	RNA	정이십면체형
Togavirus	RNA	정이십면체형
Orthomyxovirus	RNA	나선형
Paramyxovirus	RNA	나선형
Rhabdovirus	RNA	나선형

1. 정이십면체형 대칭

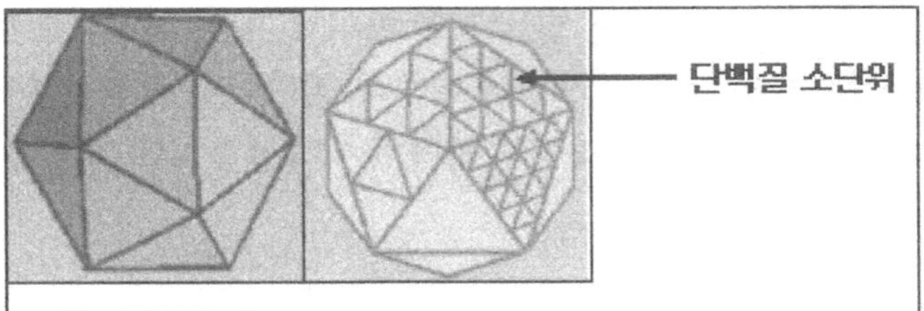

정이십면체

구형의 모양을 이루는 바이러스들을 전자현미경을 통하여 관찰해보면 완전한 공모양이라기 보다는 정이십면체(icosahedral)를 기본으로 한 규칙적 모양을 나타내고 있다. 정이십면체의 각각의 면은 더 작은 단백질 소단위가 모여서 한 면을 구성한다. 최소한의 유전정보

축구공 (5각형과 6각형으로 구성)

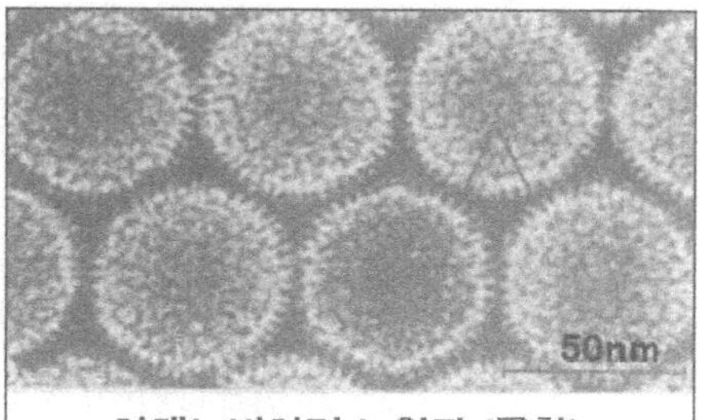

아데노바이러스 입자 (구형)

를 가지고 작은 소단위 단백질 입자를 우선 만들고, 그것이 여러 개 합쳐서 한 면을 구성하고, 그것이 또 모여 최종적으로 완전한 바이러스를 구성할 수 있게 된다.

2. 나선형 대칭

나선형 구조의 바이러스로 담배모자이크병 바이러스(TMV)를 예로 들 수 있는데, 전자현미경 사진에서 실린더형의 막대기(rod)처럼 보이지만 더 자세히 관찰하면 안 쪽에 나선모양의 RNA가 있고 그 바깥쪽을 단백질 소단위가 감싸고 있는 구조를 하고 있다. 나선형 바이러스에서 핵산과 그 주위를 감싸는 단백질분자와는 매우 밀접한 관련을 가지고 있기 때문에 핵산과 캡시드의 복합체를 '뉴클레오캡시드(nucleocapsid)' 라고 부른다.

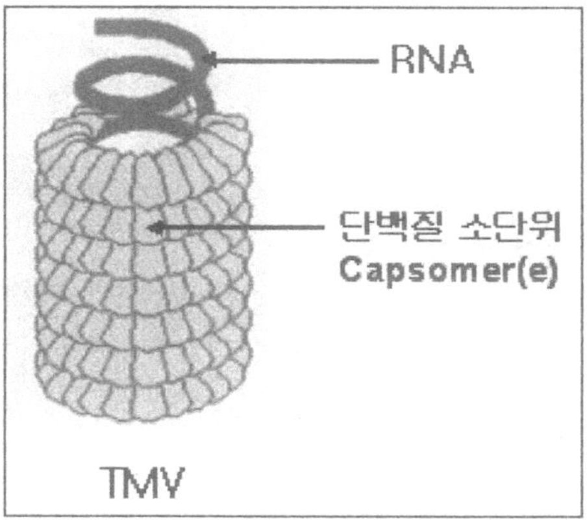

3. 외막형

구형과 나선형의 바이러스 중에는 숙주세포로부터 방출될 때 숙주세포로부터 유래한 지질(lipid)의 외막(envelope)을 가지고 나오는 경우가 있다. 이 경우 바이러스들은 바이러스 자신이 합성한 단백질들을 숙주로부터 유래한 외막에 삽입하는 방식을 취한다.

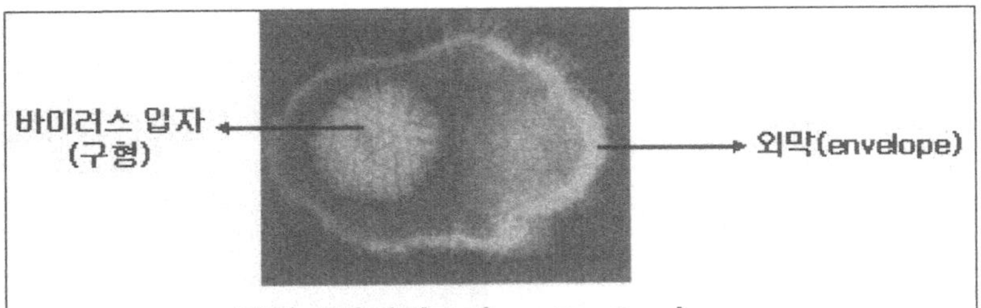

허피스바이러스 (herpes virus)

4. 복합형(complex)

대단히 복잡한 구조를 갖는 바이러스 중에는 앞에서 설명한 구형, 나선형, 외막형 중 어디에도 부합되지 않는 복잡한 형태를 하고 있는 것들이 있다. 예를 들면 폭스바이러스(poxvirus)나 T4 박테리오파아지(bacteriophage)는 매우 복잡한 구조를 하고 있어서 complex 구조로 분류한다.

T4 박테리오파아지

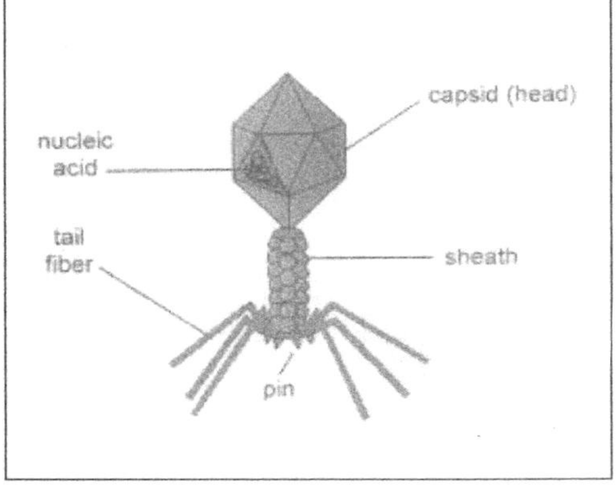

Poxvirus의 모양

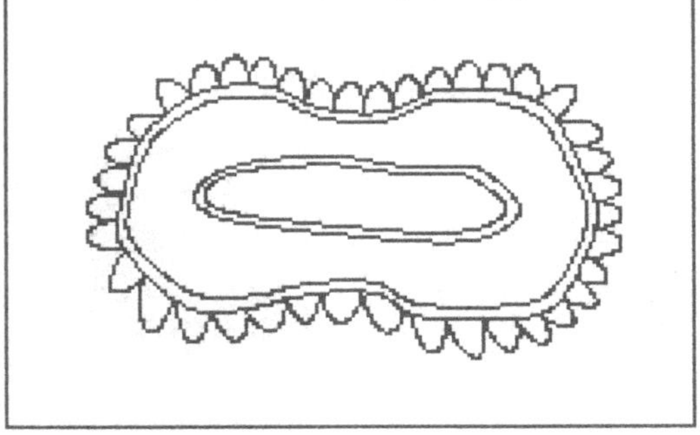

▣5. 바이러스와 박테리아의 비교

항생제는 박테리아의 증식을 막을 수 있으나 바이러스의 증식은 막을 수 없다. 그 이유는 항생제가 박테리아의 대사작용은 억제할 수 있지만 바이러스는 체계가 완전히 다르기 때문에 영향을 미치지 못한다. 박테리아는 이분법으로 분열을 하지만, 바이러스는 구성성분이 되는 핵산과 단백질을 대량으로 먼저 합성한 다음 이것을 조립(assembly)하는 방식으로 많은 수의 자손 바이러스를 짧은 시간에 생산할 수 있다.

바이러스와 박테리아의 비교			
종류	**크기 (nm)**	**증식방법**	**항생제 민감성**
박테리아	500-3000	이분법	+
마이코플라스마	150-1000	이분법	+
리케챠	250-400	이분법 (생체기생)	+
클라미디아	250-400	이분법 (생체기생)	+
바이러스	15-300	대량증식 (생체 내)	-

2장. 바이러스의 핵산

바이러스의 핵산은 바이러스의 복제에 필요한 모든 정보를 포함하고 있다. 이러한 정보는 단순히 바이러스가 필요한 단백질들을 합성하도록 지시하기도 하지만, 숙주세포에 침입 후 숙주자신의 모든 활동을 중단시키며 바이러스를 위한 시스템으로 전환하도록 유도하는 물질을 합성하기도 한다.

▣1. 바이러스에서 발견되는 핵산의 형태

1. DNA 또는 RNA

유전정보를 기록할 수 있는 핵산에는 DNA와 RNA가 있다. DNA나 RNA 모두 당(sugar), 인(phosphate), 염기(base)로 구성되나, DNA는 염기가 아데닌(A), 구아닌(G), 시토신(C), 티민(T)인데 반해 RNA는 티민(T) 대신에 우라실(U)을 가진다. 당(sugar)의 구조도 DNA는 deoxyribose인데 반해 RNA는 ribose로 구성된다. DNA가 RNA보다 더 안정적인 형태를 갖추고 있다.

2. 이중가닥 또는 단일가닥

바이러스가 가지고 있는 DNA나 RNA는 이중가닥(double-stranded) 형태를 가지는 것과 단일가닥(single-stranded) 형태를 가지는 것이 있다.

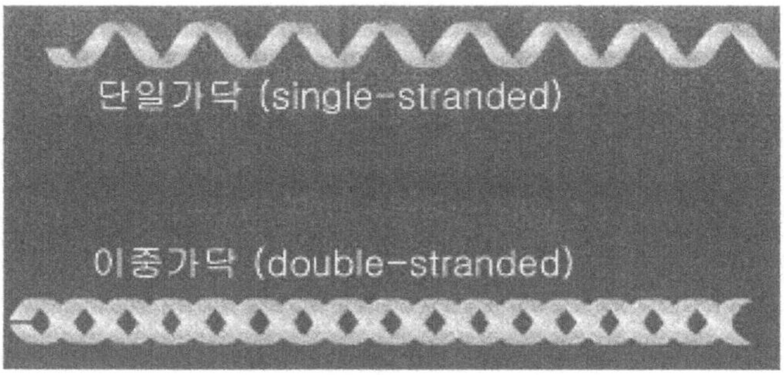

3. Circular(환형) 또는 Linear(선형)

핵산의 양끝이 맞붙어 원형구조를 이루는 경우와 끝이 맞붙어 있지 않아 선형을 이루는 경우가 있다.

4. 일체형(intact) 또는 분절형(fragmented)

바이러스를 구성하는 유전정보가 하나의 핵산에 모두 포함되는 경우와 여러 조각으로 나뉘어 있는 경우가 있다. 예를 들어 인플루엔자바이러스의 유전체는 8조각으로 나누어진 분절형이다.

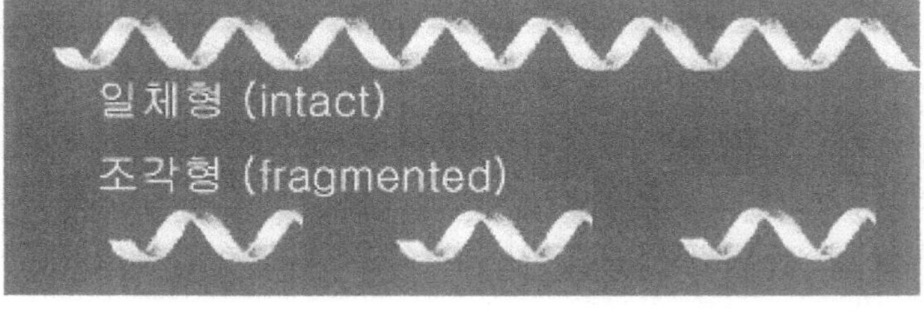

▣2. 바이러스의 분류방법

수많은 바이러스들을 연구할 때 그 복잡성을 줄이기 위하여 유사한 특성을 기준으로 분류

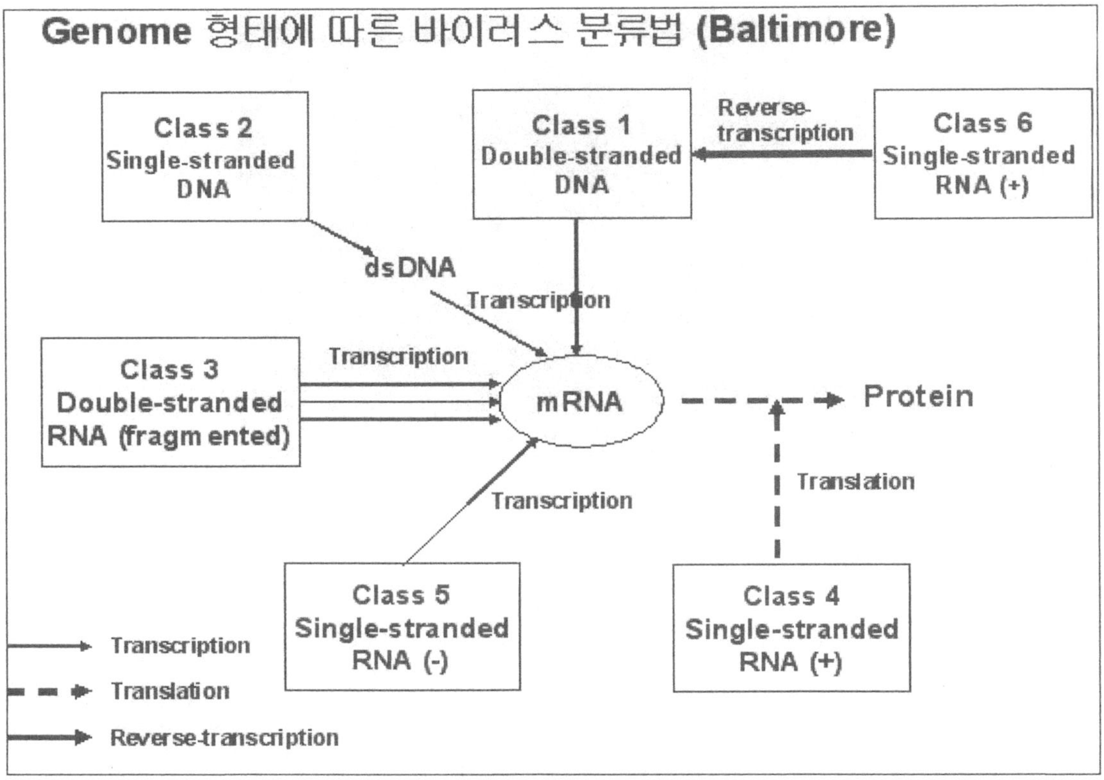

를 한다. 기준으로 사용되는 것은 핵산의 형태, 바이러스의 모양, 외막의 존재 여부, 바이러스 입자의 크기, 캡소머의 수, 숙주의 종류 등 여러 가지가 기준으로 사용될 수 있지만, 가장 많이 이용되는 것은 핵산의 형태에 따른 분류인데, 여기서는 Baltimore에 의한 분류법을 살펴보기로 한다. Baltimore에 의한 분류는 6개의 그룹으로 있었으나, RNA를 통해 복제를 하는 hepadnavirus를 따로 구분하여 7개의 그룹이 되었다. 여기서는 간편성을 위해 6개 class만을 표시했으며, class 7은 4장(바이러스 유전자 복제)에서 살펴보기로 한다. Baltimore의 분류방법은 virus genome의 복제와 transcription에서는 서로 유사성이 있지만, 바이러스의 모양이나 숙주 종류 등 기타 특성에 있어서는 유사성이 없을 수도 있다.

1. Class 1: double-stranded DNA

이중가닥(double-stranded, ds) DNA 양쪽가닥 모두에 있는 유전자가 mRNA (positive or plus RNA)로 전사가 일어난다. 복제와 전사는 숙주세포의 시스템을 이용한다. class1에 해당하는 바이러스에는 많은 박테리오파아지, papovavirus, adenovirus, herpesvirus 등이 있다.

2. Class 2: single-stranded DNA

단일가닥(single-stranded, ss) DNA는 double-stranded DNA 형태를 형성한 다음 mRNA를 합성한다. 바이러스 예로는 phage M13과 parvovirus 등이 있다.

3. Class 3: double-stranded RNA

double-stranded(ds) RNA를 가지는 대부분의 바이러스는 분절형(fragmented, segmented) genome형을 가지며, 한쪽 가닥(strand)만이 전사가 일어난다. 전사과정에 필요한 효소는 숙주세포에는 존재하지 않는 것으로, 바이러스 유전자에 의해서 효소가 만들어져 비리온(virion)안에 포함되며 감염한 직후 즉시 전사에 사용될 수 있다. reovirus가 이 경우에 해당된다.

4. Class 4: single-stranded RNA (+)

positive(+) RNA는 mRNA와 방향성이 같은 것으로, 감염즉시 mRNA 역할을 하여 단백질로 translation될 수 있다. virus genome을 생산하기 위해서 dsRNA 형태(부분적)의 중간체를 형성한다. 이때 필요한 효소는 숙주세포나 바이러스 입자 안에 존재하지 않으며, 바이러스 감염한 후 바이러스의 mRNA가 해독(translation)되어 만들어지는 것으로 보인다. ss(+)RNA virus에는 picornavirus, togavirus, coronavirus 등이 속한다.

5. Class 5: single-stranded RNA (−)

negative(−) RNA는 mRNA와 상보적인 strand로서 전사(transcription)에 의하여 positive(+) RNA를 만든다. virus genome을 생산하기 위해서는 dsRNA(부분적) 중간체를 형성한다. virus RNA를 합성하는 효소는 숙주세포에는 존재하지 않는 것으로 virus gene에 의하여 만들어지며 바이러스 입자 안에 package 되어 감염시 즉시 사용될 수 있다. 이러한 바이러스 종류에는 orthomyxovirus, paramyxovirus, rhabdovirus 등이 속한다.

6. Class 6: single-stranded RNA (+)

class 6에 속하는 RNA 바이러스는 역전사효소(reverse−transcriptase)를 포함하고 있어서 바이러스 RNA를 dsDNA 형태의 중간체를 만들어 숙주세포의 DNA안에 삽입한다. 역전사효소는 숙주세포에는 존재하지 않으며 비리온 입자 안에 package되어 있다. 여기에 속하는 바이러스는 reverse−transcriptase로부터 이름이 유래한 retrovirus가 있다.

▣3. 바이러스 genome의 특징적 구조

1. 말단 중복(Terminal redundancy)서열

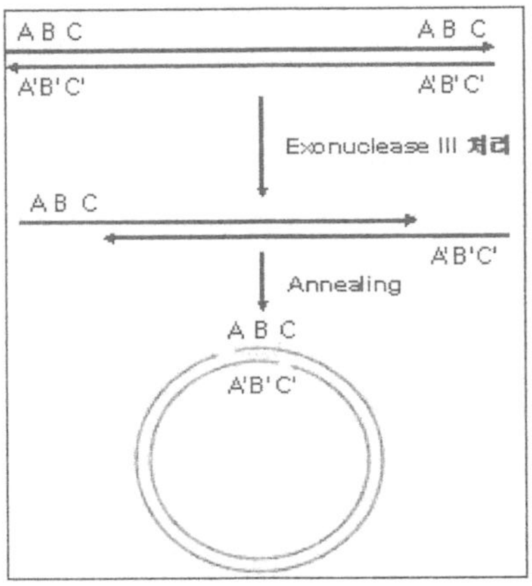

herpesvirus genome의 양끝에는 같은 염기서열이 반복이 되어있다. DNA의 3말단으로부터 염기를 제거해 나가는 exonuclease III를 처리하면 single-strand DNA 부분이 형성되고 이것을 일정한 온도에서 재결합(annealing) 시키면 circular DNA가 형성되는 것으로 확인할 수 있다. 아래 그림과 같은 말단 중복형태를 'direct repeat(DR)' 형 말단중복이라 부른다.

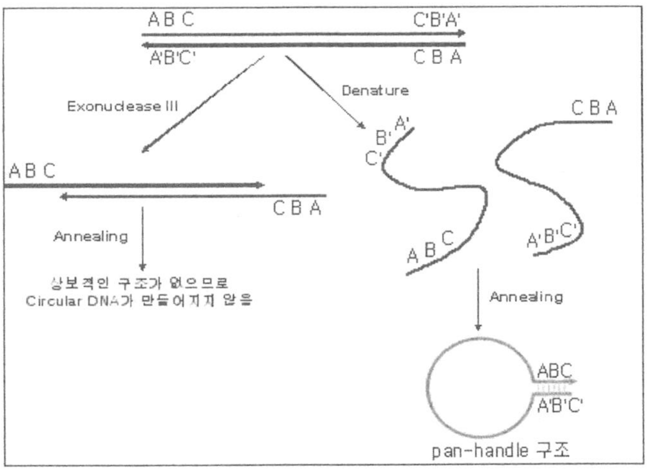

한편 adenovirus의 DNA를 위와 같은 방식으로 처리해 보면 circular형의 DNA가 형성되지 않는다. 그것은 exonuclease III에 의해서 생성된 single strand DNA부분이 서로 상보적인 구조가 아니라는 것을 의미한다. 반면 이 DNA를 알칼리로 denature 시킨 후, 다시 중성으로 만들어주면 손잡이가 달린 원형의 'panhandle' 구조가 만들어지는 것을 확인할 수 있다. 이것은 양끝의 DNA가 역방향(inverted repeat)으로 반복이 되어 있기 때문이다. 이러한 구조를 'inverted repeat' 형 말단중복이라고 부른다.

2. 중간 중복서열 (Internal repeated sequence)

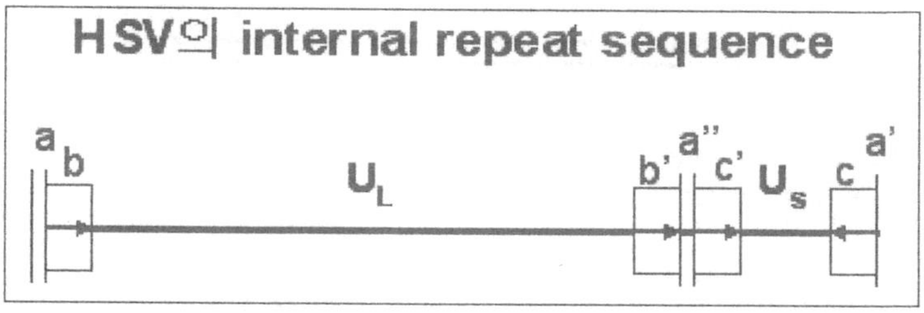

Herpes simplex virus (HSV) type1과 같은 경우 양쪽 말단의 DNA 염기서열이 genome의 중간부분에 반복되는 것이 관찰되는데 중간부분의 반복서열을 internal repeat sequence (IRS)라고 부른다.

3. 접착성 말단구조(single-stranded 'sticky' end)

박테리오파아지 λ의 바이러스입자 안에 존재하는 DNA의 말단은 12개의 nucleotide가 single strand를 구성하고 있는데, 박테리아 안으로 DNA가 주입된 후에는 원형의 DNA로 만들어진다. 이것은 말단부분이 상보적인 구조를 이루기 때문이며, λDNA 복제에 매우 중요한 역할을 한다.

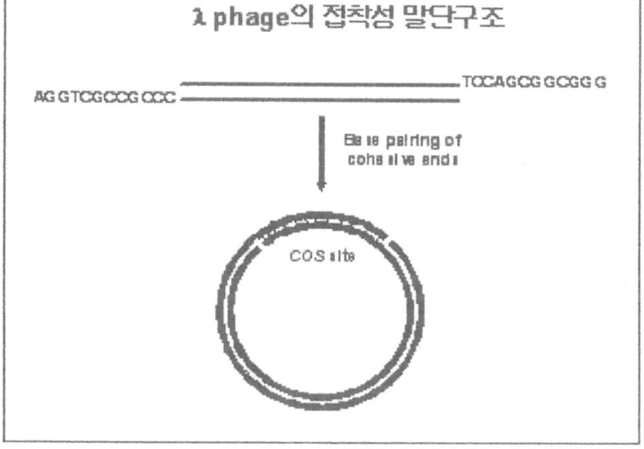

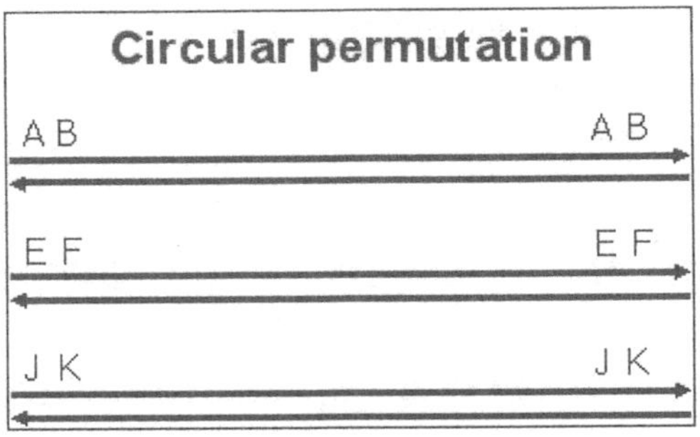

4. 원순열구조(circular permutation)

T4 phage DNA의 말단은 중복이 되긴 하지만, 말단에 반복되는 염기서열이 한 종류로 고정된 것은 아니다. T4 DNA 말단은 여러 종류의 염기서열이 돌아가면서 반복이 되는 것으로 관찰이 되는데 이것은 T4 phage DNA의 복제기작과 밀접한 관련이 있다.

5. genome 말단의 hairpin 구조

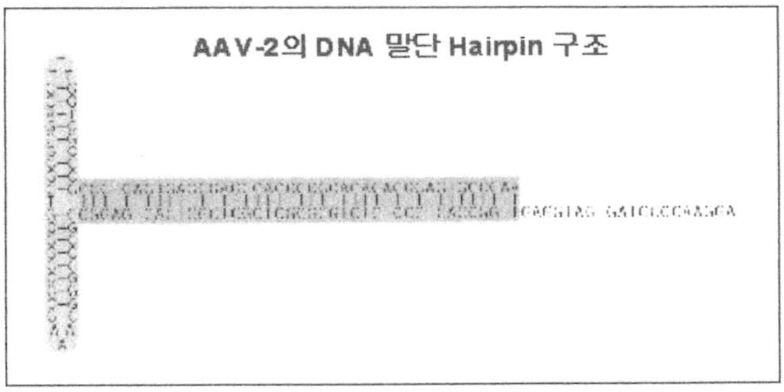

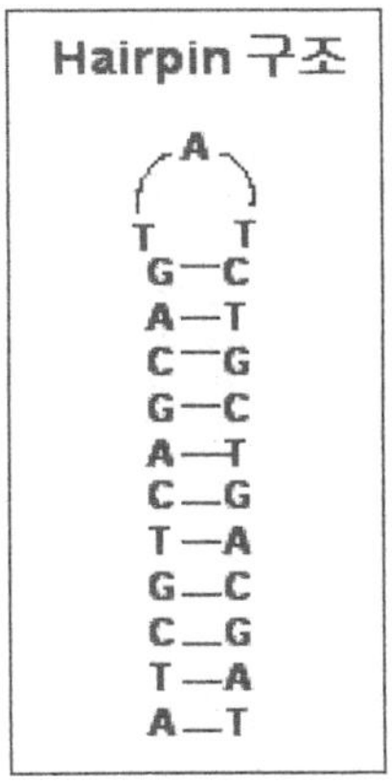

adeno-associated virus(AAV)는 parvovirus family에 속하며, 약 5000 뉴클레오티드로 구성된 단일가닥의 DNA를 genome으로 가지고 있는데, 양쪽 말단은 상보적인 염기쌍을 형성하여 hairpin 구조를 형성하고 있다.

6. genome 말단단백질

poliovirus는 약 8000 뉴클레오티드로 구성된 단일가닥(+)의 RNA genome을 가지고 있는데, 5′ 말단에는 22개의 아미노산으로 구성된 작은 단백질 VPg(virion protein, genome)가 인산에스테르(phosphodiester)결합에 의하여 붙어 있다. 핵산합성과정에서 프라이머(primer) 역할을 수행하는 것으로 보인다.

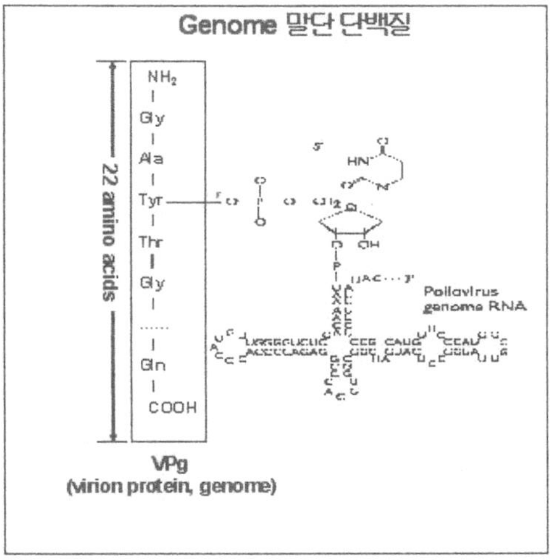

7. 조각형태의 genome (segmented genome)

Reovirus genome은 바이러스입자 안에 10조각의 double-stranded RNA로 존재한다. single-stranded RNA 바이러스 경우에도 segmented genome을 지니는 것이 있는데 influenza virus의 genome은 8조각의 RNA로 구성되어 있다.

8. 겹친 유전자 (overlapping genes)

1977년 영국의 Sanger는 박테리오파아지 ΦX174의 전체 염기서열을 완성하였는데, 커다란 유전자 중간에 reading frame을 달리하여 또 다른 작은 유전자가 들어가 있는 것을 발견하였다. 아래 그림은 ΦX174 genome을 나타낸 것인데, 단백질 A를 코딩한 부분에 단백질 B와 K 단백질 일부를 코딩하고 있지만 reading frame이 서로 다르기 때문에 아미노산 서열은 각각 틀리다.

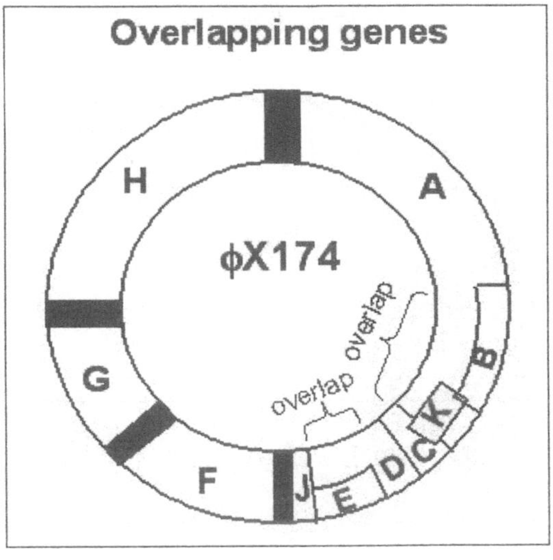

3장. 바이러스의 침입과 증식과정

바이러스에 대해 감수성을 나타내는 숙주세포와 바이러스가 만나게 되면 감염이 일어나게 되며, 바이러스의 종류에 따라서 독특한 과정을 거치게 된다. 모든 생물체에 대하여 각각의 바이러스가 존재하며 그 감염과정은 매우 특이적(specific)이기 때문에 특정의 바이러스는 정해진 숙주만 감염한다. 식물 바이러스는 식물만, 동물 바이러스는 동물만, 미생물 바이러스는 미생물만을 감염할 수 있으며, 한정된 종(species)만을 특이적으로 감염한다. 같은 종(species)안에서도 바이러스에 대한 수용체(receptor)를 지닌 세포만을 감염한다.

▣1. 박테리오파아지의 계단형 증식

바이러스의 종류는 수없이 많으며 그들 각각은 나름대로 독특한 감염주기(infection cycle)를 가지고 있다. 바이러스 중에는 비교적 연구가 많이 되어 있는 것이 있고 다른 한편으로 그렇지 못한 것도 있다. 잘 알려진 바이러스의 감염기작을 통하여 다른 모든 바이러스의 감염주기를 설명할 수는 없지만 밑바탕에 깔려있는 general concept 에는 유사성이 서로 존재한다. 박테리오파아지는 많은 학자들이 유전학과 바이러스를 연구하기 위한 모델로서 사용되었기 때문에 비교적 잘 알려져 있다. 박테리오파아지를 급속히 자라는 박테리아 배양액에 첨가하고 몇 분후부터 박테리아와 파아지의 숫자를 측정하였을 때 관찰되는 성장형태는 'one-step growth(계단형 증식)'라는 특이한 형태를 나타낸다. 바이러스의 숫자를 측정하기 위해서 '플라크 assay'라는 것을 하는데, 바이러스입자와 숙주 박테리아를 혼합하여 배양용기에 깔아주는데 바이러스의 이동을 방지하기 위하여 agar로 고정시킨다. 하루 동안 배양하면 배양용기 표면에 투명한 반점이 나타나는데 이것을 '플라크(plaque)'라고

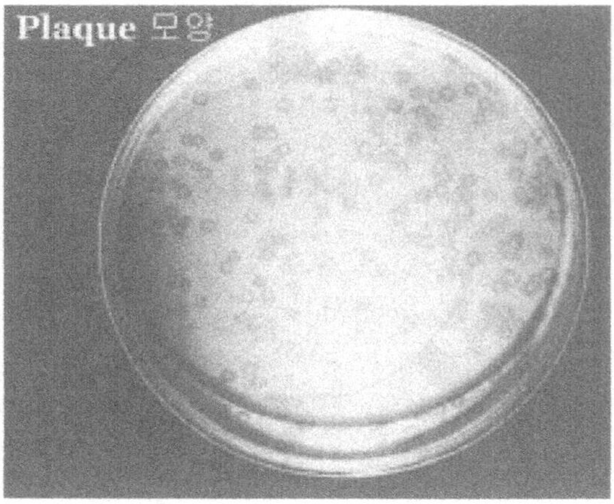

부른다. 바이러스 입자를 포함한 용액의 titer는 'plaque-forming unit(p.f.u.)/ml'로 표기한다. 하나의 플라크는 하나의 바이러스입자에 의하여 생긴 것으로 배양에 의하여 이웃한 세포로 확산되어 '용균환'이 눈에 보일 정도로 커지는 것이다.

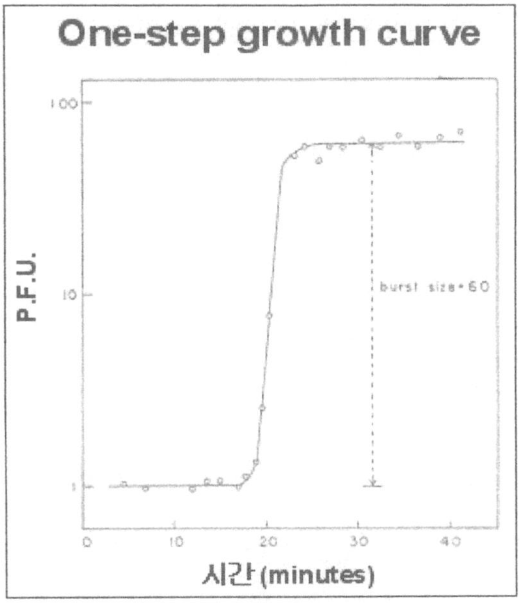

바이러스가 감염한 후 15-20분 동안은 파아지 입자가 관찰되지 않다가 갑자기 파아지의 숫자가 증가하여 증식곡선은 계단(step)모양과 비슷한 모양을 이루고 있다. 그 이유는 숙주 세포 내에서 바이러스의 구성요소인 핵산과 캡시드단백질의 대량합성이 이루어져 일정한 농도이상이 되었을 때 서로 합쳐 조립(assembly)이 일어나 바이러스 입자가 만들어지기 때문이다. 이러한 증식곡선을 'one-step growth curve'라 부른다.

하나의 박테리아로부터 생산되는 바이러스 수를 'burst size'라고 부르며, 전체 바이러스 수를 사용한 박테리아 수로 나누어 산출한다. 감염 후 약 20분 동안은 외부배양액에서 파아지의 입자가 관찰되지 않는데 이 기간을 '잠복기(latent period)'라고 부른다. 세포내에서는 10분에서 15분 사이에 처음으로 파아지 입자가 형성되는데, 감염 직후부터 세포내에 바이러스가 처음 형성될 때 까지를 '암흑기(eclipse period)'라고 한다. 파아지는 세포내에 일정한 개수의 입자가 형성되었을 때에 비로소 박테리아를 깨뜨리고 외부로

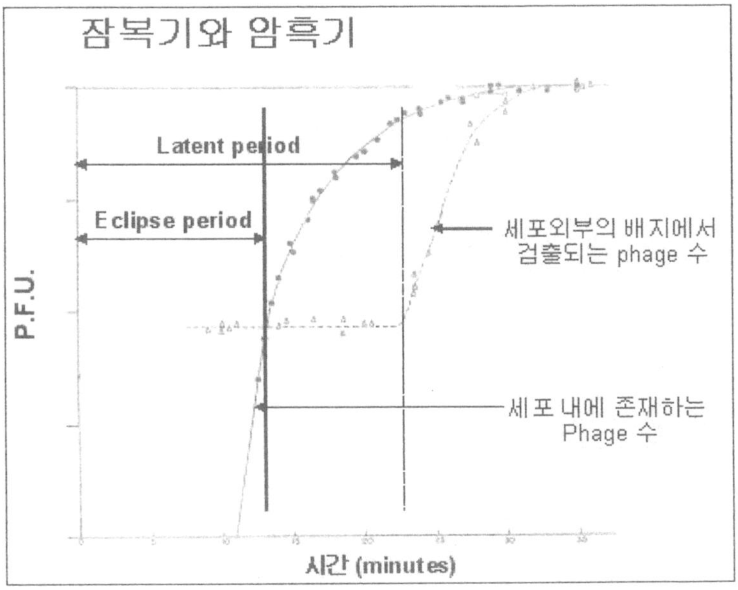

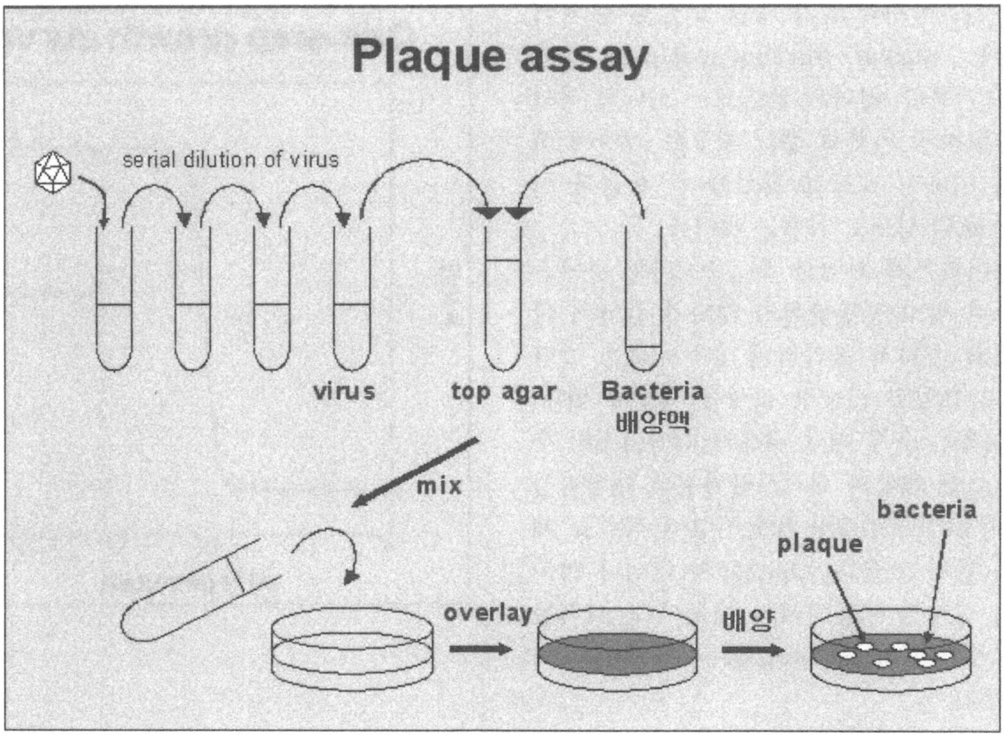

방출될 수 있다. 동물 바이러스에서도 이와 유사한 plaque assay를 할 수 있으나, 박테리오파아지와 같이 몇 분이 아니라, 몇 시간 또는 며칠이 요구되며 훨씬 복잡한 과정을 거친다.

▣2. 바이러스 증식단계

바이러스의 증식단계는 일반적으로 부착 또는 흡착 (attachment, adsorption), 침투 (penetration), 탈외피 (uncoating), 생합성 (biosynthesis of nucleic acid and protein), 조립 및 성숙 (assembly and maturation), 방출 (release) 의 6단계로 나뉘며, 모든 바이러스에서 각 단계가 분명하게 구분되어 나타나는 것은 아니다.

1. 흡착 (attachment, adsorption)

바이러스가 세포에 붙는 과정으로 ionic interaction이 관여한다. 바이러스는 숙주세포 표면에 있는 수용체(receptor)를 인식하는 attachment protein을 지니고 있어 특정한 세포에 부착할 수 있다. 이러한 바이러스 attachment protein이 인식하는 receptor로서 단백질,

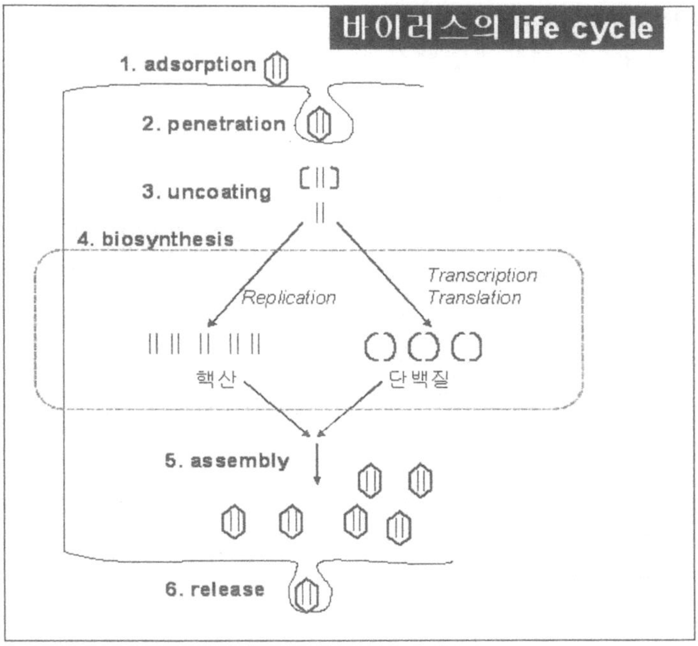

탄수화물(carbohydrate), 지질(lipid) 등이 사용된다. 바이러스에 대하여 적절한 receptor가 없는 세포는 바이러스감염이 일어나지 않는다.

2. 침입 (penetration)

바이러스가 세포 안으로 들어오는 단계로 바이러스의 특징에 따라서 다양한 과정을 통하여 이루어진다.

3. 탈외피 (uncoating)

숙주세포내로 들어온 바이러스는 외부를 둘러싸고 있는 캡시드단백질이 제거되어 바이러스 게놈(genome)이 세포 내에서 노출되는 과정이다. 이때부터 시작하여 새로운 바이러스 입자가 형성될 때까지를 암흑기(eclipse period)라 부른다.

4. 생합성 (biosynthesis of nucleic acid and protein)

바이러스 genome의 복제와 바이러스 단백질이 합성되는 단계이다. 매우 복잡한 과정이기 때문에 4장(바이러스 유전자의 복제)과 5장(바이러스 유전자의 발현)에서 살펴보기로 한다.

5. 조립 (assembly, maturation)

바이러스의 구성요소인 핵산과 단백질이 합쳐져서 완전한 바이러스 입자를 형성해 나가는 과정이다.

6. 방출 (release)

바이러스가 숙주의 세포로부터 외부로 나오는 것이다. 바이러스가 숙주세포로부터 방출될 때 세포의 파괴를 초래하기도 하며, 외막(envelope)을 가진 바이러스는 출아(budding)형태로 방출이 일어나 세포의 파괴는 일어나지 않는다.

▣3. 흡착

수용액상에서 존재하는 박테리오파아지나 동물바이러스는 확산운동이나 브라운 운동(brownian motion)에 의하여 감수성의 숙주세포 표면에 무작위적인 충돌 확률을 가지고 있다. 바이러스 표면과 세포표면 상호간의 구조적, 또는 정전기적 상보성으로 인하여 특이적인 결합을 형성할 수 있게 되면 바이러스의 흡착이 일어날 수 있게 된다. 세포표면에 존재하는 수용체 분자들은 주로 단백질(protein), 당단백질(glycoprotein), 당지질(glycolipid)이다. 이들 분자들은 바이러스 침투를 용이하게 하기위해 존재하는 것은 아니고 세포에서 필요한 역할을 수행하고 있다. 오히려 바이러스가 수용체와의 친화력 향상을 통하여 감염이 쉽게 일어날 수 있도록 진화해 왔다는 것이 정확한 표현일 것이다. 흡착에 중요한 영향을 줄 수 있는 요인으로 pH 또는 정전기적 힘(electrostatic force)을 꼽을 수 있다. 아미노기나 카복실기는 pH 4-10 사이에서 대체로 이온화되어 있어 바이러스와의 친화력을 증가시킬 수 있으며, pH가 이 범위를 벗어나면 바이러스의 부착은 감소한다. 세포의 표면과 바이러스의 표면이

Poliovirus 표면과 수용체의 상보적 구조

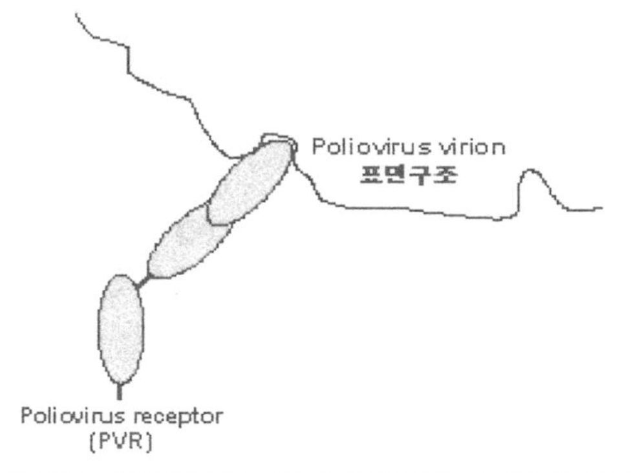

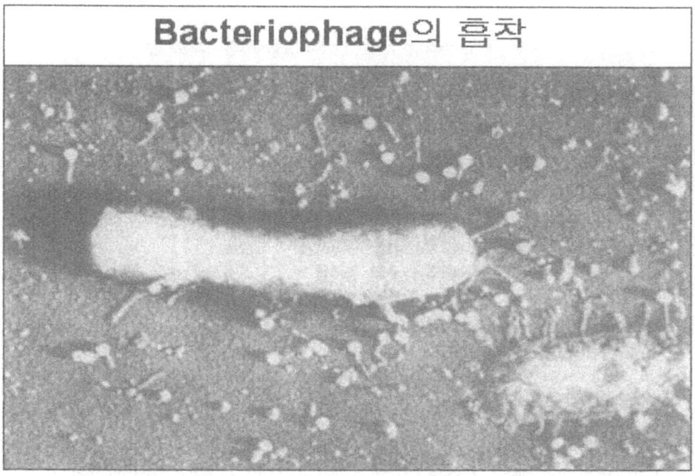

일상적인 환경에서 주로 음성(negative) 전하를 띠는 경향이 있는데, 적절한 농도의 마그네슘(Mg^{2+})이나 칼슘(Ca^{2+})이온을 첨가하면 반발력을 중화시켜주기 때문에 흡착이 더 잘 일어날 수 있다. 실제로 파아지나 동물바이러스 실험에서 배지의 cation(양이온) 농도가 너무 낮을 경우 흡착이 감소한다. 또 구조적 특이성도 흡착에 중요한 역할을 하는데, 박테리오파아지의 tail(꼬리) 혹은 tail fiber(꼬리섬유)의 끝부분은 세균표면과 구조적 상보성을 통하여 흡착한다. T4 파아지의 경우 tail fiber에 돌연변이를 일으키면 감염성은 현저하게 떨어진다.

인플루엔자 바이러스와 수용체간의 상호작용에 관하여는 많이 연구가 되었다. 인플루엔자 바이러스 입자의 표면에는 두 종류의 당단백질(glycoprotein) 돌기(spike)가 존재하는데, 그 하나는 haemagglutinin(HA, 혈구응집소)이고 다른 하나는 neuraminidase(NA, 뉴라

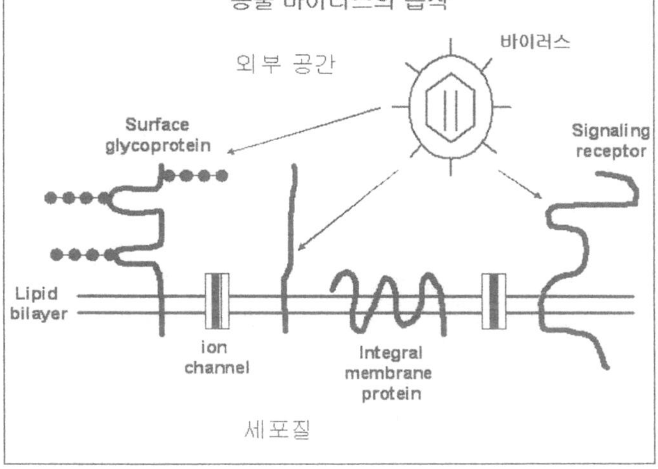

동물 바이러스가 부착에 사용하는 세포의 수용체

Adenoviruses	integrins CAR (coxsackievirus-adenovirus receptor)
Influenza virus	sialic acid (N-acetyl-neuraminic acid)
Coronaviruses	aminopeptidase N neuraminic acid
Flaviviridae (Dengue, HCV)	heparan sulfate
Retroviruses (HIV)	CD4
Picornaviruses (poliovirus)	ICAM-I (intracellular adhesion molecule-1) PVR (poliovirus receptor)

미니다아제) 이다. haemagglutinin은 인플루엔자 바이러스가 세포의 수용체에 흡착하는데 필요하며, 혈구응집소의 수용체로 사용되는 것은 시알산(sialic acid)이라는 당(sugar)분자이다. 시알산은 다양한 곳에 존재하고 있기 때문에 특이성은 적은 편이며, 따라서 인플루엔자 바이러스는 다양한 종류의 세포표면에 부착할 수 있다. 원하지 않는 결합에 의해 바이러스가 세포표면에 흡착되었을 경우나, 바이러스 증식에 도움이 되지 않는 곳에 흡착되었을 경우에 바이러스 표면의 neuraminidase가 haemagglutinin과 수용체 사이의 결합을 끊어주어 표면으로부터 분리되게 한다.

식물바이러스의 경우는 식물표면이 왁스나 펙틴 등의 보호막으로 덮여 있기 때문에, 곤충이나 기계적인 손상에 의하여 틈이 생겼을 때 그 틈을 이용하여 침입하며, 박테리오파아지나 동물바이러스에 비하면 감염의 특이성(specificity)은 덜하다.

▣4. 침입

많은 박테리오파아지들은 박테리아의 세포벽을 뚫고 핵산을 주사(injection)하는 방법을 사용하고 있으며, 동물바이러스의 경우는 세포막과 융합(외막이 있는 경우)하거나 endocytosis(세포내유입)기작을 통해 이루어진다. T even (T4, T2) 파아지의 꼬리(tail)의 외부는 고리모양의 수축할 수 있는 sheath가 있고 그 중심부는 수축되지 않는 core로 이루어

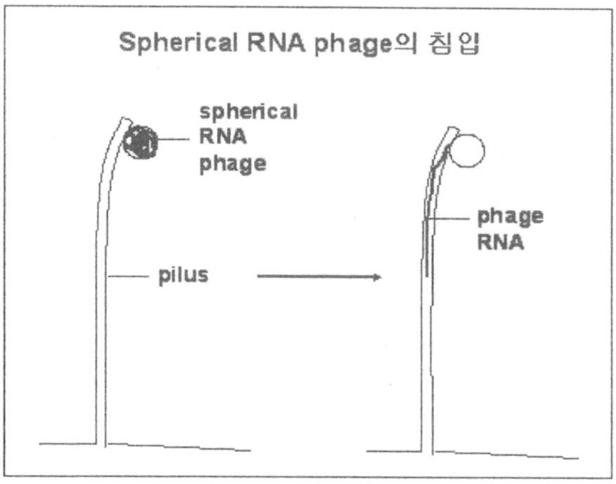

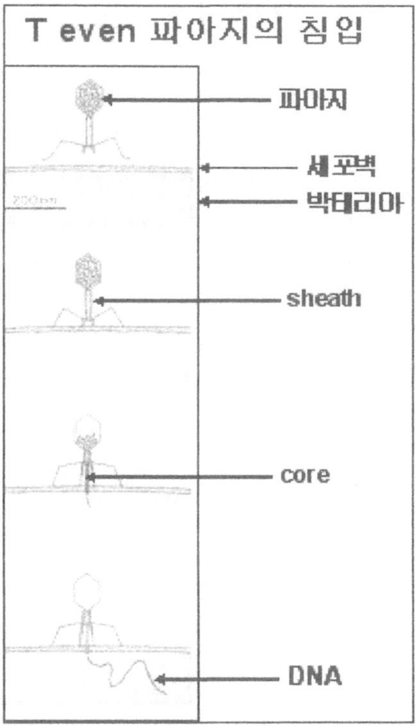

져있다. 일단 파아지가 박테리아 표면에 부착하면 sheath가 수축하면서 core가 세포벽을 뚫게 된다. 그 다음 파이지 머리의 수축에 의하여 DNA가 박테리아 안으로 들어가게 된다.

T-even 파아지의 경우와 같이 수축할 수 있는 꼬리가 없는 경우에는 다른 방법을 취하고 있다. 박테리아 외부에 있는 편모(flagella)나 섬모(pili, 단수의 경우는 pilus라고 함)등이 파아지의 침입경로로 사용되기도 한다. filamentous 파아지(M13, f1)의 경우 주로 섬모의 끝에, 구형의 RNA 파아지(MS2) 경우는 섬모의 측면에 붙어 핵산은 안으로 들어가고 캡시드는 바깥에 남는다.

동물세포의 표면은 세포막으로 둘러싸여 있어 세포벽이 존재하는 식물이나 박테리아보다도 더 유동적이다. 동물세포의 표면에서는 외부의 물질이 안으로 유입되는 endocytosis(세포내유입) 기작이 일어나는데 이때 바이러스가 유입될 수 있다. 세포표면에 있는 수용체에 바이러스입자가 특이적 반응을 통하여 결합하고 translocation(전좌)을 통하여 안으로 유입되는 경우도 있으나 정확한 기작은 잘 모른다. 외막을 가지고 있는 바이러스는 세포막과의 융합(fusion)을 통하여 바이러스의 뉴클레오캡시드가 직접 세포질로 전달되기도한다.

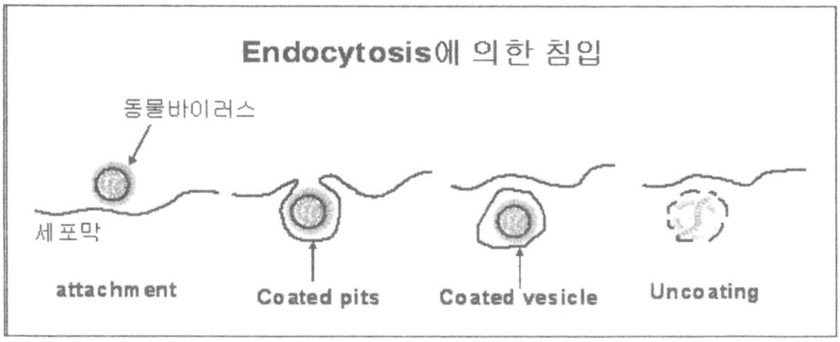

■5. 탈외피

바이러스의 핵산이 숙주의 기작을 이용하여 자손 바이러스를 생산하기 위해서 캡시드 밖으로 나와야 하는데 이러한 과정을 탈외피(uncoating)라고 부른다. 인플루엔자 바이러스의 경우는 바이러스를 포함한 소포(vesicle)가 세포내로 들어가며 수소이온의 유입으로 엔도좀(endosome)의 내부가 산성화된다. 엔도좀의 산성화로 인하여 캡시드 단백질은 재배열되고 이때 바이러스의 핵산은 세포질로 노출되게 된다. 바이러스에 따라 비교적 간단한 과정으로 일어나는 것이 있는 반면, 일부 바이러스는 다단계 과정으로 핵막에 도달할 때까지 탈외피 과정이 지속되기도 한다(adenovirus).

4장. 바이러스 유전자의 복제

Uncoating 과정에 의해 노출된 바이러스의 genome은 유전체의 복제와 유전자 발현이 일어나게 된다. 바이러스 유전자의 전사와 복제방법은 바이러스 genome 형태와 깊이 관련되어 있다. 바이러스의 mRNA는 숙주의 리보좀을 이용하여 단백질을 합성할 수 있는데, RNA의 polarity(극성)는 mRNA와 같은 서열을 가질 때는 positive (+)로, mRNA와 상보적인 경우는 negative (−)로 표기한다.

▣1. DNA virus의 복제

1. double-stranded DNA virus (class 1)

dsDNA 바이러스의 복제는 정상세포에서 이루어지는 방법과 같은 방법으로 일어난다. 즉, DNA 합성할 때 template (주형)가 있어야하고, DNA의 중합반응은 DNA polymerase가 5′→3′ 방향으로 진행한다. 복제의 개시는 복제원점(origin)에서 이루어지며 복제의 시작은 프라이머(primer)를 필요로 한다. DNA polymerase (중합효소)는 숙주세포의 효소를 그대로 사용하는 경우(adenovirus)와 바이러스 스스로 자신의 DNA 중합효소를 합성하여

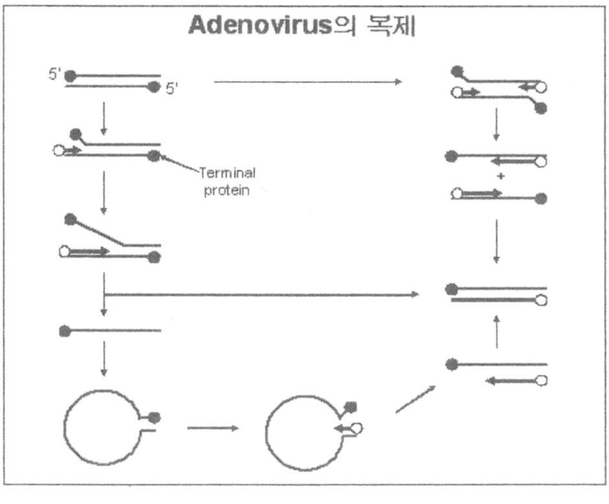

사용하는 경우(poxvirus)가 있다. DNA 복제가 일어나는 장소는 거의 핵에서 일어나며, poxvirus 경우만 세포질에서 일어난다. class 1에 속하는 바이러스로는 papovavirus, adenovirus, herpesvirus, poxvirus, T4 bacteriophage 등이 포함된다.

2. single-stranded DNA virus (class 2)

class 2의 single-stranded DNA virus에는 parvovirus (linear), φX174, M13 bacteriophage (circular) 등이 포함되며, 주형으로 사용하기 위하여 이중가닥의 중간체(intermediate)를 형성한다.

▣2. RNA virus의 복제

RNA virus가 만드는 RNA는 두 가지 용도를 가지고 있다. 하나는 바이러스의 genome으로 사용되는 genome RNA이고, 다른 하나는 단백질을 합성하는데 쓰이는 mRNA이다. 여기서는 genome RNA의 합성과정만을 살펴보기로 한다. 대부분의 RNA virus(retrovirus 제외)가 DNA synthesis inhibitor를 처리해도 genome RNA의 합성은 이루어지는 것으로 보아 DNA 중간체가 관여하지 않는 것을 알 수 있다 (retrovirus 경우는 reverse transcriptase에 의하여 DNA로 역전사과정이 포함된다). RNA genome을 합성하기위한 중합효소는 virus 유전자에 의하여 코딩되며, 감염할 때 바이러스입자 안에 포함되어 있거나 또는 감염한 직후에 mRNA가 해독되어 합성된다. 바이러스의 RNA genome을 합성하는데 사용되는 RNA 중합효소는 정상세포 안에서 transcription하는 RNA polymerase(DNA-dependent RNA polymerase)와 구분하기 위하여 'RNA replicase(RNA-dependent RNA polymerase) 또는 RNA transcriptase' 라고 부르기도 한다.

1. double-stranded RNA virus (class 3)

레오바이러스(Reovirus)는 이중가닥의 RNA genome을 지닌 대표적인 바이러스이다. 전체 RNA genome은 10-11개의 분절(segment)로 구성되며, 각각의 RNA transcriptase(전사효소)와 결합해 입자 안에 팩키징된다. 감염의 첫 단계에서 바이러스입자 안에 포함되어 있는 RNA 중합효소를 사용하여 dsRNA로부터 mRNA를 합성할 수 있다. mRNA는 세포질에서 단백질을 합성하고 (+) RNA와 합쳐져, 자손 바이러스 입자 내에 팩키징되며 이어서 (+) RNA를 주형으로 하여 (-) RNA를 합성함으로써 이중가닥의 RNA를 만든다. 이러한 방식은 다른 바이러스에서 볼 수 없는 독특한 것이다.

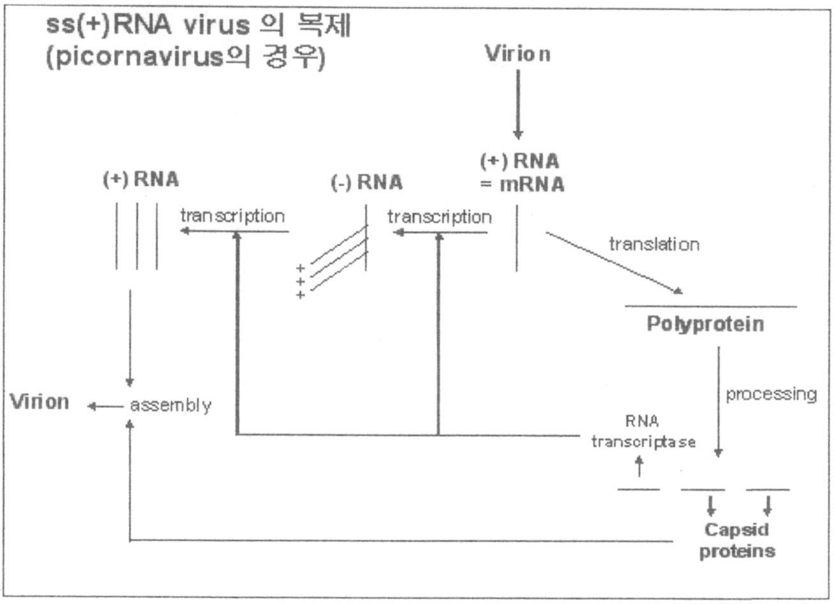

2. single-stranded (+) RNA virus (class 4)

ss(+)RNA 바이러스는 다시 2개의 그룹으로 분류될 수 있다. 하나는 피코르나 바이러스(picornavirus)의 경우는 genome (+)RNA 전체가 mRNA로 사용되어 하나의 폴리프로테인(polyprotein)을 만들고, 폴리프로테인은 바이러스의 단백질분해효소에 의하여 절단되어 성숙한 단백질을 형성한다. 여기서 만들어진 일부의 단백질은 RNA 중합효소로 작용하여 (−)RNA를 생산하고 다시 이것을 주형으로 하여 (+)RNA를 생산하게 된다. 폴리프로테인으로부터 절단되어 성숙된 단백질 중 일부는 캡시드 단백질로 사용되며 (+)RNA와 합쳐져 비리온(virion)을 형성한다. 다른 한 종류의 ss(+)RNA 바이러스의 예로서 코로나 바이러스(coronavirus)를 들 수 있는데 복잡한 전사과정을 거친다. 바이러스 genome RNA를 만들기 위하여 두 차례 이상의 전사를 필요로 한다.

3. single-stranded (−) RNA virus (class 5)

ss(−)RNA 바이러스는 genome의 형태에 따라 다시 2개의 그룹으로 나눌 수 있다. 하나는 Rhabdovirus처럼 genome이 1개의 분자로 되어있는 경우와 orthomyxovirus(인플루엔자 바이러스가 이 그룹에 속함)처럼 genome이 분절화(segmented)되어 있는 경우이다. class 5에 속하는 바이러스의 입자 안에는 'RNA−dependent RNA polymerase (RNA transcriptase)'가 존재하기 때문에 이것을 이용하여 monocistronic mRNA를 전사한다. 전사된 mRNA들은 숙주의 리보좀에 의하여 번역되어 RNA transcriptase와 capsid protein,

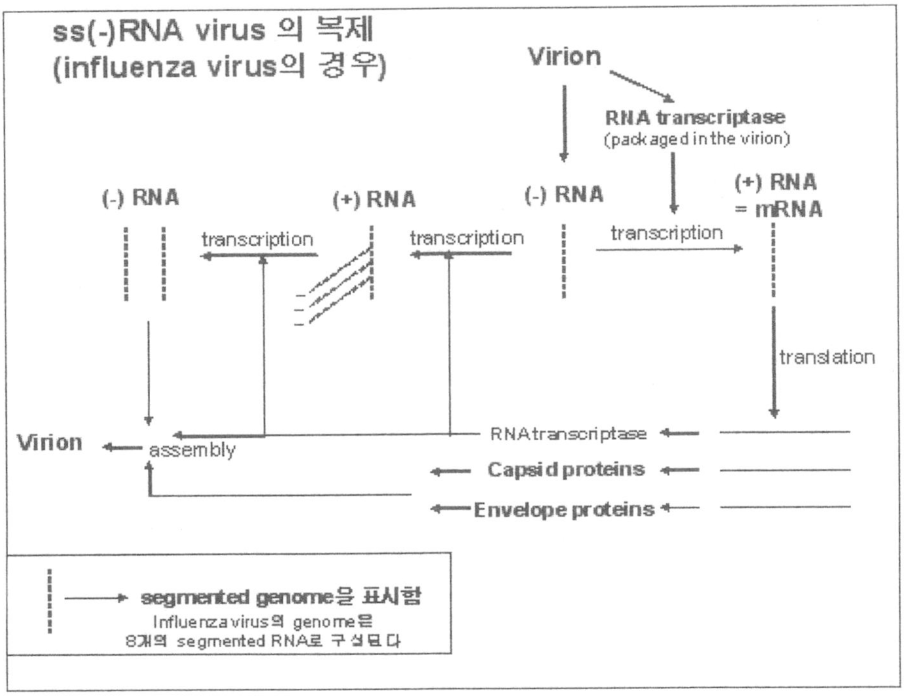

envelope protein 들을 생성한다. 생성된 transcriptase는 ss(−)RNA의 주형으로 사용할 ss(+)RNA를 전사한 다음, 이것을 주형으로 하여 ss(−)RNA genome을 복제한다. RNA genome은 구조단백질과 함께 조립되어 비리온 입자를 형성한 다음 방출된다.

▣3. Retrovirus의 복제 (class 6)

레트로바이러스(retrovirus)의 이름은 이 바이러스가 가지고 있는 역전사효소(reverse transcriptase)로부터 나오게 되었다. 레트로바이러스가 처음 발견된 것은 1911년 Peyton Rous가 닭에 육종(sarcoma)를 일으키는 Rous Sarcoma Virus(RSV)를 발견하면서 시작된다. 그러나 이 당시는 바이러스에 대한 개념이 거의 정립되지 않은 시기였다. 1970년 Temin과 Baltimore는 레트로바이러스가 가지고 있는 역전사효소를 발견함으로써 유전정보가 RNA에서 DNA로 전달될 수 있다는 것을 증명하게 되었다. 레트로바이러스의 genome은 single strand의 positive(+) RNA가 diploid(이배체)를 구성하고 있으며, 역전사효소에 의하여 double strand의 DNA가 만들어져 세포의 염색체에 삽입이 일어난다. 이와 같이 바이

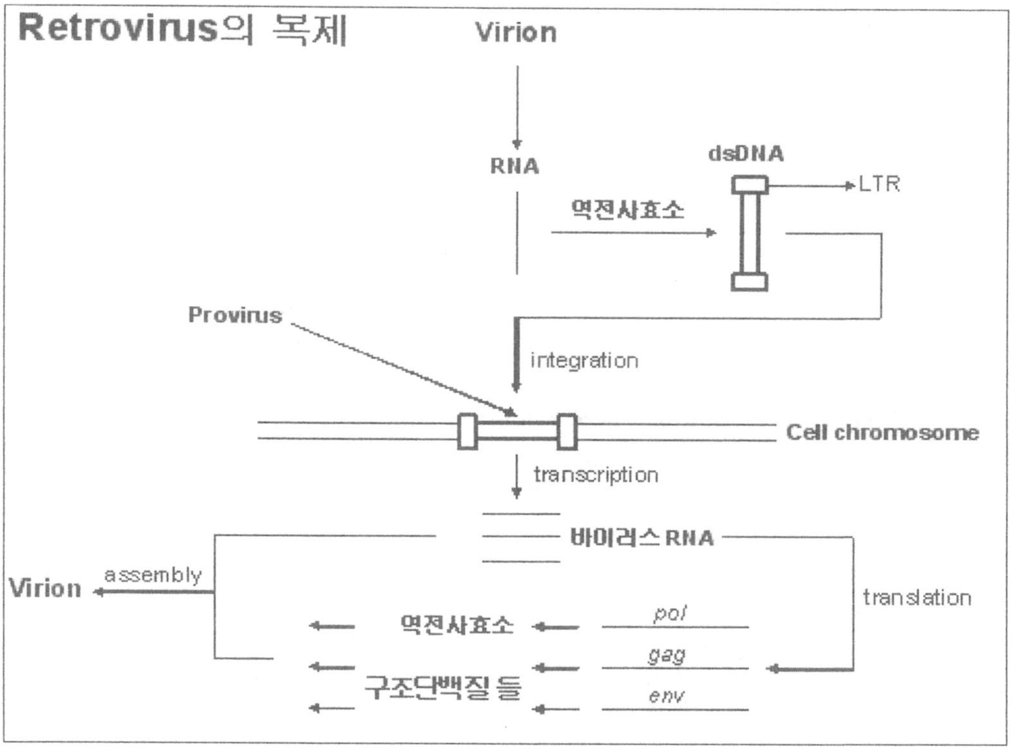

러스가 숙주의 DNA에 끼어들어가 존재하는 상태를 'provirus'라고 부른다. provirus DNA가 숙주의 RNA 중합효소를 이용하여 RNA를 만들고 일부는 세포질로 이동하여 역전사효소, 캡시드 단백질, 외막단백질로 번역된다. RNA genome과 구조단백질 들은 세포막 근처에서 조립되어 출아(budding) 형태로 방출이 일어난다.

▣4. RNA 중간체를 사용하는 dsDNA 바이러스의 복제 (class 7)

class 7에 속하는 바이러스로 hepadnaviridae family가 있다. 대표적인 바이러스로 B형 간염 바이러스(hepatitis B virus, HBV)를 꼽을 수 있다. HBV의 genome은 dsDNA가 불완전한 원형을 이루고 있다 [(−)strand는 완전한 원형을 이루고 있으나 (+)strand는 불완전하다]. HBV는 감염직후 숙주의 핵에서 바이러스의 'gapped genome'을 'filling−in'하여 완전한 dsDNA를 구성하며, 숙주의 전사기구를 이용하여 genomic RNA와 subgenomic RNA를 합성한다. genomic RNA는 바이러스 전체유전자를 포함한 RNA이고, subgenomic RNA

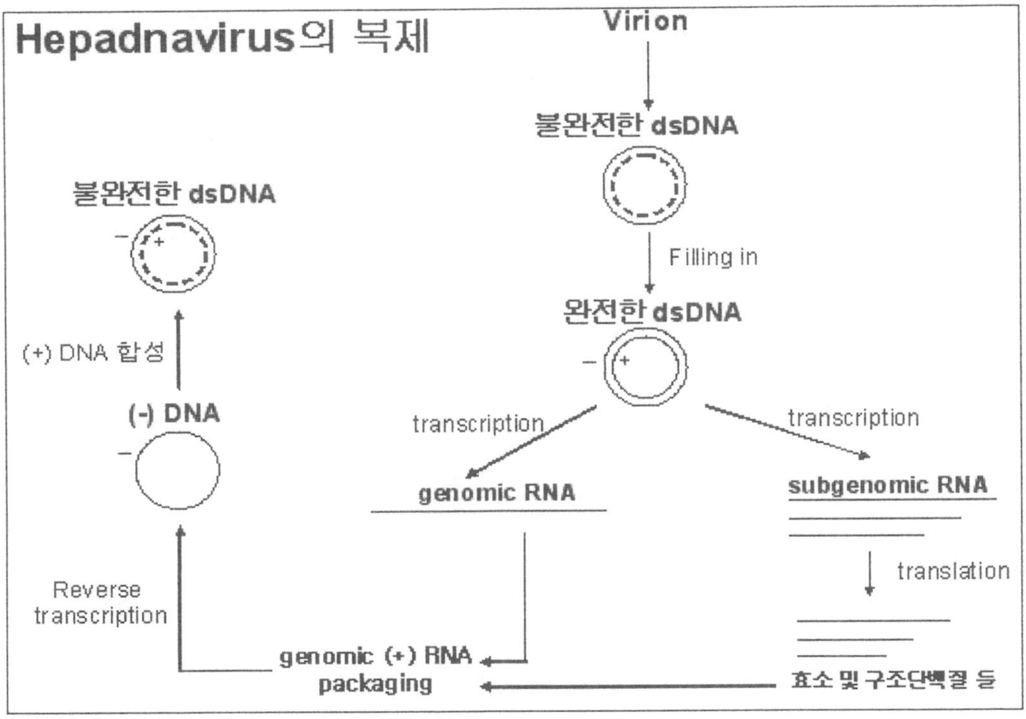

는 genome의 일부만이 전사되어 genomic RNA보다 길이가 짧다. 만들어진 subgenomic RNA들이 세포질로 이동하여 구조단백질과 역전사효소를 비롯한 효소를 합성하고 난 후, 바이러스의 genomic RNA와 합쳐져 nucleocapsid로 팩키징(packaging)이 일어난다. 팩키징된 genomic RNA는 역전사효소에 의하여 (−)가닥 DNA가 먼저 생성되고 이것을 주형으로 (+)가닥 DNA가 만들어진다. (−) strand DNA와 (+) strand DNA 사이의 상보적 결합에 의하여 genome은 원형모양을 이루게 된다.

5장. 바이러스 유전자의 발현

바이러스의 유전자가 숙주세포에 들어가 가장 먼저 하는 일은 바이러스 유전자를 전사하여 자신이 필요한 단백질을 만들어 내는 일이다. 바이러스 단백질이 하는 역할을 예를 들어 본다면, 숙주의 단백질합성 기구를 바이러스가 이용하기 편하도록 수정한다거나, 바이러스 genome의 복제에 필요한 중합효소를 만들거나, 바이러스 입자의 형성에 필요한 캡시드 단백질이나 외막단백질의 합성을 들 수 있다. 숙주세포기작을 이용한 바이러스 단백질 발현은 시간적으로 공간적으로 치밀한 계산에 의하여 조절되고 있다. 바이러스가 침입하여 자손 바이러스가 만들어지기 위해서 바이러스 유전자발현은 필수적이다. 바이러스 유전자 발현 양상은 바이러스의 종류에 따라 그리고 그들이 지닌 genome의 형태에 따라서 독특한 양상을 보인다.

▣1. 초기단백질과 후기단백질

바이러스 단백질 합성은 바이러스 감염직후부터 바이러스가 방출될 때까지 지속적으로 일어나는 과정이다. 이러한 과정은 바이러스 genome의 복제가 일어나는 시점을 기준으로 하여 초기단백질(early protein)과 후기단백질(late protein)로 구분할 수 있다. 바이러스는 최소한의 유전정보만을 가지고 다니며 따라서 genome의 크기도 매우 작다. 바이러스는 숙주세포 신호전달을 교란하는 단백질을 만듦으로써 생합성이 자신이 원하는 방향으

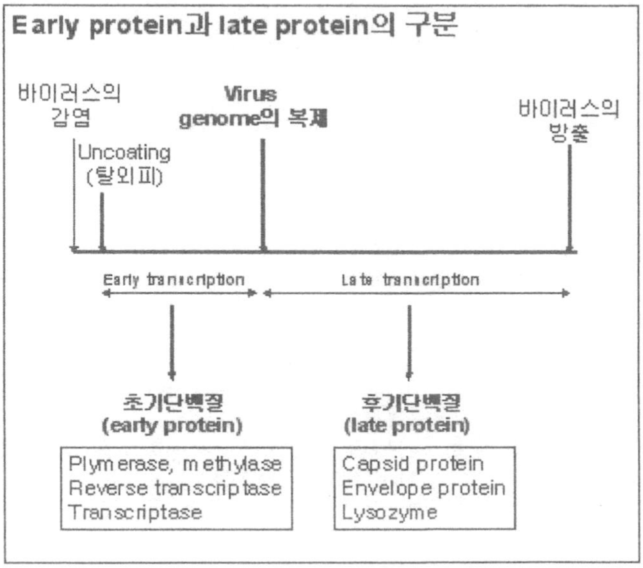

로 진행이 되도록 꾀한다. 이와 같은 일들은 주로 바이러스 감염의 초기에 일어나게 되며 자손 바이러스를 만들 때 필수적인 바이러스 genome의 복제를 준비하게 된다. 바이러스 중에는 숙주의 중합효소(DNA polymerase, RNA polymerase)를 그대로 이용하는 것도 있지만, 바이러스 자신의 중합효소가 필요한 경우도 있는데, 이런 단백질은 초기단백질(early protein)에 포함된다. 바이러스 유전자가 복제되고 난후에는 캡시드 단백질과 같은 바이러스 구조를 형성하는 단백질이나 세포를 파괴하고 방출될 때 필요한 라이소자임(lysozyme)같은 효소가 만들어지는데 이것은 후기단백질(late protein)에 속한다.

▣2. Bacteriophage T4의 유전자 발현 조절

감염 후 일어나는 복잡한 과정을 이해하기 위하여 T4 파아지를 예로 들어보자. T4 파아지는 박테리아에 감염한 후, 우선적으로 숙주 DNA의 합성을 방해한다. 이러한 기작은 T4 파아지가 발현시키는 몇 종의 초기 단백질작용으로 이루어진다. 우선 탈인산효소(phosphatase)는 DNA 합성의 원료가 되는 dCTP에 작용하여 인산기(phosphate)를 떼어내 dCMP로 만든 다음 여기에 hydroxymethyl기를 중합시키고, 인산기를 다시 첨가하면 hydroxymethyl cytosine (HMC)이 만들어진다. modification을 더 완벽하게 하기 위해 HMC에 다시 포도당을 중합시키면 glucosylated(당화) HMC가 생성된다. 이러한 형태는 숙주세포가 사용이 불가능한 형태이며, 따라서 숙주 DNA의 합성은 일어나지 못하고 파아지 DNA 합성만 가능하게 된다. 세포가 필요한 단백질의 합성을 억제하며, 그것을 파아지 단백질 합성을 위한 시스템으로 전환시키기 위해서도 초기단백질이 작용한다. T4 파아지는 바이러스 특유의 시그마(σ)factor를 합성함으로써 숙주의 RNA polymerase 의 specificity를 변화시켜 숙주의 RNA 중합효소가 파아지 유전자의 promoter만을 인식하도록 수정한다. 이후로는 숙주 단백질 합성은 중단되고 바이러스 유전자 발현 프로그램에 따라 바이러스 단백질만이 만들어지게 된다.

Hydroxymethyl cytosine(HMC)의 생성

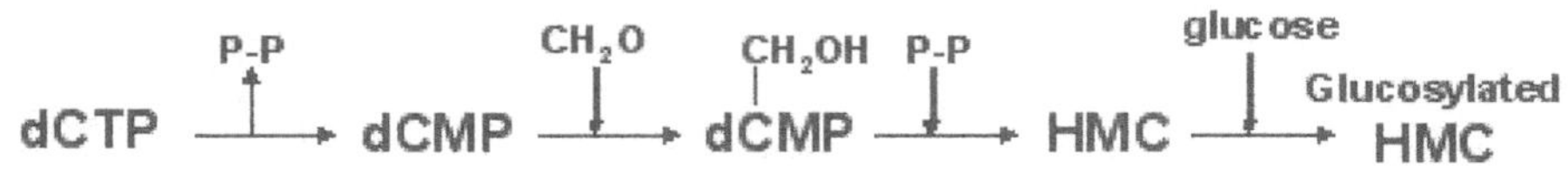

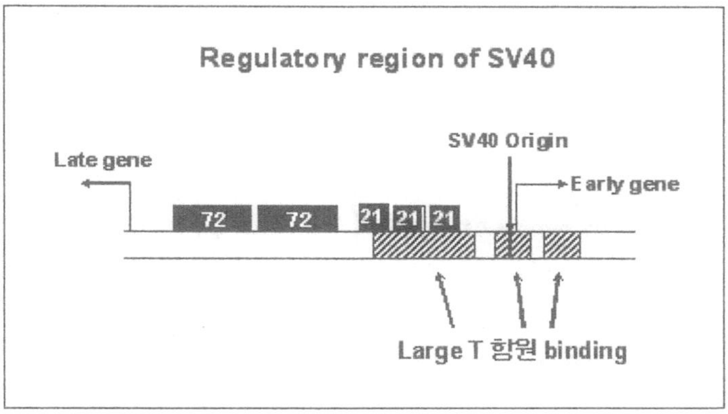

▣3. SV40 바이러스 유전자 발현

SV40 바이러스는 papovavirus family에 속하며 genome은 5.3kb의 dsDNA로 구성된다. SV40의 유전자 발현은 복제원점의 양방향으로부터 초기 mRNA와 후기 mRNA가 전사되어 각각 primary transcript를 만든다. 초기 mRNA와 후기 mRNA는 각각 반대쪽 DNA 가닥을 전사하며, 방향은 서로 반대이다. SV40의 유전자전사조절에 관해서는 많은 연구가 진행되었는데, 유전자 전사가 시작되는 프로모터의 앞에는 72-bp repeats(2번 반복)의

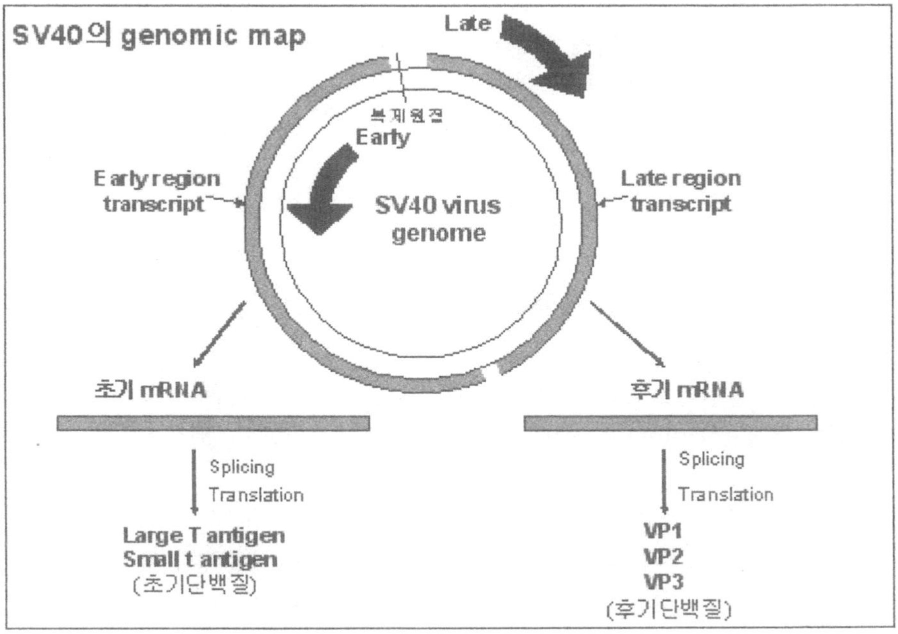

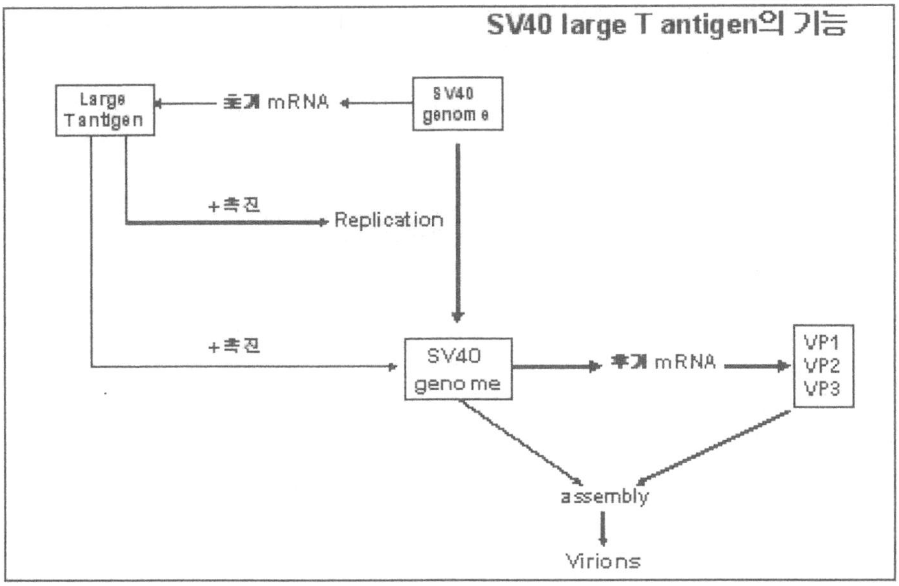

enhancer와 21-bp repeats(3번 반복)가 있어서 여러 가지 전자촉진 인자들이 결합함으로써 전사효율을 증진시켜주는 역할을 한다.

초기 유전자발현으로부터는 large T antigen (LT)와 small t antigen(ST)가 생성되며 이 두 단백질은 alternative splicing에 의하여 만들어지기 때문에 아미노말단의 일부 아미노산이 동일하다. 대표적인 초기단백질인 LT는 708개의 아미노산으로 구성되며, DNA복제 유도와 후기mRNA 합성의 촉진 등 여러 기능을 수행한다. ST는 174개의 아미노산으로 구성되며, ST는 genome DNA 복제에 필수적이지는 않으나 바이러스 DNA가 핵 내에 축적되도록 돕는다. 후기 mRNA로부터는 바이러스 캡시드를 이루는 후기단백질 VP1, VP2, VP3 가 합성된다.

▣4. Adenovirus의 유전자 발현

아데노바이러스의 genome은 36kb의 linear dsDNA로 구성된다. dsDNA 각 가닥의 5′ 말단에는 말단단백질(terminal protein, TP)이 결합하고 있다. genome의 크기로 medium(중형) virus에 속하지만, 유전자발현은 매우 정교하게 조절이 되고 있다. genome의 복제를 기준으로 하여 복제 전(pre-DNA synthesis)에 이루어지는 발현을 초기발현(early, E), 복제 후(post-DNA synthesis)에 이루어지는 발현을 후기발현(late, L)이라 부른다. 초기발현에서도 감염 직후에 가장 먼저 이루어지는 발현을 급초기(immediate early, IE)발현

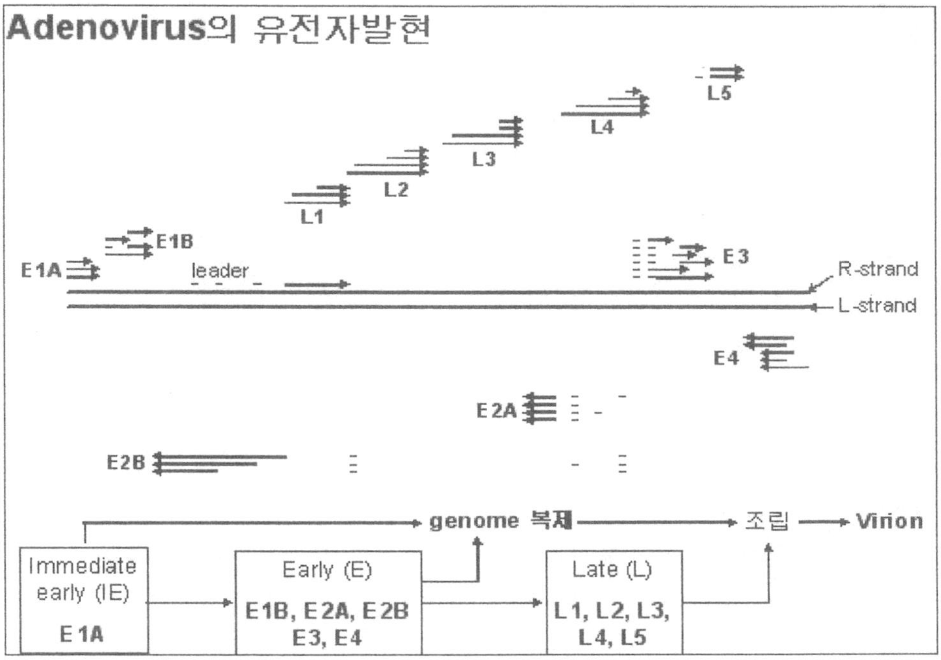

으로 구분한다. 많은 spliced mRNA가 primary transcript의 선택적 스플라이싱(alternative splicing)에 의하여 생성되어 다양한 폴리펩티드가 합성된다. 바이러스가 감염한 직후 발현되는 E1A 단백질은 R-strand의 왼쪽 말단에 암호화되어 있다. E1A 단백질이 합성되면 다른 초기유전자, E1B, E2, E3, E4의 전사를 단계적으로 촉진하게 된다.

바이러스 genome이 복제된 후에는 후기유전자 발현이 촉진된다. 20여개의 후기 mRNA들은 R-strand로부터 leader를 포함한 primary transcript가 먼저 생성된 후 alternative splicing을 거쳐서 각각 만들어지며, 비리온 입자를 형성하는 조립단백질 역할을 한다.

▣5. Herpesvirus의 유전자 발현

허피스바이러스 family에는 100종류 이상의 바이러스가 포함된다. 허피스바이러스의 genome은 linear 형태의 130−230kb double-stranded DNA로 이루어지며 adenovirus나 papovavirus의 genome과 비교하여 훨씬 크고 복잡한 구조로 되어 있다. 허피스바이러스 genome의 특징은 genome의 말단 또는 중간에 inverted repeat sequence가 존재하며, 또한 다수의 반복서열이 발견된다는 것이다.

허피스바이러스의 발현은 adenovirus나 SV40 같은 소형 또는 중형 바이러스보다 세포성

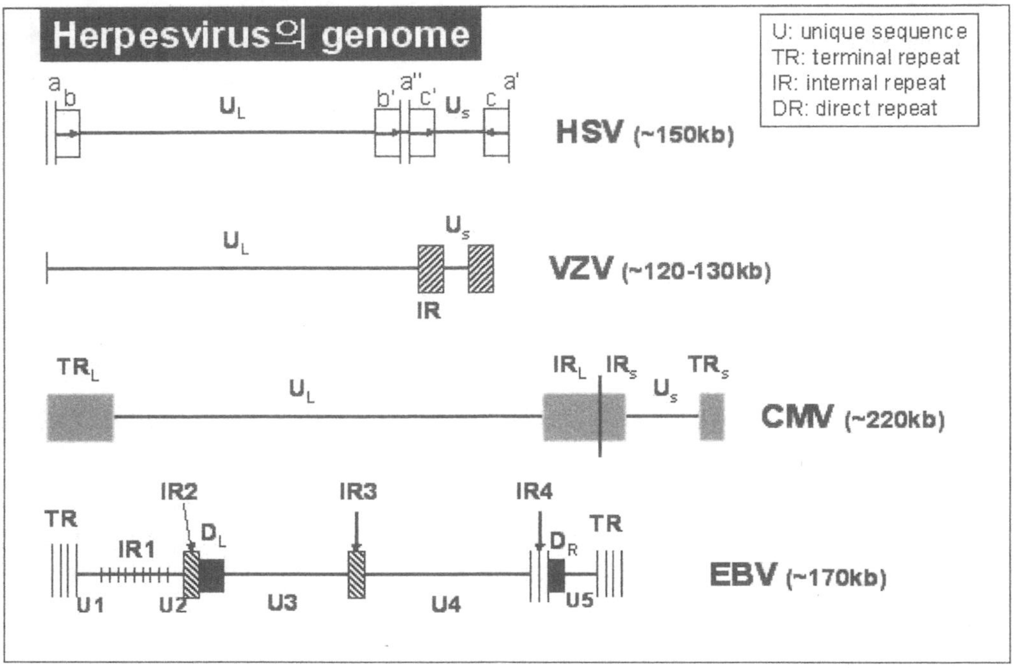

효소에 덜 의존적이다. 이들은 자신이 필요로 하는 효소를 숙주세포의 합성기구를 이용하여 만들어 사용한다(최소한 50개의 바이러스 단백질들이 만들어짐. 예: thymidine kinase). 허피스바이러스의 유전자발현은 세 가지 부류의 유전자(α, β, γ)가 서로 촉진과 억제작용을 하면서 긴밀하게 조절된다.

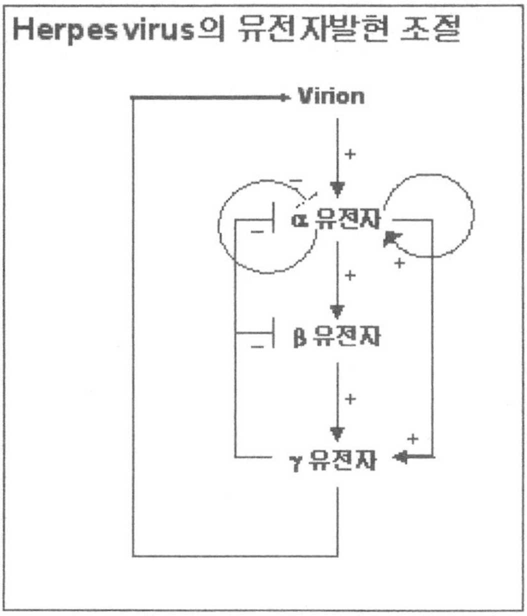

Herpes simplex virus (HSV) 1형을 예를 들어 보면, 비리온 안에 packaging되어 있는 전사인자(VP16)가 감염한 후 바로 α유전자(immediate early gene)의 전사를 촉진시킨다. α유전자에 의하여 합성된 ICP4와 ICP0 단백질은 전사인자로 작용하여 β와 γ 유전자 전사를, β단백질은 γ유전자 전사를 각각 촉진한다. α유전자는 자신의 유전자발현을 스스로 촉진하고 억제할 수 있는 자가조절(autoregulation) 기작을 가지고 있다. 합성된 γ단백질은 역으로 α와 β유전자 전사를 억제하는 역할을 한다. α단백질(급초기)과 β단백질(초기)은 바이러스 genome을 복제하는데 필요하며, γ단백질은 구조단백질(후기)을 암호화한다.

▣6. Retrovirus의 유전자 발현

레트로바이러스의 genome RNA는 역전사효소를 이용하여 dsDNA를 합성하고 숙주세포 DNA에 끼어들어가 provirus 상태로 된다. provirus는 유전자발현을 시작하여 primary transcript (1차 전사체)를 전사한다. primary transcript RNA는 세포질로 이동하여 바이러스의 genome으로 사용되기도 하고, 번역되어 캡시드 단백질과 역전사효소를 합성한다. 만들어지는 역전사효소 단백질은 캡시드 단백질에 비교하여 10분의 1에 지나지 않는데 이와 같은 적은 양으로도 기능의 수행에는 지장이 없기 때문이다. primary transcript RNA는 splicing되어 subgenomic RNA를 만들어 외막단백질(1번의 splicing이 일어남)과 조절단백질들(2번의 splicing이 일어남)을 합성한다. 조절단백질들은 provirus의 전사와 번역, 스플라이싱, 전사체의 이동 등을 조절한다.

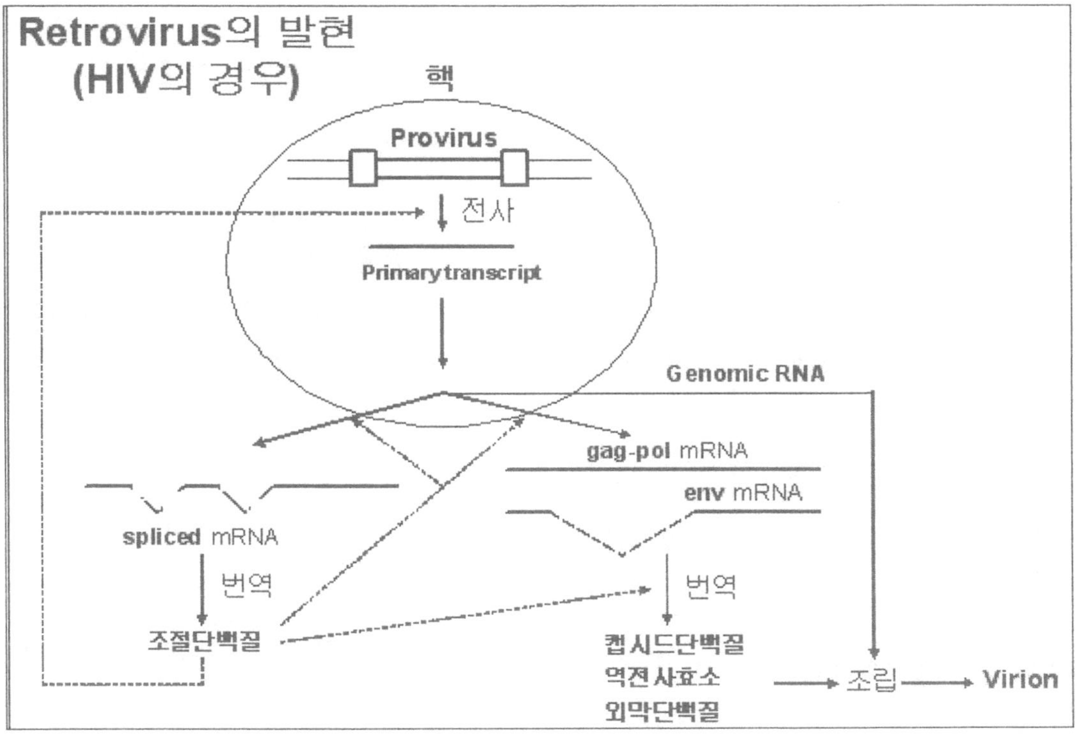

6장. 바이러스의 조립

바이러스가 숙주를 감염하여 바이러스 genome이 노출되면, 숙주의 합성기작을 이용하여 바이러스 genome을 복제하고, 바이러스 단백질을 합성한다. 대량으로 합성된 바이러스 genome과 단백질은 서로 조립되어 비리온 입자를 형성하게 되고 외부로 방출되어 새로운 숙주를 다시 감염하게 된다. 바이러스 입자의 형성과정은 간단한 바이러스의 경우처럼 스스로 집합하여 구성하는 'self assembly(자가조립)' 방법과, 조립과정이 유전정보에 의하여 조절되고 scaffolding 단백질이 요구되는 복잡한 방법이 있다.

▣1. TMV의 자가조립(Self assembly)

1955년 Fraenkel-Conrat와 그의 동료들은 TMV (담배모자이크 바이러스)를 RNA와 단백질로 정제한 다음, 시험관안에서 RNA와 단백질을 다시 섞어주었을 때 TMV 입자가 형성될 수 있음을 증명하였다. RNA가 포함되지 않은 TMV 단백질 용액을 20℃, pH7.3의 buffer에서 배양하면, 3개에서 6개 정도의 소단위가 응집체를 만드는데 이것을 'A-protein (A 단백질)'이라 부른다. A 단백질을 포함한 용액을 이온농도를 0.1M, pH7, 4℃에서 20℃로 온도를 변화시켜 배양하면 두개의 층을 가진 '디스크(disc)'가 형성되는데

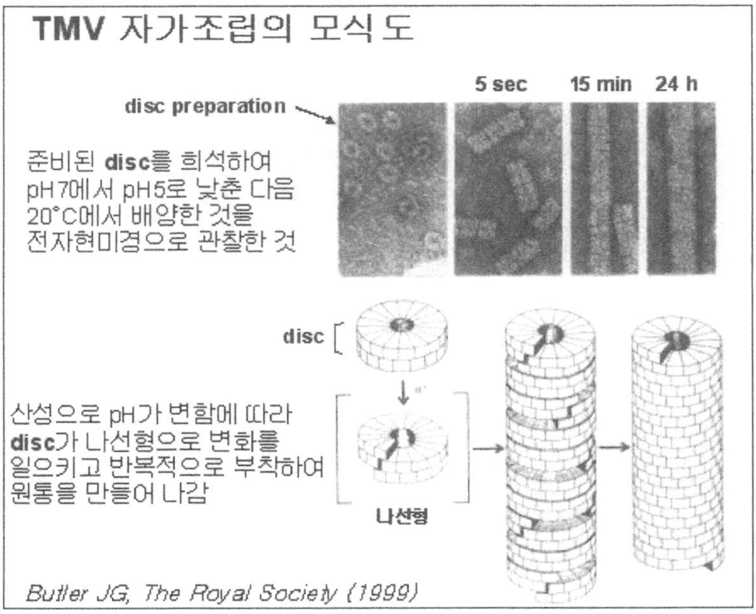

Butler JG, The Royal Society (1999)

이것은 34개의 소단위를 포함한다 (한층은 17개의 소단위로 구성). 각 소단위에는 2개씩의 카복실기를 포함하고 있는데 pH가 산성으로 변하여 이온화되면 상호간의 정전기적 반발력에 의하여 디스크가 나선형의 'lockwasher' 모양으로 변형이 일어난다. 여기에 RNA가 첨가되는 경우 소단위들은 RNA를 감싸며 다음의 원판을 받아들일 수 있게 된다. 다음의 전자현미경 사진을 보면 디스크와 디스크 사이에 가느다란 홈이 보이는데, 이것은 나선모양으로 비틀려진 2개의 층을 가진 원판이, 정전기적 반발을 완충하는 이온농도 하에서 차례대로 겹쳐져 하나의 나선형 막대를 형성해가는 과정을 추측케 한다. TMV 입자는 직경이 18 nm, 길이는 300 nm, 전체 단백질 소단위의 개수는 2130개로 구성된다.

TMV RNA의 염기서열이 완전히 결정되었는데 총 6395 nucleotide로 구성(TMV *vulagre*)되며, 5′ 말단에는 7-methyl-guanine의 cap 구조를 가지고 있다. TMV RNA와 단백질의 조립과정에 있는 입자를 전자현미경으로 보면 단백질과 RNA가 결합되어 있는 모양이나 노출된 RNA의 길이가 점점 짧아진 모양이 관찰된다. 핵산을 분해하는 nuclease 처리에 의하여 분해를 모면한 가장 짧은 단편은 약 100 nucleotide 길이로서 모든 nucleocapsid에 이 부분이 공통적으로 관찰되므로, 이 부분이 아마도 조립을 시작하는 부위로 가정하여 'origin of assembly' 라고 명명했다.

Origin of assembly의 염기서열

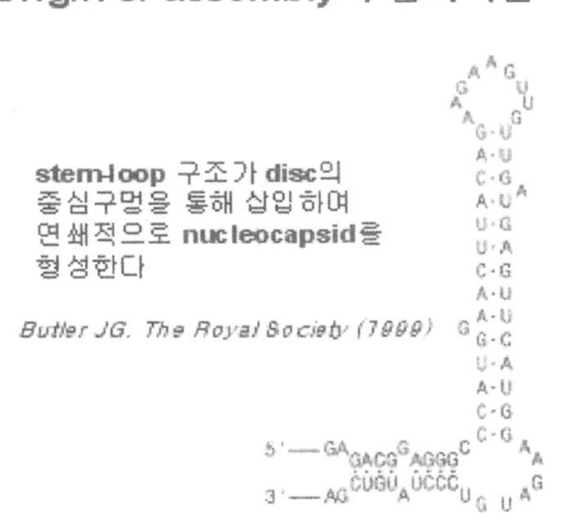

origin 부분의 stem-loop 구조의 RNA는 두 개의 층으로 디스크의 중심구멍으로 삽입한 다음, 곧 두층 사이의 작은 틈에 들어가 결합하면

TMV RNA와 disc의 조립 ('traveling loop' model)

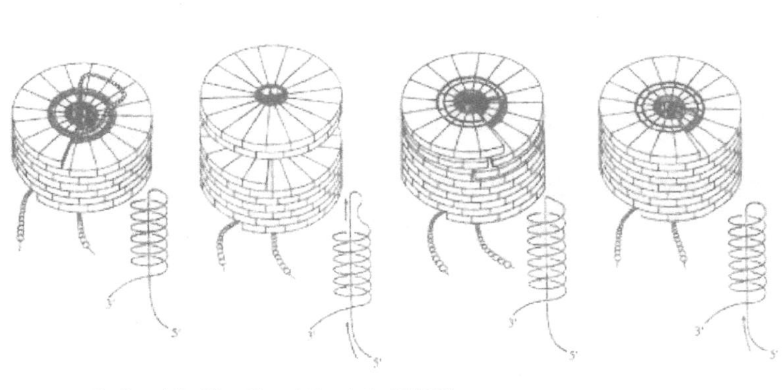

Butler JG, The Royal Society (1999)

나선형의 'lockwasher' 모양으로 구조가 바뀌며 이와 같은 일이 바이러스 입자가 완전히 완성될 때까지 반복된다.

▣2. T4 파아지의 조립

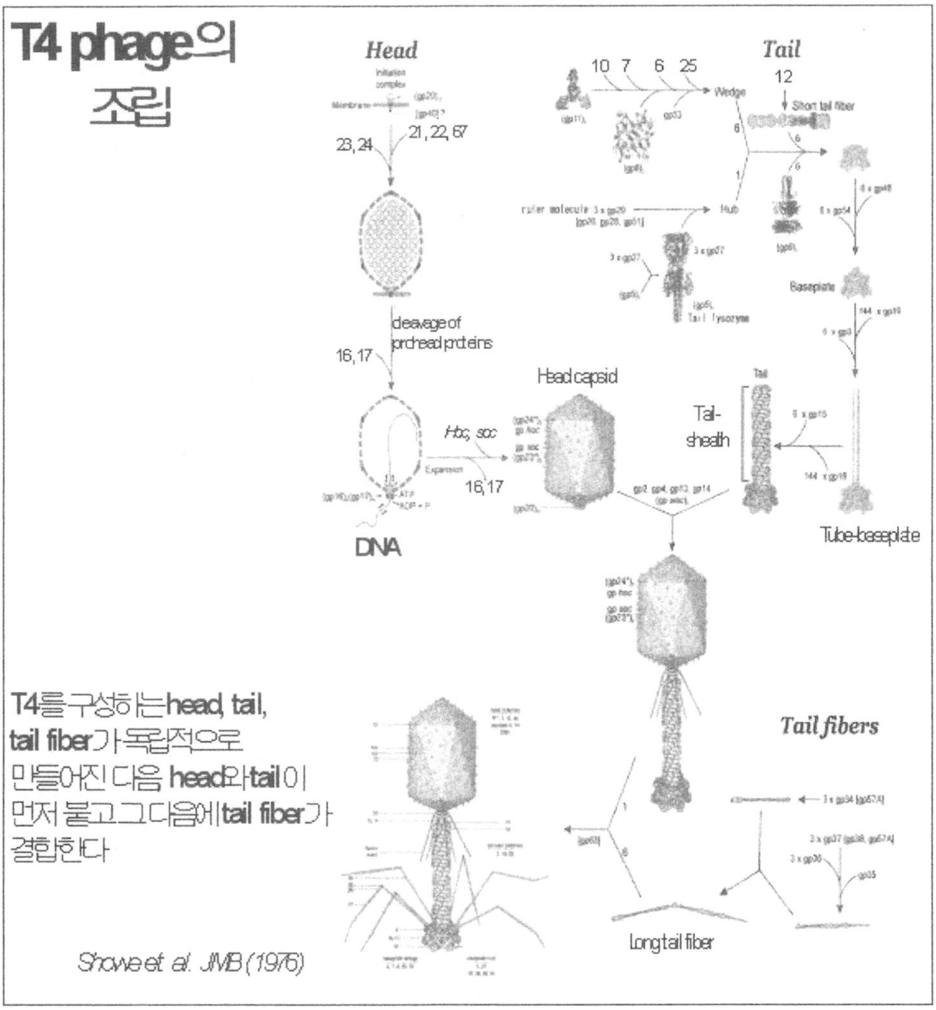

T4 파아지는 가장 큰 박테리오파아지 중의 하나이며, 많은 기능들을 스스로 공급하고 있다. T4의 구조는 head, tail, tail fiber로 구성되며 특이한 구조의 tail fiber는 파아지의 감염

에 중요한 역할을 한다. TMV가 단순한 조립형태를 나타내는데 비교하여, T4의 조립은 scaffolding 단백질이나 전구체의 cleavage 과정이 포함되는 훨씬 더 복잡한 과정이며, 이 과정에는 약 45개의 유전자산물(gene product, gp)이 관여한다. 조립에 관련된 단백질은 주로 후기유전자(late gene)에 의해 암호화되어 있으며 감염 후 8~10분 후부터 발현이 일어난다. T4의 조립은 매우 복잡하지만 질서가 정연하게 일어나고 있는데, 이것은 바이러스 조립을 지휘, 조정하는 기작이 내재하고 있음을 의미하는 것이다. T4 assembly에 관한 연구는 다양한 종류의 mutant를 이용하여 수행 되었다.

1. 머리(Head)의 조립

머리의 형성은 박테리아의 내막에서부터 시작되는데, gp20이 knob 모양의 initiation complex를 형성하고 gp23이 주된 캡시드 단백질의 전구체 성분을 이룬다. 전구체 캡시드 단백질인 gp23은 gp21에 의하여 적절한 크기로 잘라져 나가고, scaffolding 기능을 하는 gp22를 통하여 DNA를 충분히 수용할 수 있는 'prohead' 구조가 형성된다. head의 바깥쪽에는 gp *hoc*와 gp *soc*가 첨가되어 구조를 더욱 튼튼하게 해주는 역할을 한다.

2. DNA packaging

머리구조가 완성되기 전에 DNA가 머리에 packaging 되어야 한다. packaging이 일어나기 전에 T4 DNA는 여러 copy의 genome 말단이 연속적으로 연결된 multimer 형태의 'concatamer'를 형성한다. head의 한쪽 입구(나중에 tail이 붙는 자리)를 통해서 T4 DNA

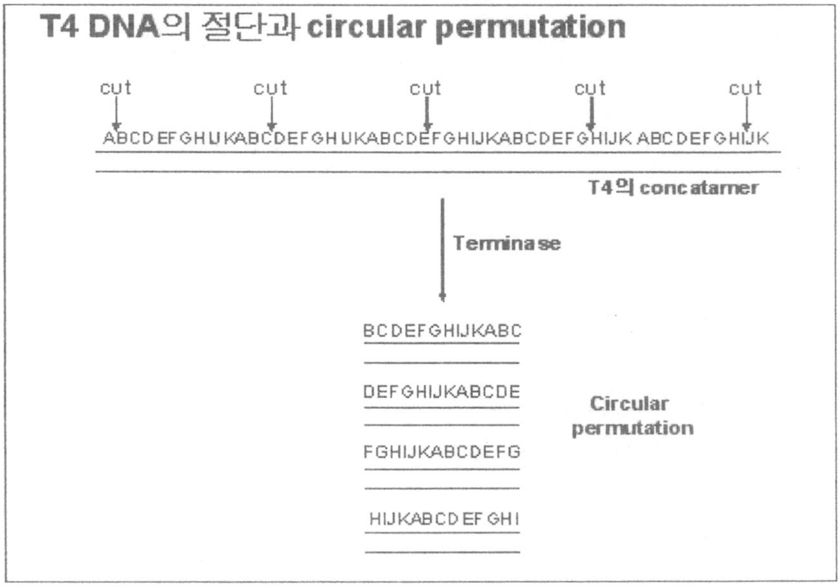

가 packaging이 일어나는데 그 입구에는 DNA를 절단할 수 있는 terminase (gp16과 gp17)가 붙어있다. T4 terminase는 특정 염기서열을 인식하지 못하며, head가 DNA로 완전히 채워질 때 DNA를 절단한다(headful mechanism). T4 head의 공간은 genome을 다 채우고도 여유가 남아있기 때문에 여분의 DNA를 포함하게 된다. 결국 초기에 packaging이 일어난 2-4% DNA를 더 포함하여 양쪽 말단의 염기서열이 중복된다(terminal redundancy). T4 DNA의 경우는 말단의 염기서열이 하나로 고정되지 않고 여러 염기서열이 돌아가면서 나오기 때문에 이것을 '원순열(circular permutation)'이라고 한다.

3. 꼬리(tail)와 꼬리섬유(tail fiber)의 조립

꼬리의 구조는 baseplate가 먼저 형성되고 그 다음에 tube가 연결되어 tube-baseplate 구조를 이루고 그 바깥쪽을 tail-sheath가 감싸게 된다. 완전한 tail 구조가 형성되었을 때 머리와 결합할 수 있다. 꼬리와 꼬리섬유의 조립에는 chaperone이 사용됨으로써 조립의 속도를 증가시켜주고, 상호협동적인(co-operative association) 결합방식을 취한다. tail의 목 부분에는 6개의 'whisker'들이 존재하는데, 이 구조물은 필수적인 것은 아니지만 tail fiber의 결합을 신속하게 해준다.

Tail sheath 형성의 co-operativity

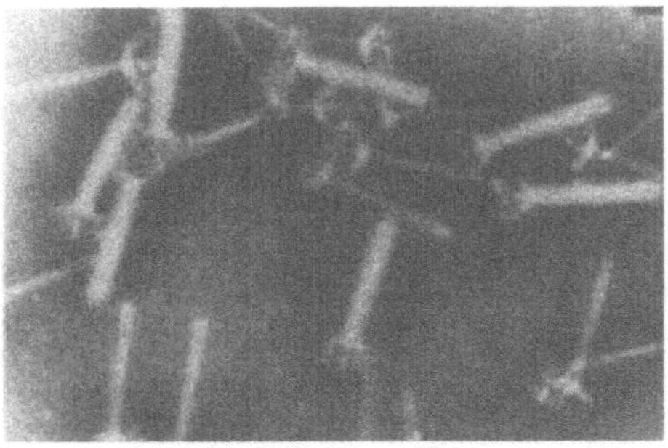

tube-baseplate 구조에 gp18 이 결합하여 sheath를 형성하는 모습 (tail sheath가 완전히 형성된 것과 sheath가 전혀 존재하지 않는 구조가 동시에 관찰된다)
from Arisaka, F. CHAOS (2005)

▣3. Poliovirus의 조립

poliovirus는 picornavirus family에 속하는 RNA 바이러스로서 정이십면체 대칭형의 캡시드구조를 가진다. ss(+)RNA의 바이러스 genome은 감염한 후 바로 번역되어 polyprotein을 합성하게 되며, 그 다음 단계에서 3개의 polypeptide(P1, P2, P3)로 분할되어진다. P1 polypeptide는 분할되어 VP0, VP1, VP3를 만드는데, 이들은 5S 복합체를 형성한 다음 14S의 'pentamer'구조를 만들게 되고, 이것이 다시 모여 빈 껍질의 'procapsid(73S)'를 형성한다. RNA genome이 procapsid 안에 packaging 되면 'provirion(155S)'을 형성하고, VP0가 VP2와 VP4로 절단이 일어나면 완성된 비리온(virion)입자가 된다. VP2와 VP4의 형성은 캡시드 단백질의 안정성을 증가시켜 heat, pH, 화학물질에 대하여 저항성을 나타내며 오랜 기간 동안 안정된 구조로 존재할 수 있게 해준다.

Poliovirus의 조립

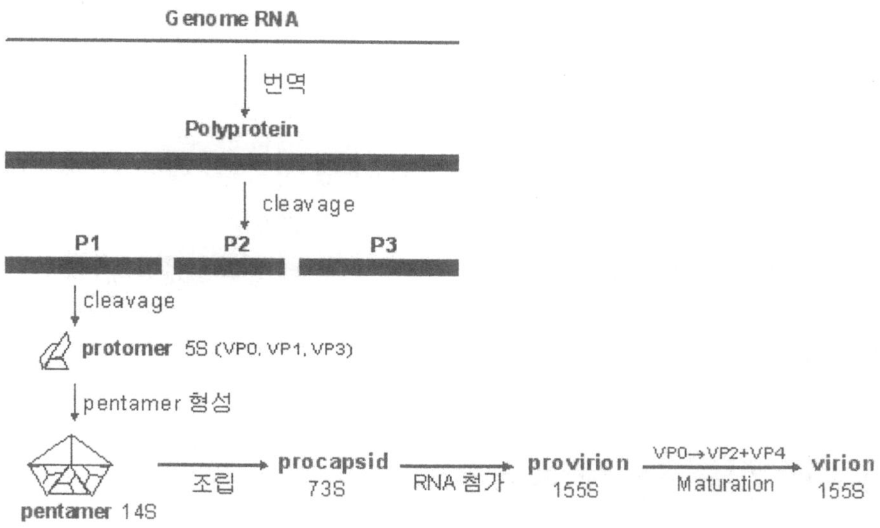

7장. 바이러스의 방출

바이러스의 nucleocapsid가 일단 세포내에 형성되면 바이러스는 또 다른 감염을 위하여 세포를 떠나야 한다. 바이러스의 종류에 따라 바이러스가 방출되는 기작은 다양하다. 외막(envelope)을 갖지 않는 많은 바이러스들은 세포막을 지나치는데 어려움이 있어 세포의 용해(lysis)와 함께 바이러스가 방출된다. 외막을 가지는 바이러스들은 출아법(budding)을 통해서 세포의 용해가 일어나지 않아도 바이러스의 방출이 가능하다.

▣1. 외막이 없는 바이러스의 방출

대부분의 DNA 바이러스들은 DNA의 복제가 일어나는 핵에서 nucleocapsid의 조립이 일어난다. 세포질에서 합성된 구조단백질들은 핵으로 이동을 지시하는 신호(nuclear localization signal, NLS)에 따라 핵으로 이동한 다음 바이러스 genome과 함께 조립이 일어나게 된다. 이러한 범주에 포함되는 바이러스로 papovavirus, adenovirus, picornavirus 가 있다. 이런 바이러스들은 외막이 없기 때문에 세포막을 통과하는데 어려움이 있어서 바이러스입자가 세포 안에 축적이 일어난 다음, 세포파괴를 통하여 방출된다(그 기작은 잘 알려지지 않음). adenovirus나 poliovirus 같은 바이러스의 캡시드에는 세포용해를 촉진하는 요소(factor)가 있다고 알려진다. 세포파괴를 통해 방출이 일어나는 picornavirus나 SV40 등도 특별한 경우에는 세포막 변성을 통하여 세포를 파괴하지 않는 경우도 있다. 외막이 없어도 apical surface, junction, synapse 등과 같이 외부로 통하는 통로를 거쳐 바이러스가 나올 경우 세포는 파괴되지 않는다.

▣2. 외막을 가진 바이러스의 방출

외막을 가진 바이러스는 세포를 파괴하지 않고 budding(출아)을 통해 외부로 방출된다. 외막(envelope)을 구성하는 지질 이중막이 어디로부터 유래하느냐에 따라서 세포막과 ER, golgi, endosome, 핵막 등의 세포내막으로 구분할 수 있다.

1. 외막이 세포막으로부터 유래한 경우

Retrovirus, influenza virus, togavirus, rhabdovirus를 비롯한 대부분의 외막바이러스가 여기에 포함된다. 먼저 genome RNA가 8개 조각으로 나뉘어 있는 인플루엔자 바이러스를 예를 들면, 핵에서 8개의 genome RNA와 nucleoprotein(NP)이 결합하여 vRNP (viral ribonucleocapsid)를 형성한 다음에 바깥쪽에 matrix(M1) 단백질이 결합하여 핵 외로 방출된다. 핵 외로 방출된 M1-vRNP complex는 세포골격 등의 도움을 받아 세포막(plasma membrane) 근처까지 이동하게 된다. budding할 부분의 세포막에는 바이러스 유전자에 의하여 골지체에서 합성된 혈구응집소(HA)와 뉴라미니다아제(NA)가 삽입되어 있다. HA와 NA로부터 세포막안쪽으로 나와 있는 domain부분을 인식하여 M1-vRNP complex가 결합을 하게 되고 budding(출아)이 진행되어 progeny virus 입자를 생성한다.

Retrovirus가 budding을 통해 방출되는 모습

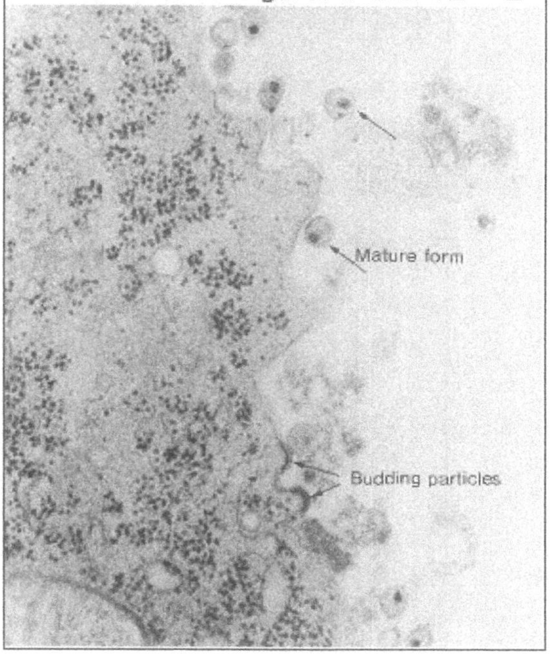

Budding에 의한 바이러스 방출

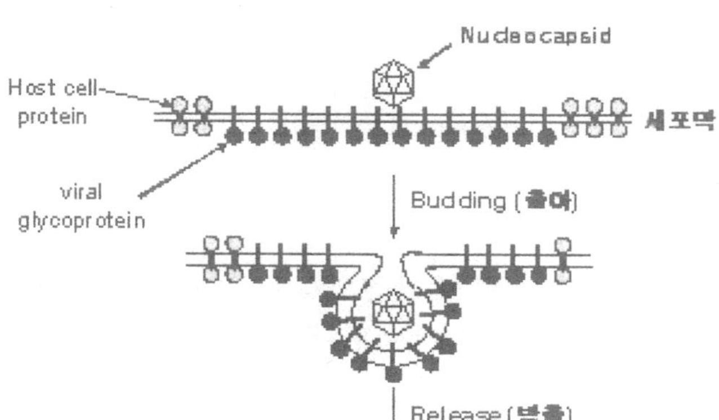

Rhabdovirus도 인플루엔자 바이러스처럼 single-strand(-) RNA를 genome으로 가지고 있으나 인플루엔자는 8개의 RNA 단편으로 나뉘어 있는데 반해서 rhabdovirus는 1개의 RNA 분자로 되어있다. rhabdovirus에 속하는 vesicular stomatitis virus (VSV)에 대해서는 많은 연구

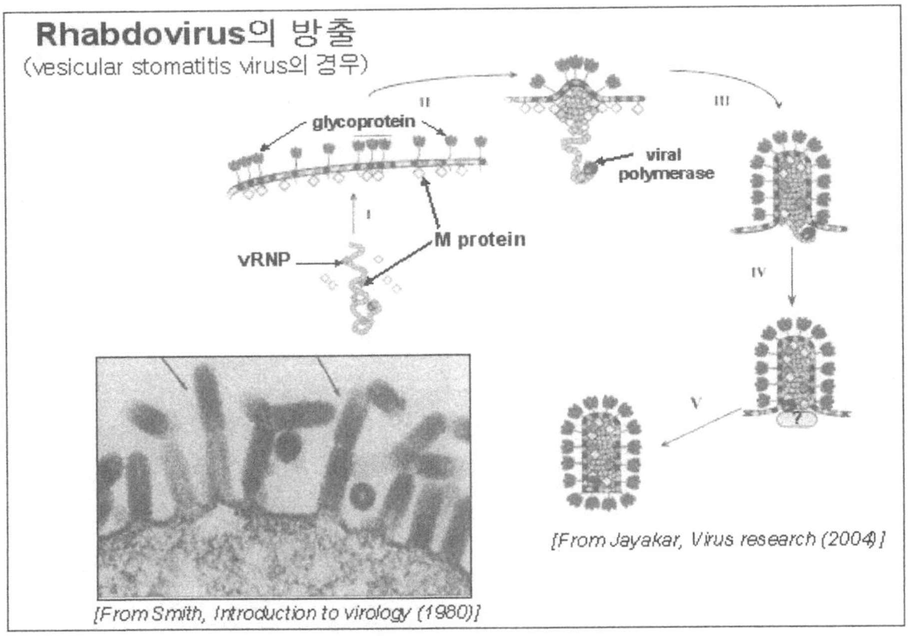

Rhabdovirus의 방출
(vesicular stomatitis virus의 경우)
[From Smith, Introduction to virology (1980)]
[From Jayakar, Virus research (2004)]

가 진행되어 상세히 알려져 있다. 이 바이러스의 genome은 mRNA 역할은 하지 못하고 mRNA를 전사하기 위한 주형역할을 한다. VSV 입자 안에는 바이러스 주형 RNA로부터 mRNA를 전사하는데 필요한 polymerase를 포함하고 있다. RNA genome은 nucleocapsid 단백질(N)과 결합하여 vRNP를 형성하며 외부에 결합한 M 단백질에 의해 응축(condensation)이 일어난다. M-vRNP 복합체는 바이러스 유전자에 의해 만들어져 세포막에 삽입된 당단백질과 결합을 하게 되고 세포막은 바깥쪽으로 budding을 하게 된다. 그림에 있는 전자현미경 사진에서는 한 부분에서 여러 개의 바이러스 입자가 계속해서 만들어지는 모습을 볼 수 있다 (화살표 부분).

2. 외막이 세포내막으로부터 유래한 경우

B형 간염 바이러스(HBV, hepatitis B virus)의 외막은 소포체(endoplasmic reticulum)로부터 유래하며, herpesvirus의 외막은 핵막으로부터 유래한다. HBV가 감염하면 바이러스 genome은 핵으로 이동하여 pregenomic RNA를 만들게 된다. pregenomic RNA는 세포질로 나와 새롭게 합성된 capsid 단백질과 함께 core particle을 구성한다. core 입자 안에서 pregenomic RNA의 역전사가 일어나 (−)strand의 DNA가 만들어지고, 이것을 주형으로 하여 불완전한 (+)strand DNA가 합성되면 성숙된 바이러스 DNA를 생성하게 된다. core 입자가 소포체(ER)로 이동한 후, 소포체내에 HBV 유전자에 의해 합성된 표면항원(surface

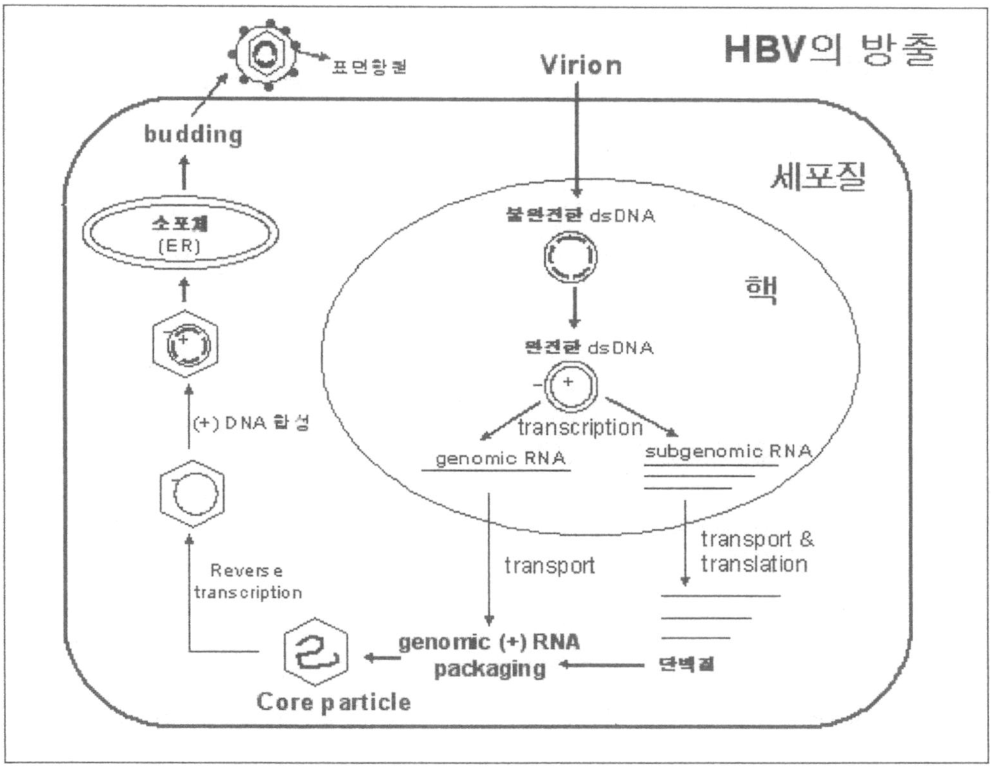

antigen, HBsAg)이 적정한 농도 이상으로 축적이 일어나면 출아를 하게 된다. 세포질에 축적된 core 입자에서는 pregenome RNA, 복제의 중간체인 단일가닥 및 이중가닥의 DNA가 모두 관찰되는데 반하여, 출아된 바이러스 입자 안에서는 이중가닥의 DNA만이 관찰된다. 이것은 이중가닥의 DNA가 완성될 때 캡시드의 외부에 어떤 변화를 통하여 소포체에 위치한 표면항원과의 상호작용이 일어날 수 있음을 의미한다. 그렇게 함으로써 완전한 바이러스 유전자를 갖춘 복제능력이 있는 바이러스입자만을 출아에 의하여 생산할 수 있다.

herpesvirus는 외막을 보유하는 바이러스 중에서는 유일하게 핵 안에서 바이러스의 조립이 이루어지며 핵막과의 융합을 통해서 출아(budding)를 한다. herpesvirus 입자의 캡시드와 외막(envelope) 사이에는 tegument 단백질이라는 바이러스의 구조단백질로 채워져 있다.

2부

바이러스와 숙주의 상호작용

제8장. 바이러스와 면역반응

면역기능은 외부에서 침입하는 미생물과 체내에서 생긴 불필요한 산물을 제거하여 개체의 항상성을 유지하는 현상을 말한다. 좀 더 자세히 말하면 생체가 자기(self)와 비자기(non-self)를 식별하여 비자기(non-self)를 항원으로 인식하고 이에 대한 항체를 만들며, 일련의 반응을 통하여 병원성 세균, 바이러스, 암세포와 같이 해로운 영향을 줄 수 있는 것을 제거하는 과정이다. 우리는 매우 다양한 병원균 즉 바이러스, 세균, 곰팡이 그리고 질병을 일으키는 기타 병원체들에 끊임없이 노출되어 살고 있다. 그러나 인간을 포함한 척추동물들은 이들이 몸속으로 침입해 오더라도 방어하는 수단으로 면역반응을 가지고 있는데, 비특이적 면역반응과 특이적 면역반응으로 나눌 수 있다. 비특이적 면역반응이란 특정한 감염인자에 대해서 반응하는 것이 아니라 불특정 다수의 침입인자에 대하여 보편적 방어를 하는 특성을 갖는다. 바이러스가 인체에 맨 처음으로 마주치게 되는 피부, 점액으로 덮인 점막 등은 일차적으로 바이러스로부터 인체를 보호한다. 순환계에 존재하는 대식세포(macrophage)는 항체와 중화된 바이러스를 저분자량의 물질로 분해하면서 제거한다. 혈액 중에 존재하는 보체(complement)라는 물질은 활성화에 의해서 바이러스 감염세포를 파괴할 수 있다. 자연살해(NK)세포는 항체, 인터페론(IFN), 인터루킨(IL-2) 등에 의해 활성화되어 바이러스가 감염된 세포를 죽임으로써 바이러스의 전파를 차단한다. 일단 바이러스 감염이 시작되면 세포는 인터페론을 생산하여 바이러스의 증식을 억제한다. 대식세포, 보체, 자연살해세포, 인터페론 등의 작용은 비특이적 반응(non-specific response)의 예로서 특정 바이러스를 인식하여 반응하는 것이 아니라, 모든 바이러스에 대하여 동일하게 반응한다. 이러한 반응은 선천적으로 존재하는 것으로 바이러스가 들어오는 즉시 바로 반응할 수 있다.

특이적 반응(specific response)은 숙주가 바이러스와 처음 만난 이후, 똑같은 바이러스와 다시 만나게 될 때 계속적으로 나타나는 면역반응으로서 B세포와 T세포가 관여한다. 특이적 방어를 담당하는 면역세포에는 B세포와 T세포가 있는데, T세포는 다시 보조(helper)T세포와 세포독성(killer)T세포로 나뉜다. 면역체계의 작동원칙은 자기(self)와 비자기(non-self)를 구분하는데 있다. 자신의 세포는 독특한 형태로 표시되어, 면역세포는 자신의 세포를 인식하지 못한다. 외부로부터 바이러스가 들어오면 면역세포는 이 바이러스를 비자기로 인식하여 반복적으로 분열하게 된다. 면역세포의 분화를 유발하고 또한 면역세포의 표적이 되는 분자구조를 항원(antigen)이라고 한다. B세포는 항원에 대하여 결합하는 항

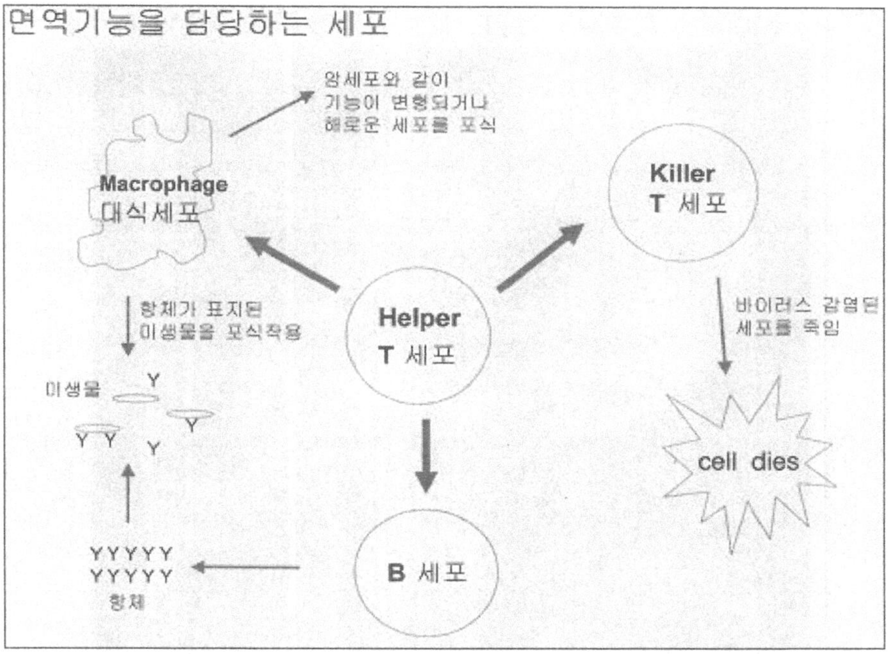

체(antibody)를 대량생산한다. 항원과 항체반응이 일어난 미생물은 대식세포에 의하여 쉽게 제거될 수 있다. 미생물을 식세포작용으로 소화시킨 대식세포는 그 표면에 항원을 제시하여 보조T세포를 활성화시키며, 보조T세포는 이러한 신호에 의하여 여러 가지 물질을 합성하고 이것을 바깥으로 분비하는데 이러한 물질을 '사이토카인'이라고 부른다. 사이토카인은 다른 면역세포들의 작용을 돕는 역할을 한다. 세포독성(killer)T세포는 바이러스가 감염된 세포와 같이 몸에 해로운 세포들을 살해하는 역할을 한다.

▣1. 특이적 면역반응

특이적 면역반응은 항체를 생산하는 체액성(humoral) 면역반응과 바이러스 감염이 일어난 세포를 제거하는 세포성(cellular) 면역반응으로 크게 나눌 수 있다. 체액성 면역반응에 관련된 B세포가 바이러스와 만나게 되면 활성화되어 분열과 분화가 일어나 특이 항체를 만들게 된다. 바이러스 감염은 최소한 IgG, IgM, IgA 세 종류의 항체를 유도한다. 분비성 IgA는 점막의 안쪽에서 생산되며 바이러스 감염을 초기에 차단하는 점막면역을 형성한다. 점막면역계는 호흡계, 소화계, 비뇨생식계, 결막 등의 표면에 위치하며 대부분의 바이러스가 이 부분들을 통하여 침입하므로 매우 중요한 방어역할을 담당한다. IgG는 혈청 및 기타 체액에서

바이러스 감염세포가 면역세포에 의해 제거되는 모습

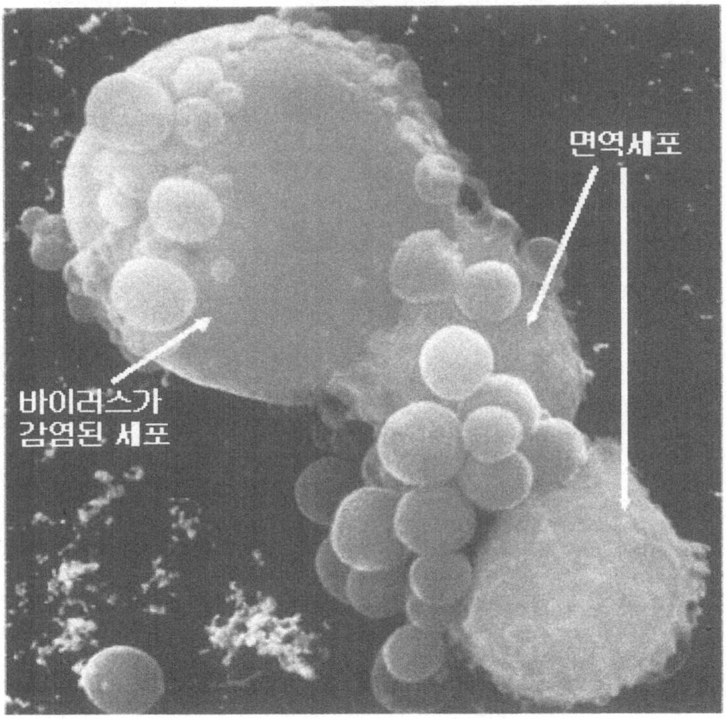

바이러스 입자의 중화(neutralization)에 관여하는 중요한 항체 집단이다. 중화란 바이러스가 항체와 결합함으로써 숙주세포의 수용체(receptor)와의 결합을 방해하여 감염력을 상실하게 되는 것을 말한다. 항체 결합의 2차적인 효과는 대식세포의 활동을 증가시키므로 바이러스와 바이러스 감염이 일어난 세포의 제거를 돕는다. 또 항체는 여러 다른 면역반응을 촉진하는 역할을 한다.

세포성 면역에는 T세포가 관여하는데, T세포는 세포표면에 T세포수용체를 보유하여 MHC(major histocompatibility complex:MHC, 주조직적합항원)분자와 결합된 외부 펩티드를 인식한다. 바이러스를 포식한 대식세포 등은 항원제시세포(antigen-presenting cell, APC)로서 작용하며, 세포독성T세포는 외부에 바이러스항원의 epitope를 제시하고 있는 세포를 파괴하는 일을 하는데, 이러한 세포독성작용에는 보조T세포의 도움을 필요로 한다. 항체의존적 세포독성(Antibody-dependent cell-mediated cytotoxicity, ADCC)은 감염된 세포의 표면에 있는 바이러스 특이적인 항원을 인식하는 항체에 의존하는데, 이 항체는 killer 세포 표면의 수용체와 결합함으로써 특이적으로 작용한다. ADCC는 바이러스를 인식하는 항체가 미리 존재해야하기 때문에 바이러스 1차 감염의 초기에는 일어나지 않는다.

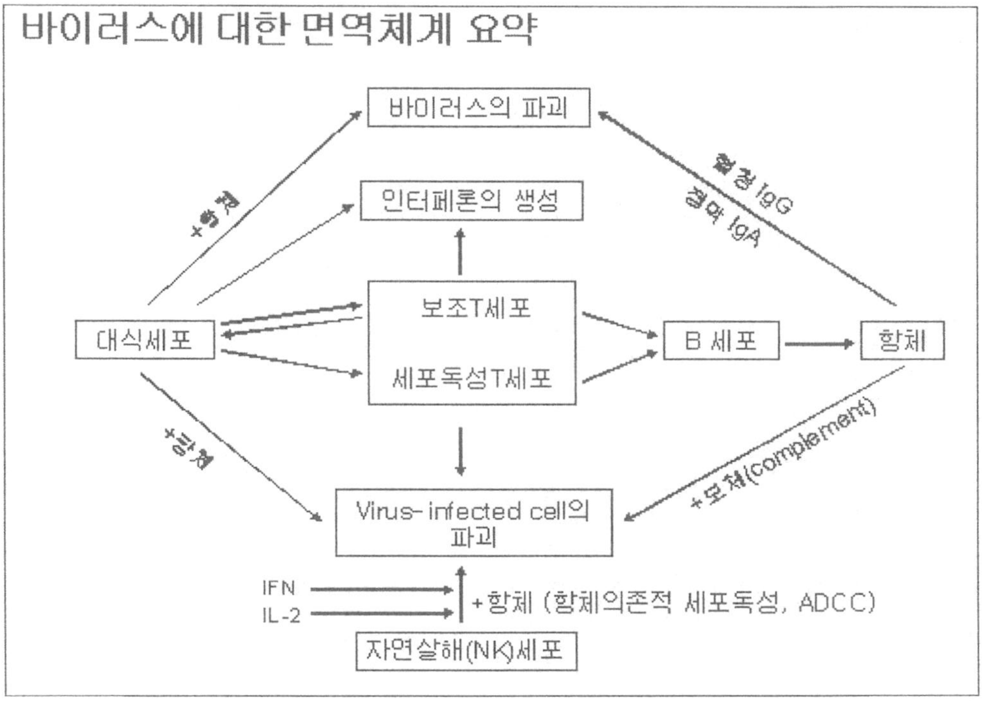
바이러스에 대한 면역체계 요약
바이러스의 파괴
인터페론의 생성
혈청 IgG
점막 IgA
+항체
대식세포
보조T세포
세포독성T세포
B 세포
항체
+항체
+보체(complement)
Virus-infected cell의 파괴
IFN
IL-2
+항체 (항체의존적 세포독성, ADCC)
자연살해(NK)세포

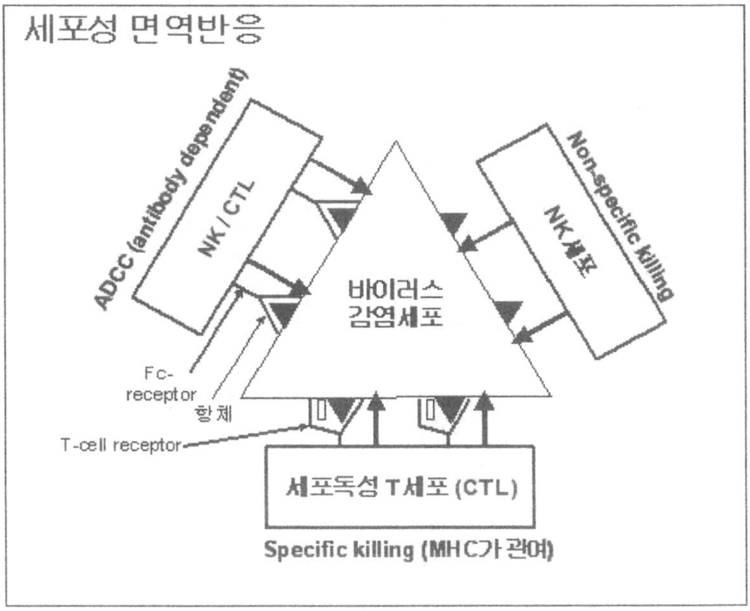
세포성 면역반응
ADCC (antibody dependent)
NK / CTL
Non-specific killing
NK세포
바이러스 감염세포
Fc-receptor
항체
T-cell receptor
세포독성 T세포 (CTL)
Specific killing (MHC가 관여)

▣2. 인터페론

인터페론은 1957년 Issacs와 Lindenmann에 의하여 발견되었다. 이들은 닭의 융모요막(chorioallantoic membrane)을 열처리를 통하여 감염력을 상실시킨 불활성 인플루엔자 바이러스(A형)에 노출시켜 배양하고 추출액을 얻었다. 그 다음에는 새로운 융모요막을 사용하여 감염성 있는 활성 인플루엔자 바이러스(B형)에 노출시키고 처음 실험에서 얻은 추출액을 첨가하고 배양하였을 때 바이러스의 감염이 억제된다는 사실을 발견하였다(추출액을 첨가하지 않은 실험에서는 바이러스의 감염이 일어남). 그러므로 처음의 융모요막 세포에서 생성된 어떤 물질이 바이러스의 감염에 간섭한다고 생각하여, 이 물질의 이름을 간섭(interfere)이라는 글자를 따서 'interferon(인터페론)'이라고 부르게 되었다. 인터페론은 만드는 세포와 기능에 따라 알파(α), 베타(β), 감마(γ)의 세 가지 종류로 구분된다. 인터페론 사이에 뚜렷한 생물학적 차이에 의하여 알파(α)와 베타(β)는 1형 인터페론으로, 감마(γ)는 2형 인터페론으로 알려져 있다. 1형 인터페론의 경우는 직접적인 항바이러스작용을 나타내는데 인터페론 생성을 유발한 바이러스뿐만 아니라 다른 여러 종류의 바이러스에 대해서도 저항성을 나타낸다.

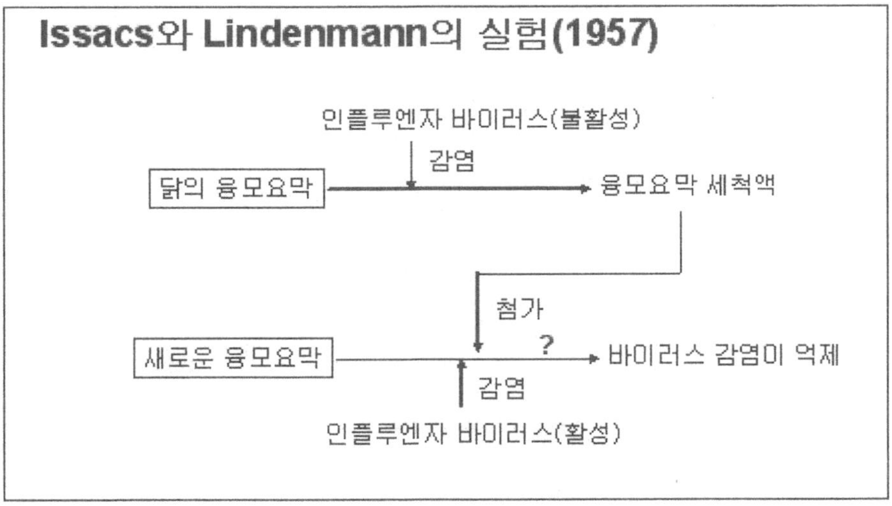

1. 1형 인터페론

사람의 알파(α)와 베타(β) 인터페론 유전자는 모두 염색체 9번에 존재한다. 알파(α) 인터페론은 주로 림프구(lymphocyte)에 의해 합성되며, 베타(β) 인터페론은 섬유아세포

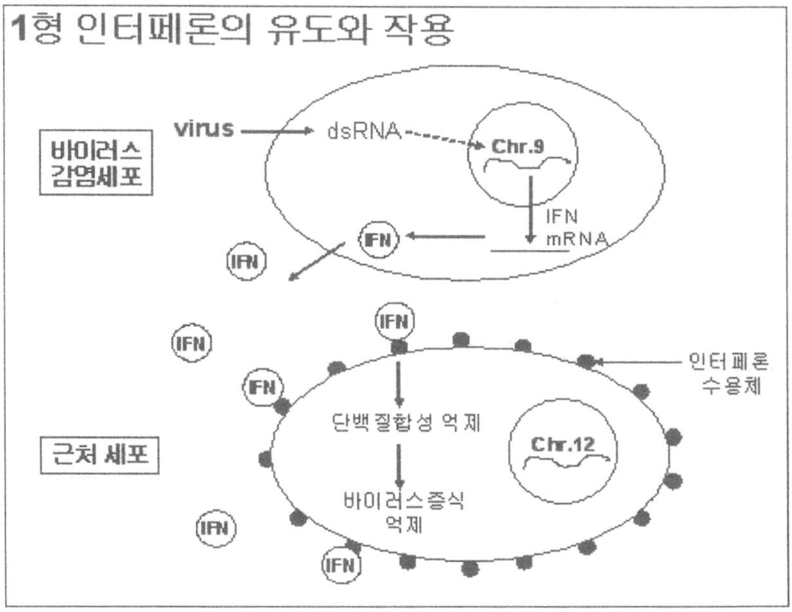

(fibroblast)에 의하여 생성된다. 베타(β) 인터페론에는 알파(α) 인터페론과는 다르게 탄수화물이 달려있다. 1형 인터페론에 의한 단백질합성의 억제는 바이러스 단백질뿐만 아니라 숙주세포의 단백질 합성도 억제하므로 오래 사용하면 숙주세포도 죽게 된다. 인터페론의 수용체는 염색체 12번에 존재한다.

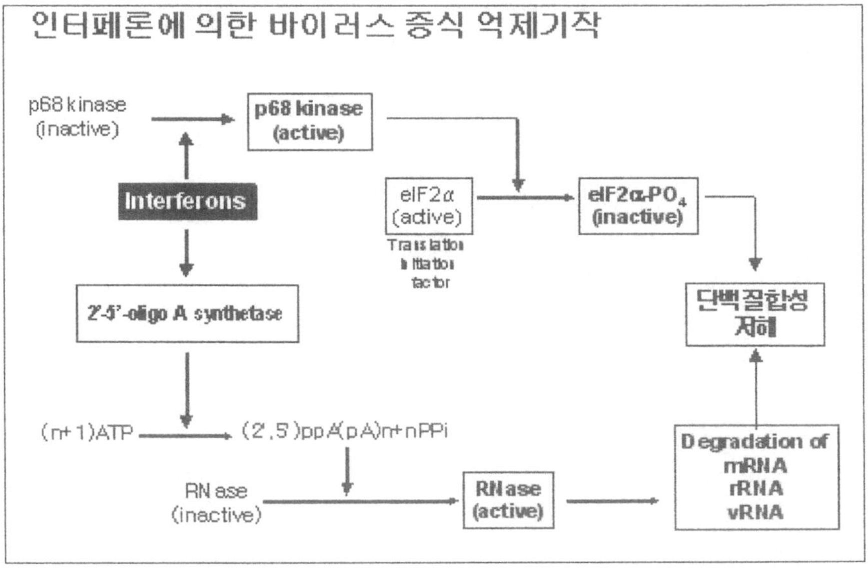

2. 2형 인터페론

감마(γ) 인터페론 유전자는 염색체 12번(사람)에 있고 성숙된 단백질에는 탄수화물이 부착되어 있으며 다른 인터페론과 상동성이 거의 없다. 감마(γ) 인터페론은 주로 활성화된 림프구로부터 생산되며 면역기능을 조절하는 역할을 한다. 주로 바이러스 감염 후기에 만들어지기 때문에 바이러스 감염초기의 항바이러스 역할에 대해서는 알려지지 않으며 감마(γ) 인터페론은 항암치료에 사용되고 있다.

▣3. 바이러스의 회피반응

1. 세포사멸억제 기작

숙주의 면역반응에 대하여 바이러스는 감염을 성립시키기 위하여 이러한 반응을 극복해야 한다. 많은 바이러스들은 숙주의 방어기작을 우회하거나 또는 무력화시키는 방향으로 진화해 왔다. 개체를 구성하는 기본요소인 세포는 세포내외의 신호전달체계에 의하여 지속적으로 감시를 받고 있는데, 이상이 발생하면 세포가 사멸하도록 되어있다. 세포의 유전자에는 생명체 전체를 위해서라면 세포 자신이 능동적으로 죽는 길을 선택하도록 하는 프로그램이 들어가 있는 것이다. 바이러스에 의해 감염된 세포는 빨리 제거되지 않으면 바이러스가 증식하여 생명체 전체를 위협하게 되므로 세포사멸(apoptosis)에 의하여 제거되어야 한다. 이러한 기작은 세포가 가지고 있는 항바이러스 기작의 하나라고 볼 수 있다. 숙주세포가 죽으면

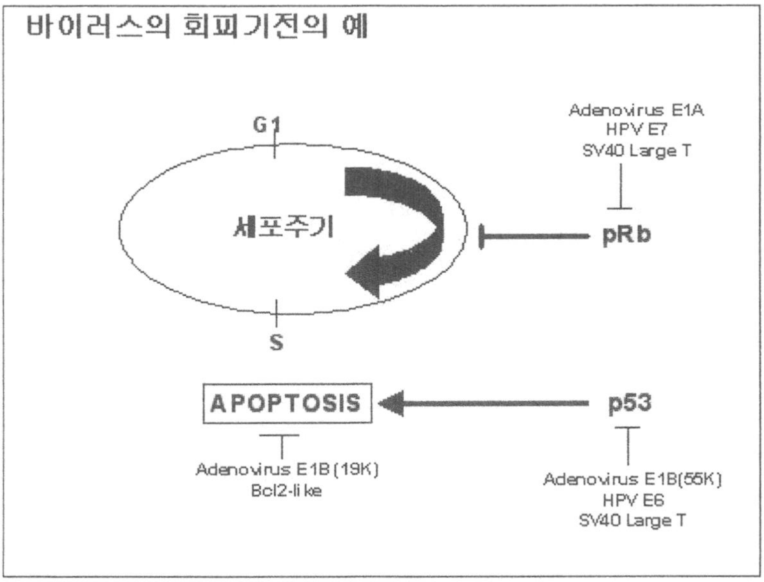

세포의 전사, 해독, 복제에 사용되는 효소를 바이러스가 더 이상 그들의 유전자와 단백질합성에 이용할 수 없게 되므로, 숙주세포가 계속 분열하도록 촉진하거나 숙주세포사멸을 막을 수 있는 체계를 바이러스는 보유하게 되었다. 바이러스의 단백질 중에는 세포의 분열을 억제하거나 세포사멸의 촉진에 관련된 p53이나 pRb와 같은 종양억제유전자 단백질에 결합하여 그 기능을 불활성화 시킴으로써 세포분열을 계속되며 세포사멸이 일어나지 않도록 유도하게 할 수 있다. 세포분열을 억제하는 pRb를 불활성화 시키는 바이러스 단백질로, 아데노바이러스 E1A 단백질, 인유두종바이러스(HPV)의 E7 단백질, SV40의 large T항원이 있다. 세포사멸과 관련된 p53 종양억제유전자를 억제하는 바이러스 단백질로 아데노바이러스 E1B(55K) 단백질, HPV의 E6 단백질, SV40의 large T항원, 아데노바이러스 E1B(19K) 단백질 등을 예로 들 수 있다.

2. 바이러스항원의 변이

바이러스는 세포면역반응으로부터 바이러스 표면항원을 변이시킴으로써 피할 수 있다. 수많은 바이러스 자손 가운데는 항원이 돌연변이에 의하여 변화된 것들이 생길 수 있으며 이런 바이러스들은 면역반응을 회피하여 살아남을 수 있게 된다. 이러한 예로써 인플루엔자바이러스나 후천성면역결핍증 바이러스 (HIV)를 들 수 있다.

3. MHC의 발현 및 기능 억제

세포독성 T세포는 바이러스 감염세포의 표면에 노출된 바이러스 항원을 인식함으로써 감염세포를 죽일 수 있다. 따라서 바이러스의 펩티드가 MHC(major histocompatibility complex:MHC, 주조직적합항원)분자와 결합하여 세포표면에 노출되지 않도록 MHC 단백질의 발현과 그 기능을 제어함으로써 세포가 면역세포에 의하여 인지되는 것을 막는다. 이러한 바이러스로는 HIV, 아데노바이러스, Epstein-Barr(EB) virus, HSV(herpes simplex virus), human cytomegalovirus(HCMV) 등이 있다.

9장. 바이러스 감염의 형태

동물 바이러스는 세포표면에 바이러스 수용체가 없는 경우는 감염을 하지 못한다. 바이러스가 감염하여 바이러스 유전자를 복제할 수 있는 세포를 'permissive cell(허용적 세포)' 이라고 부른다[반대로 바이러스 복제를 허용하지 않는 세포는 'nonpermissive cell(비허용적 세포)' 이라고 함]. 자손 바이러스를 생산하기 위해서는 감염에 충분한 바이러스 농도가 필요하며, 세포는 바이러스가 인식할 수 있는 수용체를 가지고 있어야 하고, 숙주의 방어기작이 바이러스를 완전 퇴치할 만큼 효과적이지 않아야 한다. 이러한 조건이 충족되었을 때는 바이러스의 복제주기를 완성하는 생산적 감염(productive infection)이 일어날 수 있다. 바이러스가 nonpermissive cell을 감염하였을 경우는 감염성 있는 자손 바이러스를 만들어내지 못하는데, 이와 같이 복제주기를 완결하지 못하는 감염을 'abortive infection'이라 한다. SV40와 같은 바이러스가 abortive infection을 일으키면 종종 세포형질전환(cell transformation)을 유도한다. 바이러스 중에는 감염한 후 빠르게 증식하여 자손 바이러스를 만들어내며 세포를 용해하는(cytolytic) 경우가 있는데, 이러한 현상을 'cytopathic effect(세포병변효과)' 라고 부른다. 바이러스의 감염에 따른 반응을 중심으로 감염유형을 세포용해성 감염(cytolytic infection), 지속성 감염(persistent infection), 형질전환성 감염(transforming infection)으로 크게 3가지로 나눌 수 있다. 잠복성 감염(latent infection), 만성 감염(chronic infection), 지발성 감염(slow infection) 등은 지속성 감염의 한 형태로 취급할 수 있다.

세포병변효과(CPE)

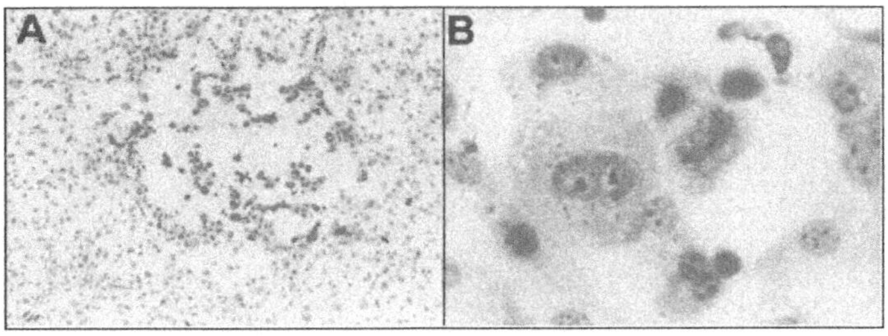

CMV에 의한 세포병변효과 (A) 플라크 모양을 나타냄 (B) 확대된 핵이 특징적임

▣1. 세포용해성 감염

세포용해성 감염은 감염성의 자손바이러스가 생성되어 세포를 파괴하고 방출됨으로써 세포병변효과(CPE)를 초래하게 된다. 이러한 감염형태는 바이러스의 수가 짧은 기간에 급속히 증가하고 세포가 파괴된 후에 감염력을 가지는 바이러스입자가 이웃한 세포를 다시 감염을 일으킬 수 있기 때문에 '급성감염(acute infection)' 형태를 나타낸다. 급성감염은 숙주가 방어체계를 갖추기도 전에 바이러스가 감염하여 많은 바이러스입자의 복제가 일어나지만 면역체계가 활성화됨에 따라서 다시 제거된다. 이러한 감염의 전형적인 예로서 감기와 독감은 호흡기계통 세포들이 주로 감염되는 국부적 감염이며, 몸 전체적인 감염을 일으키는 것으로는 천연두(smallpox)와 소아마비(poliovirus)를 들 수 있다.

바이러스가 감염된 세포는 모양이나, 생리적, 생화학적 변화를 나타내게 된다. 바이러스가 숙주세포의 거대분자 합성체제를 바이러스 genome과 단백질을 만들도록 전환시킴에 따라서 세포 자신을 위한 물질합성은 크게 줄어든다. 이에 따라 세포는 병적인 현상을 나타내는데 이것을 '세포병변효과'라고 하며 다음과 같은 것이 포함된다.

1. 모양과 구조의 변화

배양세포의 변화를 쉽게 관찰할 정도로 모양이 변한다. 보통 평편한 모양의 세포가 둥그렇게 변하며, 핵과 세포질 안에서 'inclusion body(봉입체)'라 불리는 구조물이 관찰되며 그 안에서는 바이러스 입자들이 관찰되기도 한다. 봉입체는 세포골격을 이루는 intermediate filament의 배열에 이상을 초래한다.

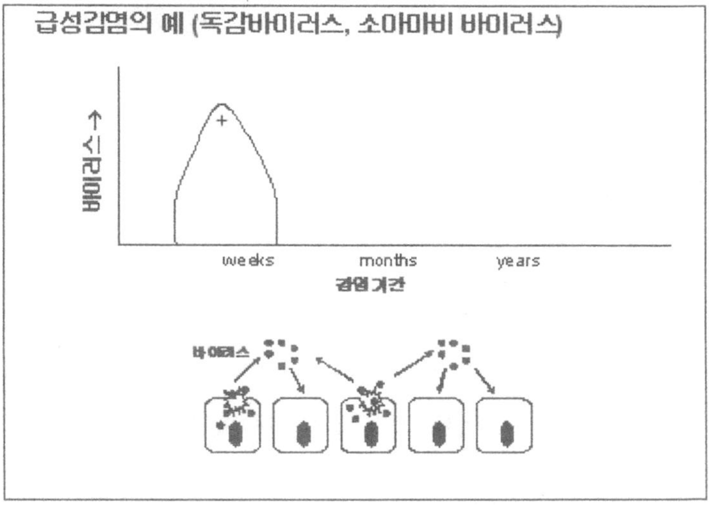

2. 다핵세포의 출현

세포변성효과의 다른 특징은 주위의 세포와 융합하여 여러 개의 핵을 지닌 '세포 합포체 또는 다핵거대세포(syncytia 또는 polykaryotes)'를 형성한다. 이것은 바이러스의 유전자 산물과 세포막과의 상호작용을 통하여 일어나는 것으로 추측되며, 이와 같은 세포융합을 통하여 바이러스가 감염되지 않은 세포로 전파될 수 있다.

3. 세포막 투과성의 변화

많은 바이러스들은 세포막 투과성의 변화를 초래하여 외부의 나트륨이나 칼륨 등의 이온들이 세포내로 유입되게 한다. 유입된 높은 농도의 이온으로 말미암아 세포의 유전자발현에 변화를 초래한다.

4. 세포용해

세포의 손상이 일어나고 세포막이 파괴되어 감염세포로부터 외부로 바이러스입자의 방출이 일어난다. 이와 같이 바이러스에 의해 세포가 파괴되거나 세포증식이 지연됨으로써 주위의 다른 세포부분과 구분되는 '플라크(plaque)'를 형성하기도 한다. 그러나 모든 바이러스가 바이러스입자 방출을 위하여 플라크를 형성하는 것은 아니며 출아(budding)에 의하여 나오는 종류도 있다.

▣2. 지속성 감염

바이러스의 증식이 빠르게 일어나고 감염의 지속기간이 짧은 세포용해성 감염(또는 급성감염)과 달리 바이러스나 바이러스 산물이 오랜 기간 지속적으로 생산되어 몇 달 혹은 수년 동안 감염이 유지되는 경우를 말한다. 지속성 감염은 그 특징에 따라서 만성 감염(chronic infection), 잠복성 감염(latent infection), 지발성 감염(slow infection) 등으로 다시 분류할 수 있다.

1. 만성감염

만성감염은 세포 안에서 바이러스의 증식이 오랜 기간 지속적으로 일어나는 경우를 말한다. 이 기간 동안 세포는 죽거나 혹은 죽지 않을 수 있다. 대부분의 만성 감염 바이러스는 외막(envelope)을 가지고 있어서 budding(출아)형태로 바이러스 입자를 방출한다. 대표적인 예로 B형 간염바이러스(HBV)를 들 수 있는데, HBV가 감염하면 무증상 또는 급성감염 형태를 거쳐서 일부 경우(10%)는 6개월 이상 감염이 지속되는 만성감염으로 진행하기도 한다.

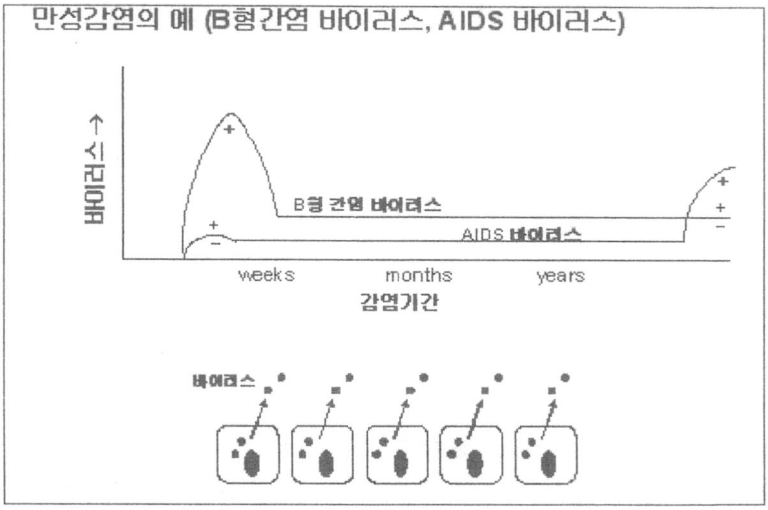

AIDS 바이러스(HIV)는 사람의 면역세포(보조T세포)를 특이적으로 감염한다. 면역시스템은 HIV 감염초기 바이러스 증식을 억제하지만 바이러스를 완전히 제거하지는 못한다. 위의 그림에서 보듯이 오랜 기간 무증상 지속감염을 통하여 숙주의 면역세포의 사멸과 함께 면역기능의 장애를 일으킨다.

2. 잠복감염

대표적인 예로는 대부분의 사람에서 잠복성 감염을 하고 있는 herpes simplex virus(HSV)를 들 수 있다. 상피세포 및 점막세포에서 1차 증식한 바이러스는 축삭 수송기작

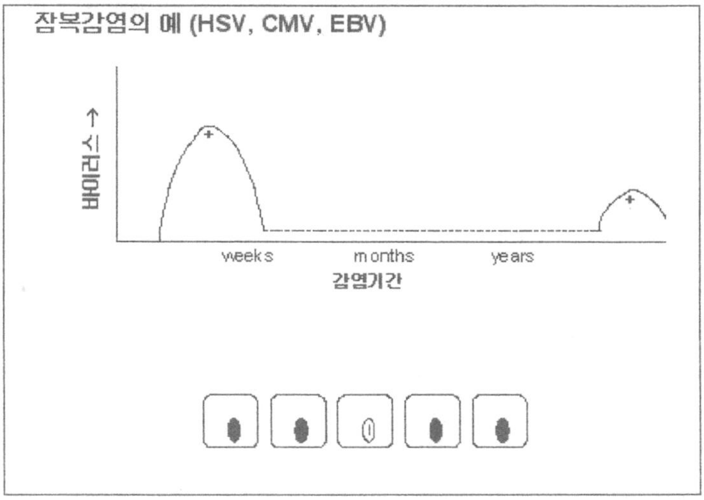

을 통하여 더 깊숙한 신경절로 이동한 후 그 곳에서 잠복성 감염을 확립한다. 신경계는 신체의 다른 부분과 달리 면역감시를 피할 수 있는 곳이며 HSV에 의한 치밀한 유전자발현 조절기작에 의하여 잠복하다가 일련의 자극에 의하여 바이러스가 재활성화 되면 표피에서 포진 또는 궤양을 형성하게 된다. 일생을 두고 간헐적으로 재발하는 감염형태(recurrent infection)를 보인다.

3. 지발성감염

빈도가 낮기는 하지만 전형적인 바이러스 혹은 프리온 단백질 등이 뇌에 감염하여 증식할 경우 오랜 기간에 걸쳐 서서히 뇌의 인지 기능, 운동, 감각뉴런이 기능을 상실하게 된다. 이러한 병의 진행이 긴 잠복기를 가지고 서서히 일어나기 때문에 'slow infection' 이라는 이름이 붙게 되었다. 전형적인 바이러스에 의한 중추신경계의 감염은 홍역(measles)바이러스, 풍진(rubella)바이러스, HIV, JC, BK virus, polymoma virus 등에 의하여 일어날 수 있다. 전염성 해면상 뇌병증(transmissible spongiform encephalopathy, TSE) 이라는 치명적인 뇌질환의 원인은 바이러스유사 병원체인 프리온 단백질에 의하여 발생한다.

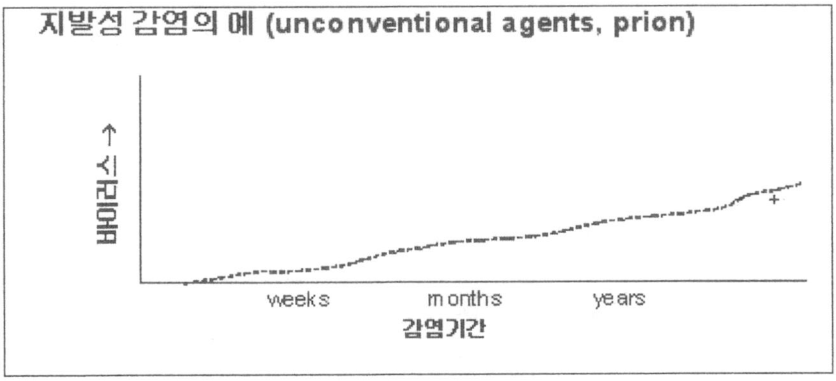

▣3. 형질전환형 감염

암 또는 백혈병을 일으키는 특정 바이러스 들은 감염한 숙주세포의 특성을 변화시키며 암을 유발하는 경우를 말한다. 이러한 바이러스 들은 암유전자(oncogene)의 산물을 발현함으로써 다음과 같은 변화들을 숙주세포에 일으킬 수 있다.

① 숙주세포의 DNA 합성을 촉진한다.

② 염색체이상을 촉진한다.
③ 세포골격을 파괴시킨다.
④ 세포와 세포가 접촉할 때 더 이상 성장의 저해를 받지 않는다.
⑤ 용기의 바닥에 붙지 않고 배지에 부유하며 살 수 있다.
⑥ 성장인자가 없이도 증식을 잘 한다.

10장. 용원화

박테리아를 감염하는 바이러스를 '박테리오파아지'라고 한다(간단하게 '파아지'라고 부름). 대부분의 파아지는 박테리아를 감염하고 증식을 하여 박테리아를 파괴하고 방출하는 용균성회로(lytic cycle)를 거치지만(이러한 파아지를 'virulent phage'라고 부름), 숙주세포를 용해하지 않는 경우도 있다. 이는 파아지의 DNA가 바이러스 입자를 형성하지 못하는데(용원성, lysogeny) 그 원인이 있는데 이러한 경우를 'temperate(온건한) 파아지'라고 한다. 어떤 생육 조건하에서는 용균성을 나타내는 파아지가 다른 조건하에서는 temperate 파아지로 변함을 볼 수가 있다. 프랑스의 생물학자인 Lwoff(르보프)는 파아지가 박테리아를 감염하고 자신의 DNA를 숙주의 염색체사이에 삽입한 후 박테리아의 염색체와 더불어 복제되어 다음 세대로 전달되는 용원화(lysogeny) 연구에 기여한 공로로 1965년 노벨상을 수상하였다. 이와 같이 박테리아 DNA 사이에 끼어들어간 파아지 DNA를 prophage(프로파아지)라고 부른다. 프로파아지 동안에는 바이러스를 구성하는 캡시드 단백질을 합성할 수 없으므로 완전한 바이러스 입자를 형성하지 못한다. 프로파아지 상태에서도 바이러스 단백질과 효소를 합성하는 유전자는 그대로 존재하고 있으나 단지 유전자들이 잠재해 있는 것이다. 프로파아지 상태로 수백만 세대를 지내기도 한다. 박테리아 가운데 prophage를 지니거나 만들 수 있는 잠재력을 가진 박테리아를 '용원성 박테리아(lysogenic bacteria)'라고 부르며, 용원성 박테리아로 변하는 것을 '용원화(lysogeny)'라고 한다. prophage를 내포하는 박테리아를 UV(자외선)이나 X선을 쬐어주면 prophage의 활성화가 일어나 용균성(lytic) 주기를 돌기 시작하는 경우가 있는데 이런 상태를 '유도(induction)'라고 한다. prophage를 형성하고 있는 박테리아는 같은 종류의 파아지가 다시 침입할 경우(superinfection), 감염이 일어나지 않는데 이런 현상을 '면역(immune)'이라고 한다. 어떤 박테리아에 특정한 파아지가 프로파아지 상태를 형성하고 있는가를 알기위해서는 'superinfection'후 감염성의 여부로 판단할 수 있다.

▣1. 람다 파아지의 생활주기

용원화의 초기 연구에서는 *Bacillus megaterium*을 용원성 균주로 많이 사용하였으나,

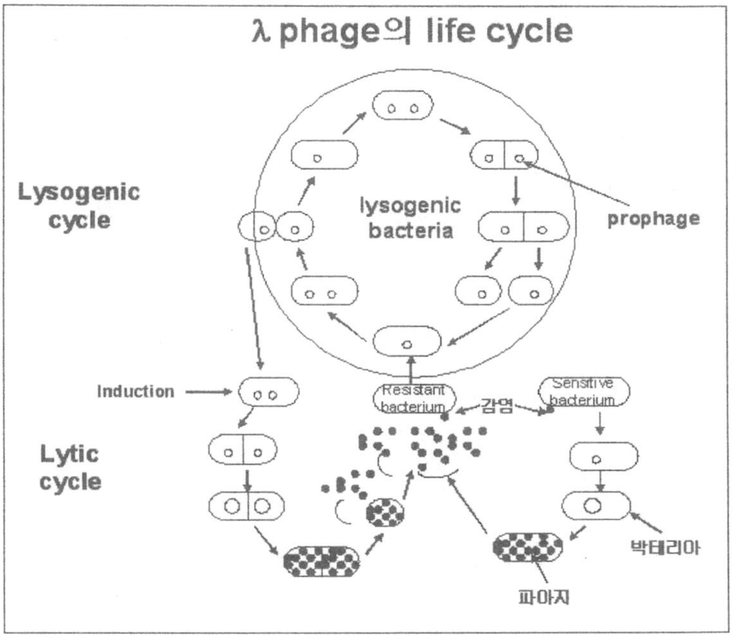

그 이후에는 대장균을 감염하는 파아지 lambda(람다, λ)를 많이 이용하였다. 람다 파아지는 48.5 kb의 linear DNA 구조로 되어 있으며 DNA 양쪽 말단은 12개의 상보적인 염기를 가지는 점착성말단(cohesive end)을 가지고 있다. DNA는 파아지 입자안에 존재할 때는 linear 상태이지만, 숙주로 주입되면 양쪽 말단이 붙어서 원형(circular) DNA를 형성한다. 람다 파아지의 genome은 기능적으로 함께 조절되는 3개의 집단으로 나눌 수 있는 데, 아래그림의

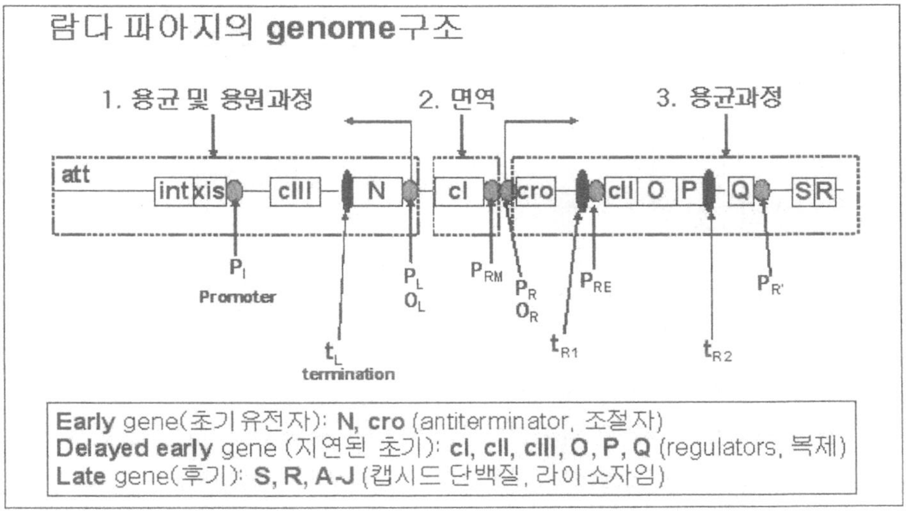

왼쪽 편에 있는 첫 번째 집단은 용원과 용균에 모두 필요하고, 중간에 있는 두 번째 집단은 조절회로 역할을 하며, 오른쪽에 있는 세 번째 군은 용균에 필요한 DNA 복제효소와 파아지의 머리와 꼬리 등 캡시드 단백질을 암호화하고 있다. promoter는 숙주의 RNA 중합효소가 결합하여 전사를 시작하는 부분이며, terminator는 전사 종료지점을 말한다. repressor가 결합하는 자리인 oprerator O_L, O_R은 P_L과 P_R과 각각 겹친다. N과 Q는 anti-terminator로 작용하는데 anti-terminator가 terminator에 결합하면 전사가 종결되지 않고 지속된다.

초기전사는 람다 DNA의 P_L과 P_R 로부터 각각 왼쪽과 오른쪽으로 전사가 시작하고, terminator t_L과 t_{R1}에서 멈춰 짧은 transcript가 만들어지지만(N과 cro가 만들어짐), 초기에 N(anti-terminator)이 만들어져 terminator(t_L, t_{R1}, t_{R2})에 결합하면 전사가 멈추지 않고 계속될 수 있으며 증식에 필요한 단백질들이 만들어져 바이러스 입자가 형성될 수 있다.

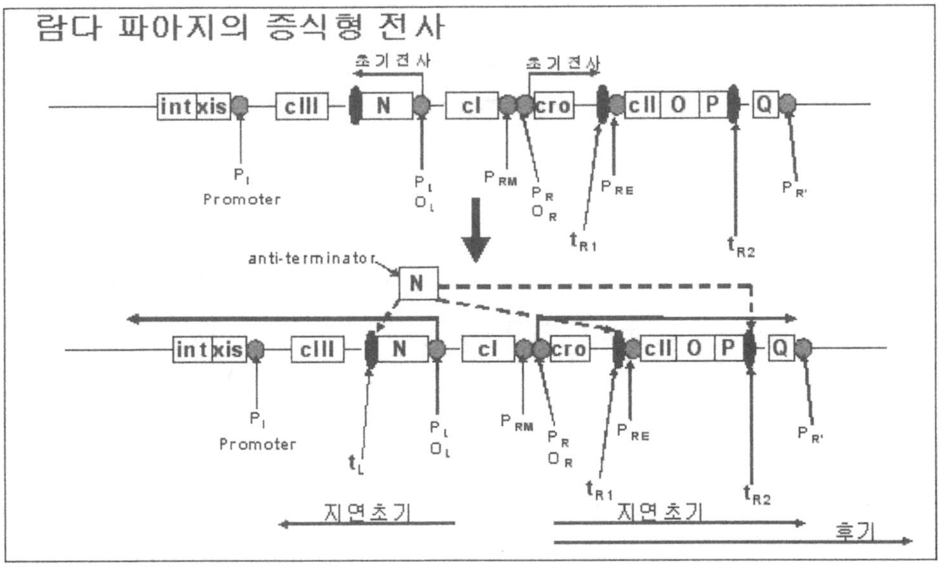

▣2. 용원성의 조절

용원회로와 용균회로 중 어떤 것이 일어날 것인가는, 두개의 단백질(cI repressor와 cro repressor)의 양적 우세에 따라 결정된다. cI과 cro repressor가 결합하는 operator는 promoter와 중첩되어 있으며 operator는 3부분(O_{R1}, O_{R2}, O_{R3})으로 나눌 수 있다. cro repressor는 dimer를 형성하여 작용하는데 친화력이 O_{R3}가 가장 높아 $O_{R3} \rightarrow O_{R2} \rightarrow O_{R1}$ 순서로 결합한다. cI repressor는 tetramer를 구성하여 작용하며 친화력이 O_{R1}이 가장 높아 $O_{R1} \rightarrow O_{R2} \rightarrow O_{R3}$ 순

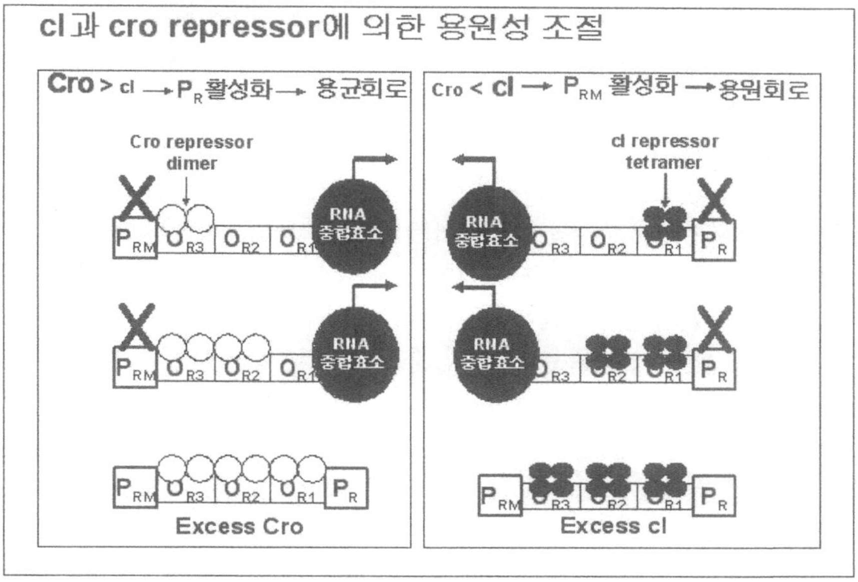

서로 결합한다. cI이 cro보다 양적으로 우세하면 O_{R1}부터 결합하기 시작하면 P_R에는 RNA 중합효소가 결합하지 못하므로 용균회로에 필요한 산물이 합성되지 못하고 P_{RM}으로부터 cI이 만들어져 용원화가 일어난다. 반면 cro가 cI 보다 우세하여 O_{R3}부터 결합이 일어나면 P_{RM}에는

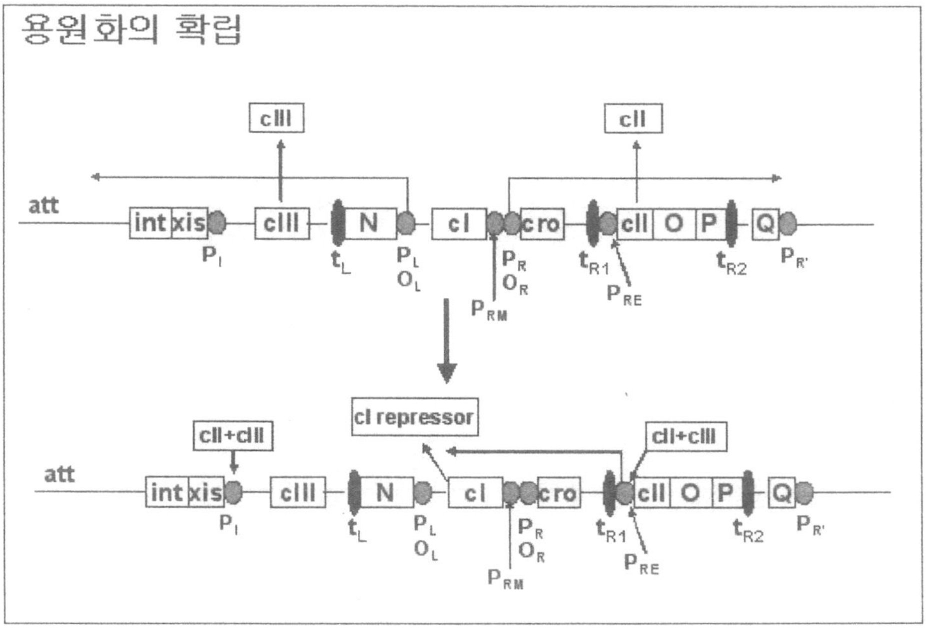

RNA 중합효소가 결합하지 못하고 P_R은 활성화됨으로 용균회로를 돌게 된다.

앞쪽에서 설명한 그림을 보면 전사가 왼쪽과 오른쪽방향으로, cI 유전자를 지나지 않는데 cI repressor는 어떻게 합성되는가 하는 의문을 가지게 될 것이다. 맨 처음 파아지가 감염했을 때에 P_{RM}을 이용하여 cI을 전사할 수 없다. 새로이 감염된 세포에서 지연초기(delayed early)에 만들어지는 cII와 cIII 단백질은 전사를 촉진하는 'activator(활성인자)' 로서 P_{RE} 프로모터를 활성화시킴으로써 cI repressor를 합성하도록 한다. cII 단백질은 매우 불안정한 단백질이기 때문에, 대부분의 경우는 세포 가수분해효소의 분해작용에 의하여 농도가 낮아지고, P_L과 P_R 로부터의 전사는 지속되어 용균회로를 돌게 된다. 그러나 드문 경우에 cII 단백질 농도가 상승하여 cI의 전사를 촉진하고 cI repressor 단백질 농도 상승이 일어나기도 한다. 그러면 cI repressor는 O_L과 O_R에 결합하여 P_L과 P_R 로부터의 전사를 중지시켜 용균 유전자산물이 만들어지는 것을 차단한다. 한편 용원화를 유지하기 위한 cI 유전자의 전사는 P_{RM}을 통하여 일어나게 한다. 즉, 맨 처음 cI repressor의 합성은 P_{RE}를 통하여 일어나고, 그 다음부터는 P_{RM}을 통하여 유지된다. P_{RE}는 강력한 프로모터이지만 거리가 cI으로부터 떨어져 있어서 에너지를 더 필요로 하므로 초기의 발현에만 사용한다.

용균(lysis)이 일어나는 경우는 cro 단백질이 양성 되먹임 회로를 통하여 P_L과 P_R로부터의 전사를 촉진한다. Q 단백질은 anti-terminator 역할을 하며 $P_{R'}$ 로부터 용균에 필요한 산물들의 전사가 일어나도록 한다.

용원화가 일어나는 경우 cI repressor는 자가 조절기작(autoregulatory pathway)에 의해 안정된 용원상태를 유지하는데 필요한 cI repressor의 양을 유지한다. P_I는 파아지 DNA를

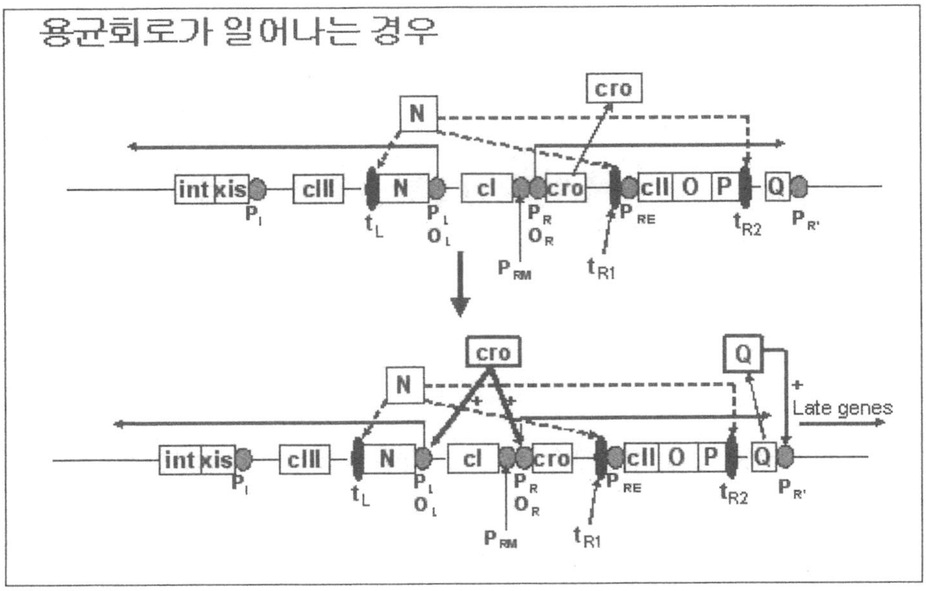

박테리아 DNA에 삽입하는데 필요한 integrase를 전사하도록 한다. 용원화가 완전히 이루어진 경우, 파아지 유전자는 cI 만이 발현이 일어난다. 용원화가 일어난 상태에서 람다 파아지가 다시 감염할 경우, 세포 안에서 발현이 일어나 이미 존재하는 cI repressor에 의하여 용균에 필요한 유전자 발현의 차단이 일어나므로 감염이 일어나지 않는데 이것을 면역(immunity)라고 한다.

11장. 제한과 수식

어떤 한 종류의 박테리아에 감염하여 증식된 박테리오파아지를 다른 종류의 박테리아에 감염시킬 경우 불활성화가 일어날 때 이러한 현상을 '숙주에 의한 제한(host-controlled restriction)'이라 부른다. 예를 들어 *E. coli* strain B를 숙주로 하여 증식시킨 파아지 λ(람다)를 *E. coli* strain R에 감염할 경우 매우 낮은 효율로 감염이 일어나는데 반하여, 배양된 숙주와 같은 종류의 박테리아를 감염시킬 경우는 매우 높은 효율로 감염이 일어난다. 같은 종류 박테리아를 사용할 경우의 e.o.p(efficiency of plating)를 1 이라 하면, 다른 종류를 감염할 경우의 e.o.p.는 1/10000 밖에 되지 않는다. 이러한 특이적으로 세포계통을 인식하고 확인하는 데는 숙주에 한 DNA 화학성분의 변화가 초래되며(modification, 수식), 적절한 수식이 일어나지 않은 DNA는 제한(restriction)되게 된다.

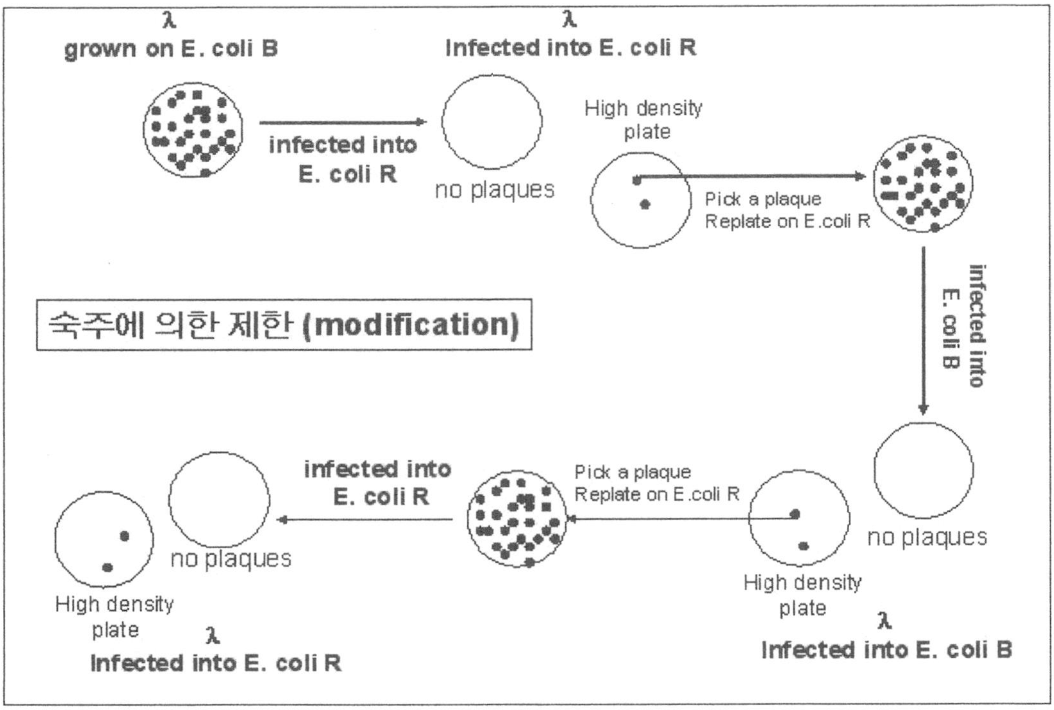

박테리아에 의한 제한은 동물에 있어서의 면역기능처럼 외부의 침입자(DNA 분자)에 대항하는 방어기작의 하나라고 할 수 있으며, 이것은 박테리아가 파아지가 인식할 수 있는 수용체를 변화시켜 감염을 피하는 것과 함께 중요한 방어 역할을 한다. 숙주에 의한 제한과 수식은 두 가지의 요소를 필요로 한다. 그 하나는 DNA를 적절하게 수식하는 DNA modifying enzyme이고, 다른 하나는 특정의 염기서열을 인식하여 DNA를 절단할 수 있는 제한효소(restriction enzyme) 이다.

▣1. 제한과 수식 (restriction and modification)의 발견

1950년대 초 Salvador Luria (일리노이 대학)와 Jean Weigle(CIT) 등은 박테리아에도 원시적인 면역체계가 있다는 증거를 처음으로 보고하였다. 1962년 Werner Arber(제네바 대학)는 파아지에 저항력을 나타내는 박테리아 내부에 파아지 DNA를 절단할 수 있는 제한효소(restriction enzyme)가 포함되어 있으며, 숙주 DNA가 제한효소에 절단되지 않도록 수식(modification)이 되어 있다는 증거를 제시하였다. 수년 후 Arbor는 Matthew Meselson (Harvard 대학)등과 함께 파아지 DNA를 효과적으로 절단하는 *E. coli* 추출액들을 분리했는데 이들 효소에는 절단하는 기능 뿐 아니라 수식하는 기능도 함께 지니고 있었다. 나중에 알려진 사실이지만 이 효소들은 숙주의 DNA 가닥에 methyl기를 붙여 절단이 일어나지 않도록 수식하였다. 이들이 처음 발견한 제한효소들은 특정한 염기서열을 인식하여 그 자리로부터 멀리 떨어진 자리를 절단하는 것이었기 때문에 그 효용성은 그 다지 높지 않았다. 1970년 Hamilton Smith (죤스 홉킨스 대학)등은 *Haemophilus influenzae*로부터 새로운 종류의 제한효소를 분리하였는데 그 이름을 '*Hind*II' 라고 명명하였다. *Hind*II는 Arbor 등이 추출했던 효소와 다른 특성을 가지고 있었는데, *Hind*II에는 수식하는 기능은 없이 절단 기능만을 포함하며 특정한 염기서열이 있는 그 자리를 절단하였다. 같은 대학의 Daniel Nathans는 *Hind*II를 사용하여 원숭이 바이러스인 SV40 DNA의 유전자 지도를 작성하였다.

▣2. 제한효소

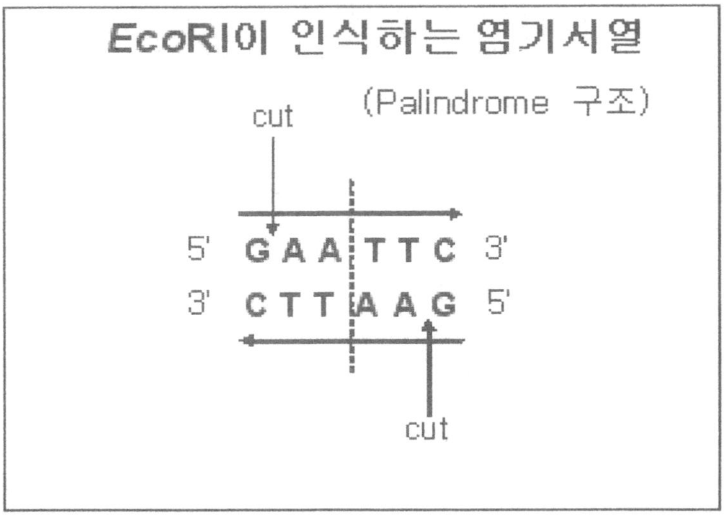

제한효소(R 효소)는 외부 DNA(바이러스, 플라스미드)가 박테리아로 들어올 때 메틸화에 의해 수식되지 않았을 경우 절단함으로써 자신의 DNA를 보호한다. 박테리아 DNA는 제한효소가 인식하는 염기서열부위가 이미 메틸화되어 있어서 보호된다. 제한효소는 일반적으로 세 가지 형태로 분류되는데 I형과 III형은 인식하는 염기서열에서 떨어진 부분을 절단하며, II형 제한효소는 특정 인식부위에서 DNA를 절단한다. 지금까지 수많은 특정서열을 인식하는 제한효소들이 알려져 있다. 제한효소 명칭의 앞의 세 글자가 박테리아의 이름을 지칭하는 것이다. 예를 들면, *Eco*RI은 *E. coli*의 strain RY103에서 처음으로 발견된 효소를 의미하며, *Bam*HI은 *Bacillus amyloliquefaciens*의 strain H에서 처음으로 발견된 효소를 의미한다. II형 제한효소가 인식하는 DNA 이중가닥은 같은 염기서열이 서로 역방향을 향하고 있는 'palindrome(회문) 구조'를 한다는 것이 특징이다.

▣3. 메틸화효소

숙주의 DNA는 제한효소에 의해 절단이 일어나지 않도록 DNA 수식효소(modifying enzyme)에 의하여 메틸화되어 있다. 파아지가 특정의 숙주에 감염하여 몇 세대를 지내면 파아지 DNA도 숙주의 DNA와 같은 모양으로 수식이 일어나 숙주의 제한효소가 인식하지 못한다. 만약 파아지 DNA가 다른 종류의 숙주를 감염할 경우, 다른 숙주가 다른 종류의 제한-수식효소를 사용하므로 더 이상 제한효소의 작용을 피할 수 없게 된다. 제한효소나 수식효소

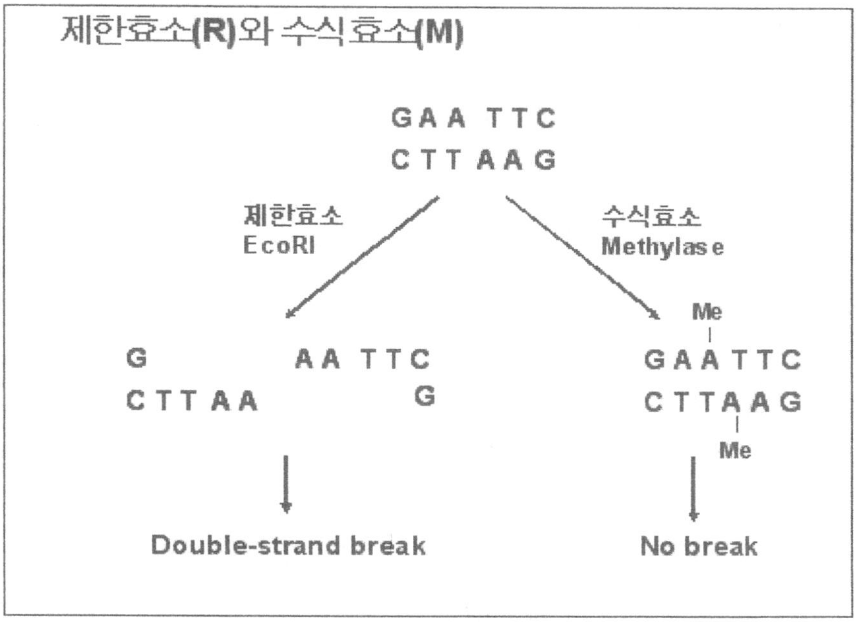

는 특정 염기서열을 인식하여 절단을 하거나 염기를 수식하는 역할을 한다. 따라서 어떤 DNA가 제한효소와 수식효소의 작용을 동시에 받을 수는 없다. 다시 말하면 제한효소의 기질이 되면 수식효소의 기질이 되지 못하고, 수식효소의 기질이 되면 제한효소의 기질이 되지 못한다.

수식(modification)은 주로 아데닌(A) 혹은 시토신(C) 염기가 DNA adenine methylase (*dam* 유전자에 의해 만들어짐) 또는 DNA cytosine methylase (*dcm* 유전자에 의해 만들어짐)의 작용에 의하여 메틸기가 첨가되는 방식으로 일어난다. methylase에 methyl기를 공급해주는 methyl donor로 S-adenosyl methionine (SAM)이 사용되며 Mg^{2+}이온과 ATP 없이 효소활성을 나타낸다. 숙주 DNA의 복제 후에 새로 생긴 이중나선은 반메틸화(hemimethylated)되어 있으나 제한효소의 작용을 받지 않으며 새로 만들어진 가닥도 신속하게 메틸화가 일어난다.

▣4. 제한의 회피

T2, T4, T6 등의 T-even 파아지는 시토신(cytosine) 대신에 5′-hydroxymethyl cytosine(HMC)을 갖는 것처럼 수식화된 염기(modified base)를 갖는 파아지 들은 숙주의 제한(restriction)을 회피할 수 있다. T2 파아지는 대장균에 감염하여 4분 만에 dCTP와

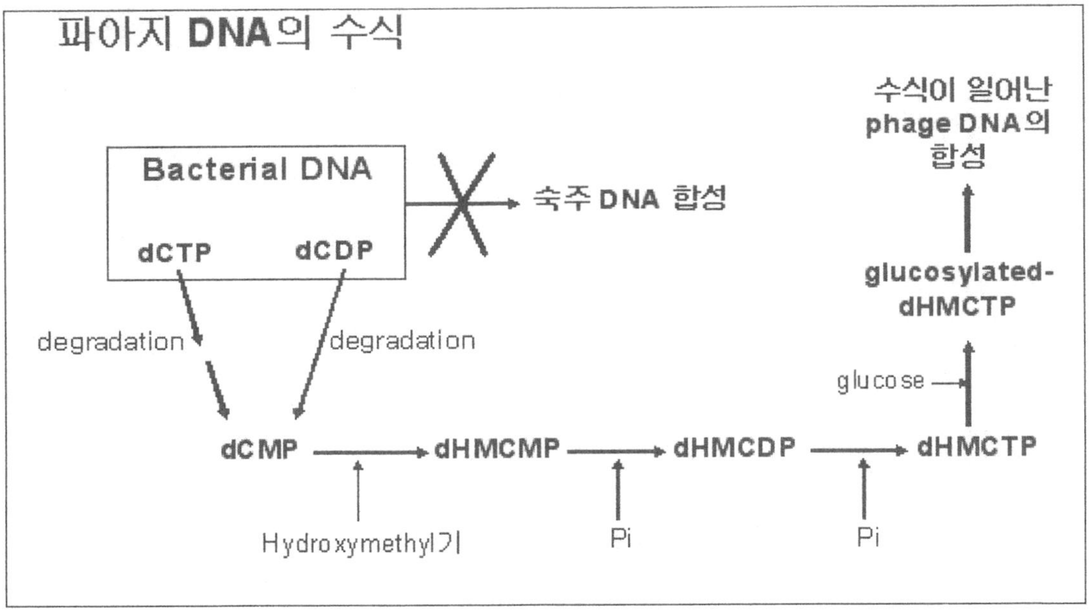

dCDP를 dCMP로 전환하는 효소 활성이 나타내게 되고 이것은 숙주 DNA 합성을 저해하는 중요한 기작이다. 축적된 dCMP에 hydroxymethyl기를 첨가하여 dHMCMP를 만들고 그리고 dHMCTP를 합성하여 파아지의 DNA합성에 사용한다. T-even 파아지는 dHMCTP에 glucose를 중합함으로써 glucosylated dHMCTP로 수식된 염기를 갖게 된다.

3부

세균성 바이러스

제 12장. T4 파아지

HMC 구조

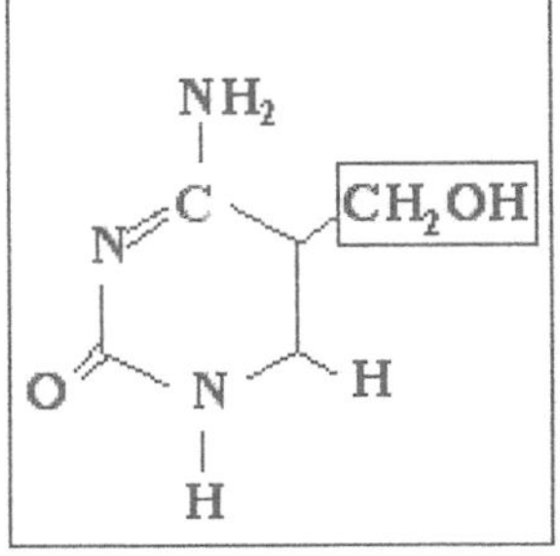

T2, T4, T6 파아지는 대장균(*E. coli*)을 숙주로 하는 바이러스로서 T-even(짝수) 파아지에 속한다. T-even 파아지들의 DNA는 상호간에 80% 정도의 유사성을 지니며 모양도 비슷한 특징을 갖는다. 유전물질이 DNA임을 밝히는 실험을 비롯하여 역사적인 분자생물학적 실험에서 T-even 파아지가 이용 되었다. T-even 파아지 핵산의 특징은 시토신(cytosine)염기 대신에 hydroxymethyl cytosine(HMC)을 가지며, 이 염기들은 두개의 포도당(glucose) 분자가 첨가되어 glycosylated-HMC로 수식된다. T-even 파아지 중에서 가장 많이 연구가 진행된 T4 파아지에 대하여 살펴보자.

▣1. T4 파아지 genome의 구조

T4 파아지 genome은 약 168kb로 구성되며 숙주의 restriction enzyme에 의해 절단되지 않도록 시토신 대신에 glycosylated-hydroxymethyl cytosine(HMC)으로 수식된 dsDNA를 갖는다. T4 DNA는 linear 상태로 virion 입자에 package가 일어나는데 양쪽 말단에 있는 3000~6000bp 정도의 염기가 중복되어 있다. concatameric DNA로부터 파아지 head를 다 채웠을 때 DNA 절단이 일어나는 'headful-mechanism'에 의해 팩키징이 일어나기 때문에 원순열(circularly permutated) 구조를 취한다. T4 파아지의 유전자는 130개 이상이 알려지는데, 돌연변이를 이용하여 유전자의 성질과 유전자 간의 상대적 위치를 결정한 결과, 비슷한

T4 phage의 구조

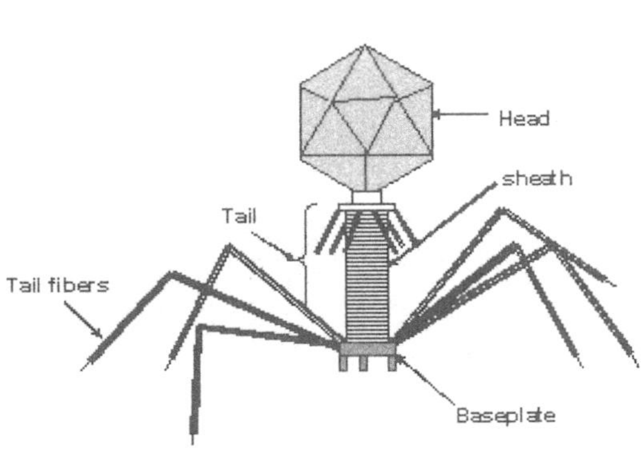

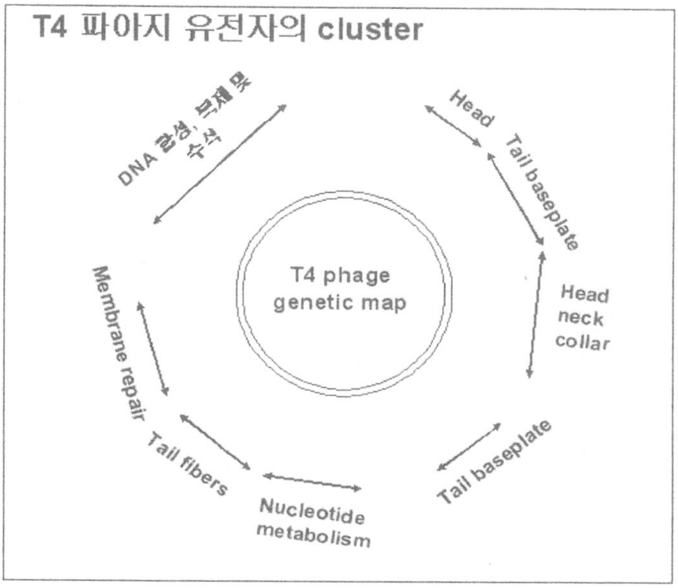

기능을 하는 유전자들끼리 군집(cluster)을 이루고 있음이 밝혀졌다. DNA의 양쪽가닥을 유전정보 암호화에 사용하며, coding region 사이에 짧은 noncoding 부분이 존재한다.

▣2. T4 파아지의 모양

T-even 파아지는 가장 복잡한 바이러스 구조 중의 하나이다. 전체구조는 head, tail, tail fiber의 세 부분으로 구성되며, 달에 착륙하는 우주선의 모습과 흡사한 구조를 가지고 있다. 전체 유전자의 약 40% 이상이 바이러스 캡시드 합성과 바이러스 입자 조립과 관련이 있다.

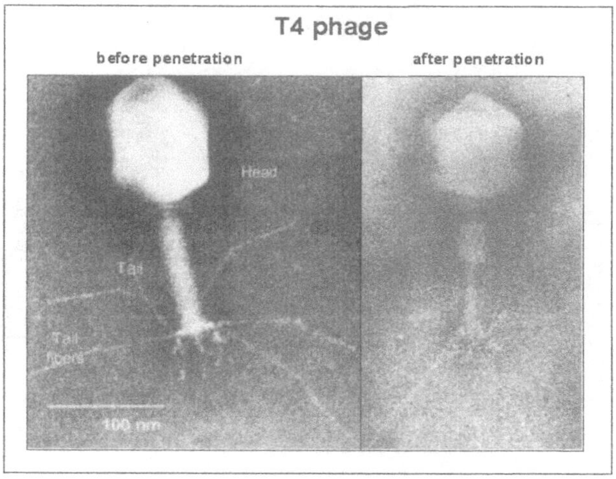

head(머리)는 icosahedral(정이십면체) 대칭모양을 하고 있으며, head의 조립에는 scaffolding 단백질의 도움이 요구되며 'prohead'로부터 성숙된 head로 만들어지기 위해서 protein processing에 의한

head의 확장이 일어나야 한다. 성공적으로 head가 완성되면 DNA의 packaging이 일어나는데, 하나의 linear concatamer DNA로부터 'head-filling' 기작에 따라 head를 채우게 되며 head안의 공간에 따라 packaging DNA 크기는 차이가 있을 수 있다. tail(꼬리)의 구조는 수축력이 있으며 외부를 감싸는 'sheath' 부분과 sheath 안쪽에 수축력이 없는 'core' 부분이 있다. tail의 밑 부분에는 'baseplate'가 있는데 이 부분에는 라이소자임 효소가 포함되어 있어서 박테리아를 감염할 때 세포벽을 녹이며 구조적 변형을 통하여 DNA가 주입되도록 한다. head의 크기는 다소 변동의 폭이 있었지만, tail의 크기(약 100nm)는 항상 일정하게 나타났다. 6개의 tail fiber는 baseplate에 붙어 있으며 tail fiber의 밑 부분은 박테리아 표면에 존재하는 phage-specific receptor(파아지 특이적 수용체)를 인식하는데 결정적인 역할을 한다. T4의 tail fiber 말단에 있는 gp37은 *E. coli* B 표면의 당지질에 포함된 이당류를 인식하거나, *E. coli* C의 ompC 단백질과 결합함으로써 박테리아 표면에 흡착하도록 해준다. 다른 종류의 T-even 파아지 tail fiber 말단은 다른 유전자에 의해 암호화 되며 수용체에 대한 특이성도 각각 다르다.

▣3. T4 파아지 life cycle

T4 파아지의 흡착, sheath의 수축, core를 통한 DNA의 주입은 순간적으로 일어나는 반응이며, 이로부터 1분후부터 박테리아의 모든 단백질 합성이 중지되고 숙주 DNA의 분해가 시작된다. 숙주의 모든 합성을 중지시킨 T4 파아지는 자신의 DNA 복제를 위해 필요한 단백질들을 합성하기 시작하며 DNA 복제를 준비한다. 파아지 DNA의 복제가 끝나면 파아지 입

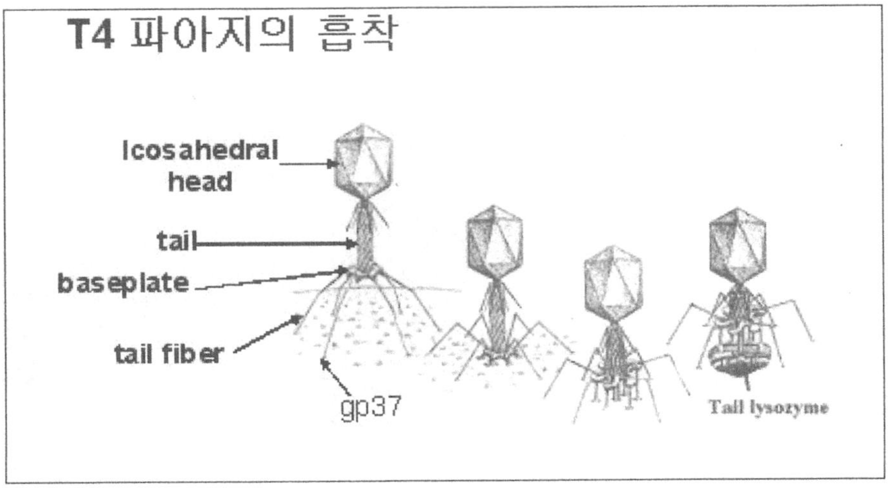

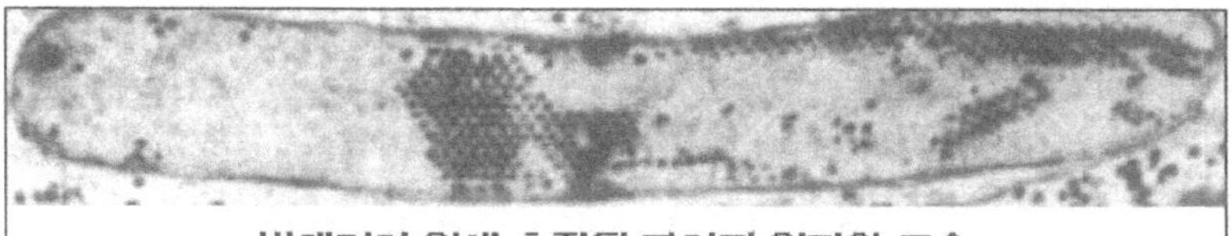

박테리아 안에 축적된 파아지 입자의 모습

자를 구성할 구조단백질들이 합성되기 시작하며, 13분경 처음으로 완성된 progeny T4 파아지 입자가 나타난다. 감염 직후부터 13분이 경과하기 까지는 파아지 입자가 세포내에서 전혀 관찰되지 않는 상태인데 이 단계를 'eclipse period (암흑기)' 라고 부른다. 25분가량 지나면 그동안 합성이 일어난 200여개 정도의 파아지 입자가 박테리아를 파괴하고 방출되게 되며 각각의 progeny 파아지 입자는 새로운 숙주를 찾아 감염하게 된다. T4 파아지는 람다 파아지와 같이 lysogeny(용원화)를 일으키지 못하므로 계속하여 새로운 세포를 감염하여 파괴하는 것을 반복하게 된다. 이와 같은 감염을 하는 파아지를 'virulent(독성) phage' 라고 부른다.

▣4. T4 파아지의 유전자발현 조절

T4 파아지가 숙주를 감염하여 발현하는 유전자는 발현이 일어나는 시간에 따라 최소한 세 종류로 나눌 수 있는데, 급초기 (immediate early), 지연 초기(delayed early), 후기 (late) 등이 있다. 유전자들은 기능에 따라 군집(cluster)을 형성하고 유전자의 조절은 cascade(계단 혹은 폭포)형 방법을 통해 이루어진다. 감염의 초기에 T4 파아지 유전자는 숙주의 RNA polymerase를 이용하여 전사가 시작된다(초기 또는 급초기, immediately early). 초기발현에서는 숙주 DNA를 분해하는 효소, 파아지 DNA를 수식하는데 필요한 hydroxymethylase, glycosylase, 중합효소를 수식하는 factor들, DNA 복제에 필요한 단백질 등이 합성된다. 지연초기(delayed early)란 초기에 전사가 일어나지만 프로모터로부터 거리가 떨어져 있어서 늦게 발현이 일어나는 것을 말한다. 초기전사를 마친 host RNA polymerase는 수식[중합효소의 α-subunit에 adenylate기가 부착하고 phage-specific 시그마(σ)인자의 결합]을 통하여 특이성의 변화를 일으키게 됨에 따라 중기 promoter

T4 파아지에 의한 용균

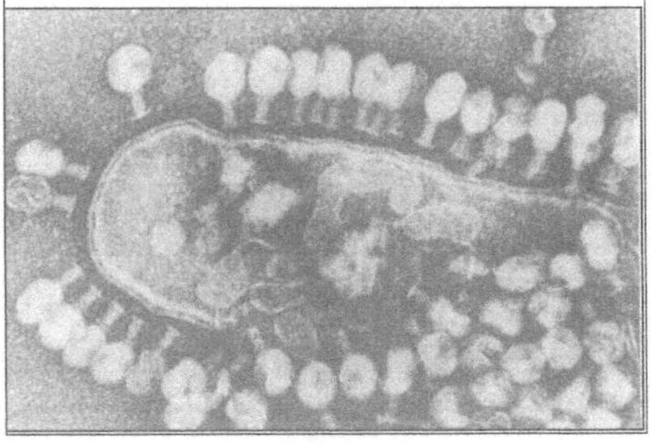

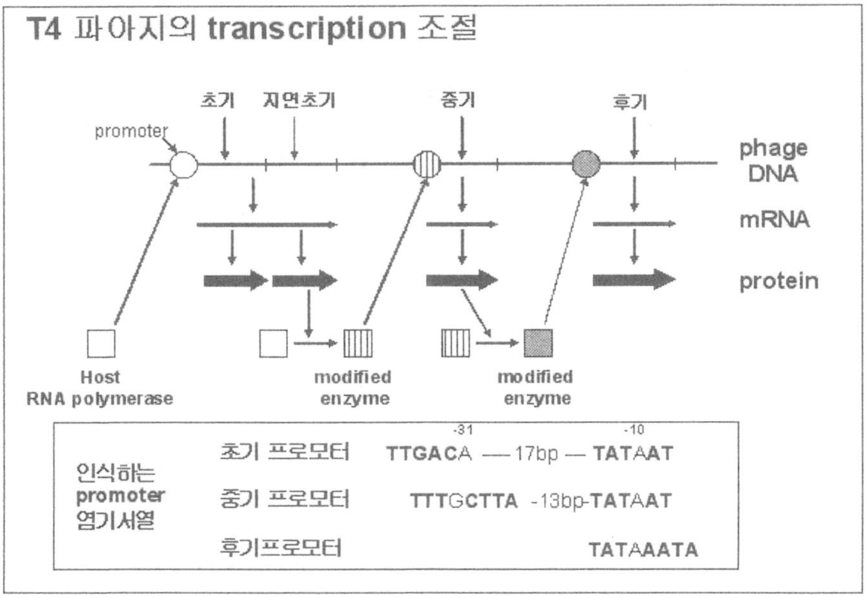

를 인식할 수 있다. 중기 유전자발현에서는 후기 유전자 프로모터를 인식할 새로운 시그마(σ)인자를 합성하여 RNA polymerase를 수식함으로써 후기유전자를 발현한다. 파아지 DNA의 복제는 후기 프로모터들을 활성화시켜 후기 단백질의 생산을 촉진한다. 후기 단백질에는 바이러스 캡시드 단백질, DNA packaging을 돕는 효소, scaffolding 단백질, 숙주의 세포벽을 녹이는 라이소자임 효소 등이 포함된다.

▣5. T4 DNA의 복제

전형적 DNA 복제방식에 따라 합성된 T4 DNA는 genome 말단이 연속적으로 연결된 multimer 형태의 'concatamer'를 형성한다. head의 한쪽 입구(나중에 tail이 붙는 자리)를 통해서 DNA packaging이 일어나는데 그 입구에는 DNA를 절단할 수 있는 terminase (gp16과 gp17)가 붙어있다. terminase는 특정의 염기서열을 인식하여 절단하지 않고, head 공간이 DNA로 완전히 꽉 채워질 때 DNA를 절단한다(이것을 headful mechanism이라 부른다). head 공간은 한 unit의 genome을 다 채우고도 빈 공간이 남아있기 때문에 여분의 DNA(약 3kb 정도)를 더 포함하게 된다. 결국 packaging 초기에 들어갔던 일부 염기서열이 다시 포함되게 된다(3000~6000bp정도의 말단중복을 가짐). T4 DNA의 경우 중복되는 말단 염기서열이 한 가지로 고정되어있지 않고 여러 염기서열이 돌아가면서 나오기 때문에 이

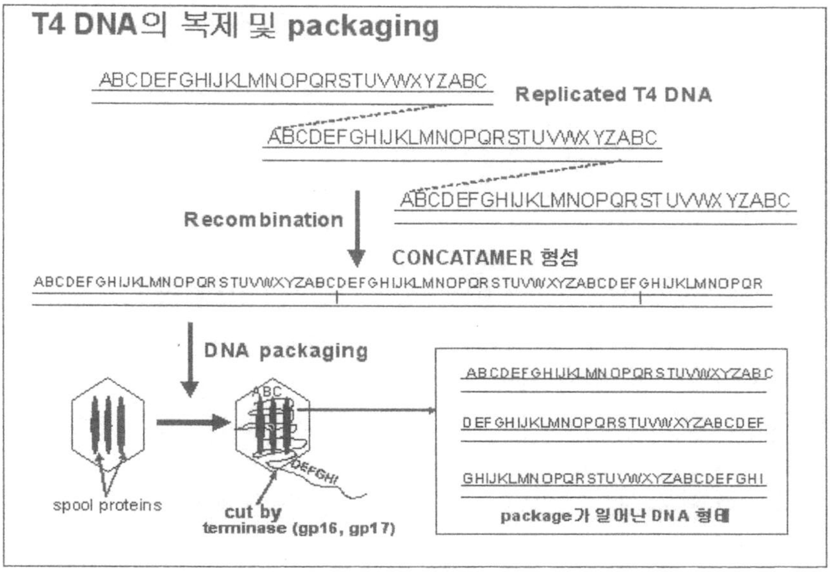

것을 원순열(circularly permutated)이라고 한다. T4 genome의 구조적 특징이 DNA packaging 기작과 밀접한 관련이 있다.

13장. T7 파아지

T7은 icosahedral head (직경이 60nm), 수축력이 없는 짧은 tail(길이 15nm), 6개의 가느다란 tail fiber를 가지고 있는 중간형 크기의 파아지이다. T7 파아지는 56개 유전자에 대해 알려지는데, 특징 가운데 한 가지로 T7-coded RNA polymerase를 합성하여 유전자 전사에 사용한다는 점이다. T4 파아지에서 본 것처럼 유전자들이 그 기능과 발현되는 시간에 따라 cluster(집단)를 이루고 있다. T7 파아지 genome은 39kb의 dsDNA로 구성되며 유전자 발현 순서에 따른 genetic map은 그림과 같다. 전체 유전자는 3개의 class로 나눌 수 있는데, class I은 초기유전자로서 감염으로부터 8분까지, class II는 DNA metabolism에 관련된 유전자로 6분에서 15분 까지, class III는 성숙과 형태형성에 관련된 유전자로서 8분에서 용균(30℃에서 25분)때 까지 발현한다. class I 단백질은 host RNA polymerase에 의하여 전사가 일어나 번역되어 만들어진다. 대장균의 RNA polymerase에 의해 만들어진 T7-coded RNA polymerase(class I 단백질)는 class I 유전자 프로모터는 인식하지 못하므로 class II와 III 유전자만을 전사할 수 있다. 따라서 class II와 III 단백질 발현은 오직 class I 유전자가 발현된 이후에 나타날 수 있다.

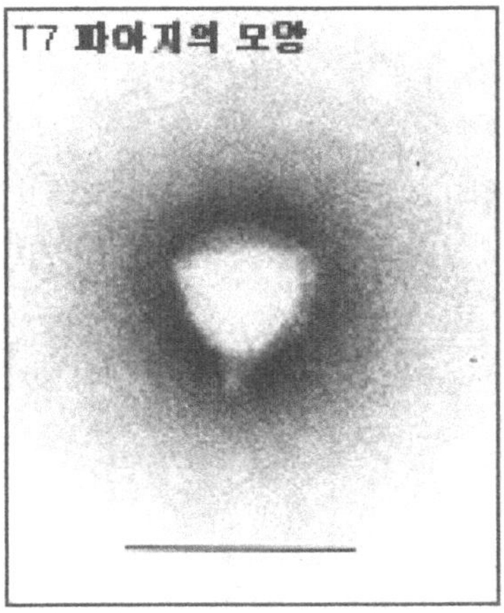

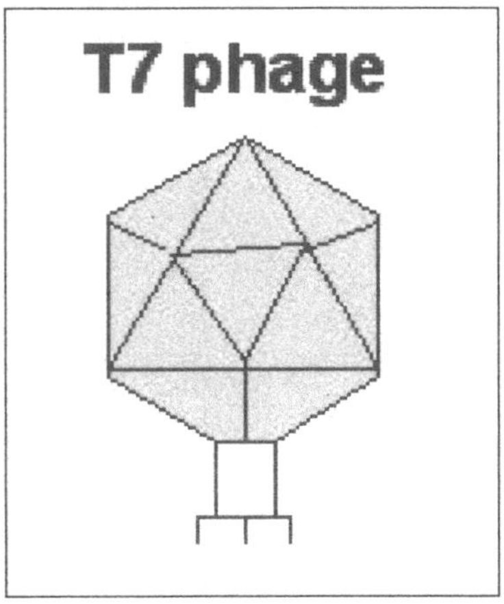

T7 파아지의 genetic map

Class I Early	Host restriction (0.3) ? Protein kinase (0.7) RNA polymerase (1) ? DNA ligase (1.3)
Class II DNA metabolism	? DNA 복제 (2) Endonuclease (3) Lysozyme (3.5) DNA 복제 (4) DNA polymerase (5) DNA exonuclease (6)
Class III Morphogenesis	Virion protein (7, 13) Head protein (8, 10, 14, 15, 16) Assembly protein (9) Tail protein (11, 12, 17) DNA maturation (18, 19)

T7 파아지 DNA 복제는 파아지 유전자에 의해 합성된 DNA polymerase(gp5)와 여러 가지 기능을 같이 수행할 수 있는 DNA복제 단백질(gp4; primase, nuclease, helicase, single-strand DNA binding proteins)의 작용으로 일어난다. 복제원점은 한 쪽 말단으로부터 15%에 존재하며 양쪽 방향으로 복제가 진행된다. 주형 DNA의 3 말단에 붙어있는 RNA primer는 제거 후 DNA로 교환되지 못하여 단일가닥의 DNA로 남아있다. T7 DNA의 말단도 260~300bp의 중복을 가지므로 두 DNA 분자의 단일가닥 부분이 pair를 형성해 dimer 분자를 만들며 중합체간에 다시 recombination이 일어나 concatamer를 형성하게 된다.

T7 DNA의 packaging은 특정한 염기서열을 인식하는 효소에 의하여 'staggered cut'(엇갈린 자리 절단)가 만들어지고, DNA repair에 의하여 'blunt end'가 만들어진다. 그러므로 말단부분의 일부 DNA는 중복이 일어난다(terminal redundancy).

T7의 복제와 concatamer의 형성

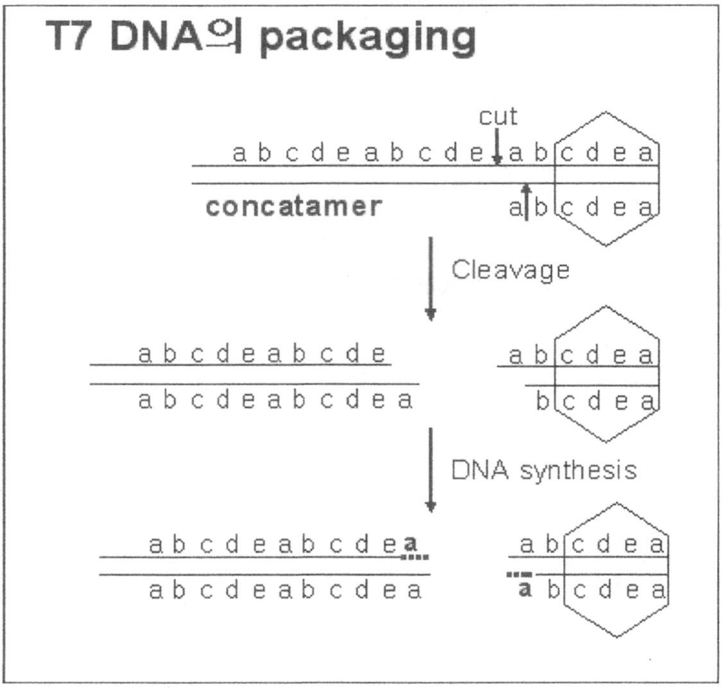
T7 DNA의 packaging
cut
a b c d e a b c d e a b c d e a
concatamer
a b c d e a
Cleavage
a b c d e a b c d e
a b c d e a b c d e a
a b c d e a
b c d e a
DNA synthesis
a b c d e a b c d e a
a b c d e a b c d e a
a b c d e a
a b c d e a

14장. 람다 파아지

람다 파아지는 대장균(*E. coli* K−12)을 숙주로 감염하는 파아지로 48kb의 double strand DNA를 genome으로 가지고 있다. 람다 파아지는 대표적인 temperate(잠재성) 파아지로서 용균성(lytic)과 용원성(lysogenic) 생활환을 가질 수 있다. 용원성 생활환이란 파아지의 DNA가 박테리아의 염색체에 삽입되어 숙주 염색체와 함께 복제되는 과정을 말하며 세포를 파괴하지 않는다. 일정한 조건이 되면 용원성 파아지는 용균성으로 전환될 수 있는데 이것을 '유도(induction)'라고 부른다. 람다의 유전자 조절기작에 대해서 많은 연구를 통하여 잘 알려지게 되었으며 람다 파아지를 이용한 cloning vector는 현재 널리 사용되고 있다.

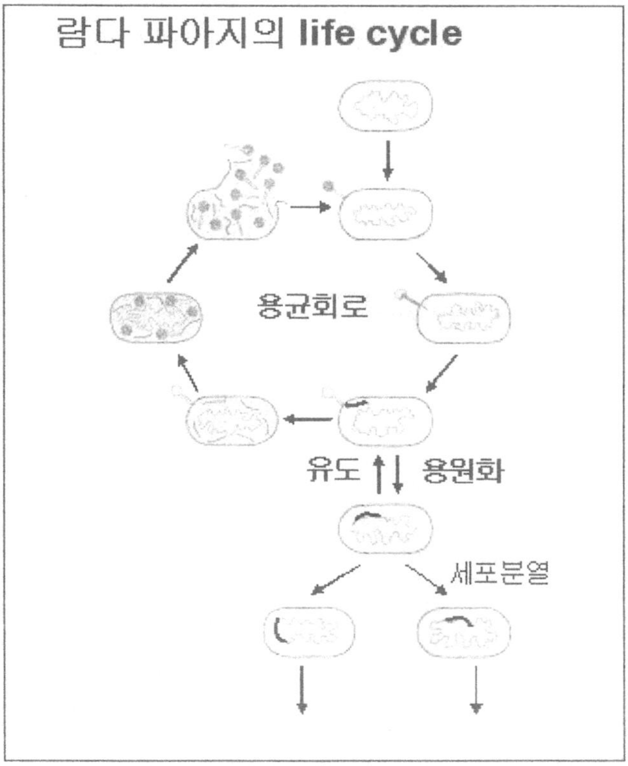

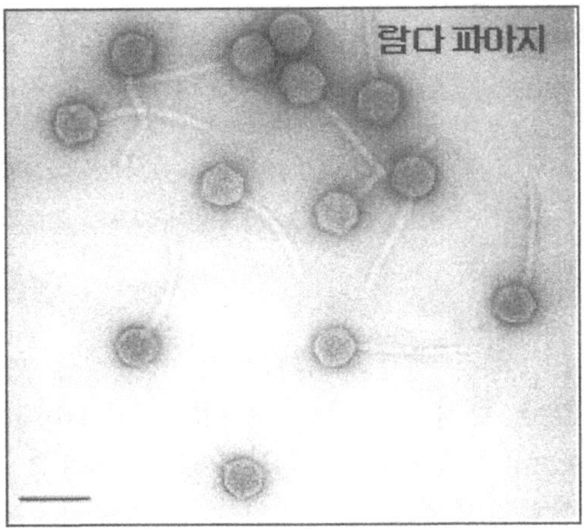

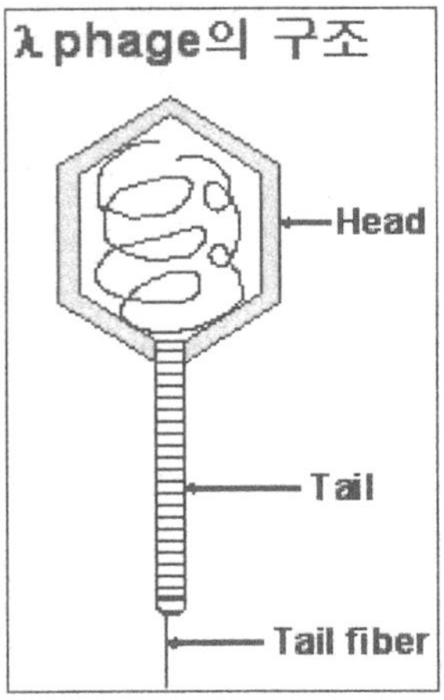

▣1. 람다 파아지의 구조

람다 파아지의 genome인 48kb double-strand DNA는 icosahedral head(직경 60nm) 안에 팩키지되어 있으며 head의 아래에는 긴 tail(150nm, flexible 하지만 수축력은 없음)이 붙어있다. tail의 끝에는 짧은 fiber(23nm) 하나가 있는데 이 fiber는 세균의 표면에 존재하는 LamB(maltose-uptake protein) 단백질과 친화력이 있어서 흡착(attachment)에 중요한 역할을 한다.

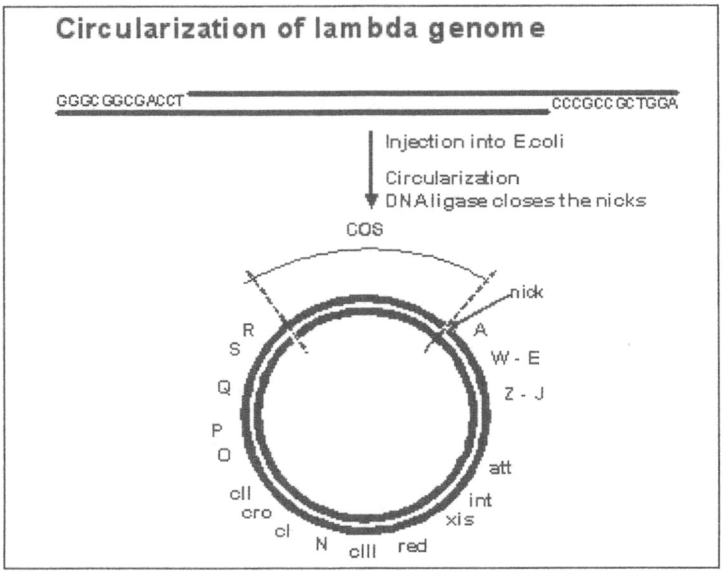

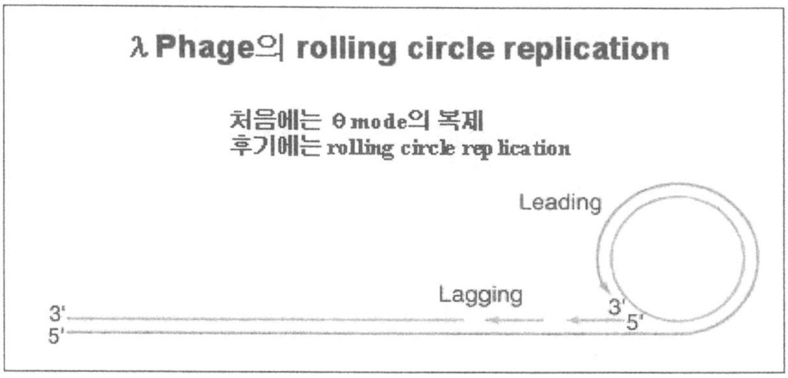

람다 DNA의 끝부분은 12bp의 single-strand로 구성되어있으며 숙주세포에 주입되면 숙주의 DNA ligase에 의하여 양쪽 끝이 봉합되어 환형구조를 이룬다. 처음에 DNA 복제는 하나의 origin으로부터 bidirectional하게 일어나지만, 후기에는 'rolling circle mechanism' 에 의하여 긴 concatamer를 형성하게 된다. concatamer는 특정염기서열(*cos*, cohesive site)을 인식하는 phage-coded enzyme에 의하여 절단이 되어 파아지 head에 packaging된다.

▣2. 용원화

감염된 세포의 일부는 바이러스의 증식에 의해 파아지 입자를 생산하는 용균회로(lytic cycle)를 거치지만, 나머지는 파아지 DNA를 숙주세포의 염색체에 삽입하여 prophage가 되는 용원화(lysogeny) 상태가 된다. 용원화에는 cI 유전자(용균회로를 억제하는 repressor)와 *int* 유전자(integrase)의 발현을 필요로 하는데, 이것은 activator로 작용하는 cII와 cIII(delayed early 유전자)의 발현을 필요로 한다. m.o.i. (mutiplicity of infection), cAMP의 농도 그리고 2가의 양이온(cation)농도 등이 증가하면 할수록 용원화는 증가하게 된다. CII 단백질은 대단히 불안정한 단백질로서 이러한 조절에 결정적인 역할을 한다. cAMP의 농도는 glucose 농도가 감소할 때 증가하게 되는데 이것은 숙주가 starvation 상태에 있을 때 용원화가 증가함을 의미한다. 숙주가 영양이 풍부한 상태에서 성장할 때는 각종 단백질 분해효소 합성도 증가하게 되어 CII 단백질의 분해도 많이 일어나 용원화는 잘 일어나지 않는다.

▣3. 프로파아지의 삽입과 절단

프로파아지가 숙주 DNA에 삽입되거나 절단되기 위해서는 integrase라는 효소를 필요로 한다. 프로파아지는 숙주의 정해진 곳에만 삽입될 수가 있는데 파아지와 숙주의 DNA에 공통

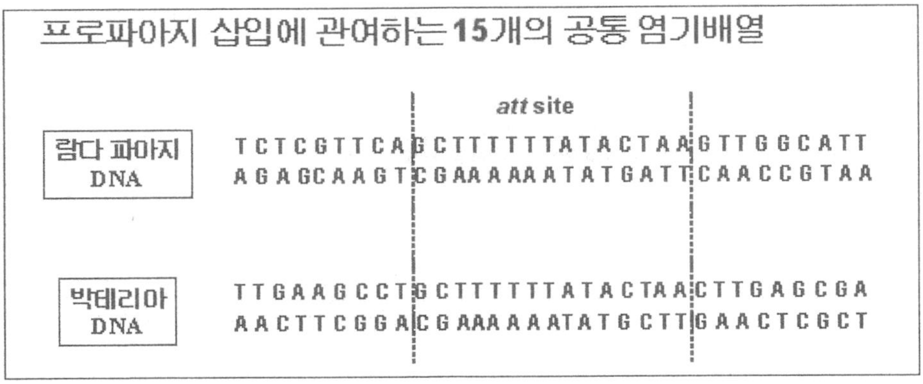

적인 15개의 염기가 확인이 된다. 상호간의 공통염기간의 sequence-specific recombination을 통하여 삽입이 일어나며 숙주단백질인 IHF(integration host factor)를 필요로 한다.

먼저 삽입과정은 integrase의 활성화에 의하여 *att* site의 중간부분에 절단이 일어나게 되며, integrase와 IHF가 협동하여 recombination을 완성하게 된다. 절단과정은 삽입과정의 역으로서 integrase, IHF와 함께 excisionase라는 효소가 요구된다. 프로파아지가 용균형 파

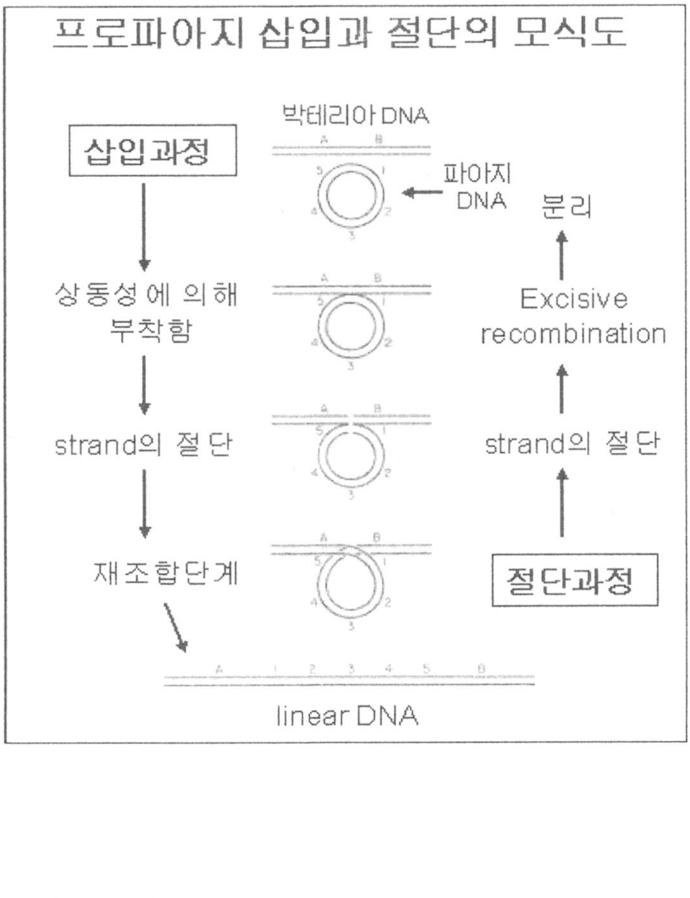

아지로 전환되는 과정은 용균회로를 억제하고 있는 CI 단백질의 감소에 따라 억제되었던 용균회로의 모든 유전자들이 P_L과 P_R 프로모터를 통하여 전사가 일어난다. 프로파아지는 숙주 DNA로부터 빠져나와 증식을 하고 증식된 바이러스 입자들은 숙주를 파괴하고 밖으로 방출되게 된다. 이와 같은 현상을 유도(induction)라고 하는데 자연적으로는 매우 드물게 일어나는 현상이다. 치사량 이하의 자외선(UV)을 쬐거나, DNA에 손상을 초래하는 화학물질(돌연변이원)의 처리에 의하여 유도를 촉진할 수 있다. 유도를 촉진하는 요인은 모두 DNA-damaging과 관련이 있는데 이러한 요인은 숙주에서 repair system (SOS response)을 활성화시키게 된다. 이 과정에서 만들어지는 RecA 단백질은 SOS response를 억제하는 LexA repressor 단백질을 분해함으로써 SOS response를 일으키고, 프로파아지 상태를 유지하던 CI 단백질의 분해도 초래함으로써 유도를 일으키게 된다.

▣4. 형질도입

박테리오파아지에 의하여 박테리아의 유전자가 다른 박테리아로 이동되는 것을 형질도입(transduction)이라고 부른다. 형질도입은 이동되는 박테리아의 유전자가 어떤 것이냐에 따라서 두 가지로 나눌 수 있다. 첫째로 generalized transduction(일반 형질도입)은 박테리아의 모든 유전자가 이론적으로 다른 개체로 이동할 가능성을 지니고 있는데 반하여, specialized transduction(특수 형질도입)은 프로파아지 상태로부터 유도되는 파아지 DNA가 삽입이 일어났던 부분과 인접한 특정한 유전자만을 이동시킬 수 있다는 점에서 차이가 있다.

1. 일반 형질도입

파아지가 박테리아에 감염하여 용균회로를 거치면 수많은 파아지 입자가 증식된다. 이때에 숙주의 DNA도 여러 조각으로 절단되어 파아지 입자 속에 packaging이 일어나서 밖으로 나올 수 있게 된다. 이러한 입자를 형질도입입자(transducing particle)라고 부르며 다른 정상적인 파아지 입자처럼 새로운 박테리아를 감염할 수 있다. 박테리아 안으로 들어간 형질도입입자는 바이러스 유전자를 포함한 것이 아니므로 증식은 하지 못하며 박테리아 유전자간의 상동성에 의해 재조합이 일어나 숙주 DNA에 통합이 일어난다. 형질도입입자는 숙주세포에 침입하더라도 용균이나 용원화 현상은 일으키지 않는다. 형질도입 입자가 반드시 박테리아의 DNA만을 포함하는 것은 아니다. 어떤 경우에는 박테리아 DNA와 파아지 DNA의 단편을 같이 포함하는 경우도 있을 수 있다. 박테리아에 주입된 DNA 조각이 박테리아의 DNA에 삽입이 일어나지 않고 유리된 상태로 세포내에 남아있는 경우가 있는데 이런 경우를 abortive transduction(미완성 형질도입)이라고 부른다.

2. 특수 형질도입

파아지가 매개하는 형질도입 중에 특정한 유전자만을 옮기는 경우를 특수 형질도입이라고 한다. 람다 파아지가 박테리아 DNA에 삽입되는 주위에는 *gal* 과 *bio* 유전자가 위치하므로, 유도될 때 비정상적으로 절단이 일어나게 되면 *gal* 또는 *bio* 유전자가 파아지 DNA안에 포함될 수가 있다. 그런데 파아지 입자에는 정해진 길이의 DNA만이 packaging될 수 있으므로 자신의 DNA 일부는 잃게 된다. 이러한 결손형 파아지는 완전한 바이러스 유전자를 포함하고 있지 않기 때문에 defective를 의미하는 'd'를 함께 표시하여 'λd*gal*' 또는 'λd*bio*'라고 표시한다. 결손형 파아지는 단독으로는 증식이 일어나지 못하므로 helper로서 정상적인 람다 파아지와 함께 혼합감염을 하면 증식이 일어날 수 있다. 특수 형질도입이 일어날 수 있는 파아지로는 *E. coli*에 감염하는 람다(λ) 파아지와 함께, *Salmonella typhimurium*에 감염하는 P22 파아지가 있다.

15장. φX174

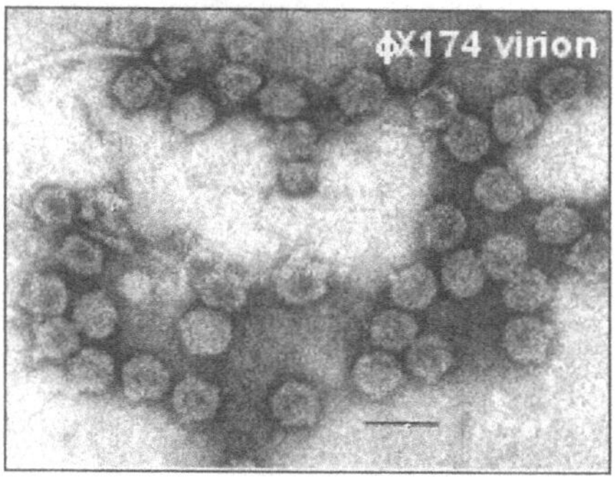

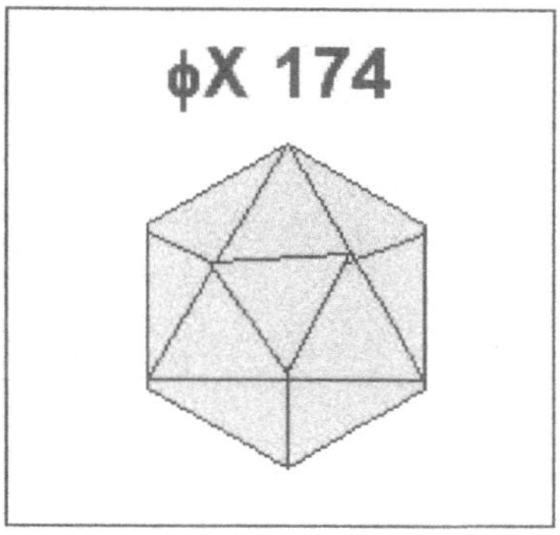

φX174는 단일가닥의 DNA를 genome으로 가지는 간단한 바이러스이다. 비리온 입자는 직경 26~32 nm의 icosahedron으로 구성되며 이 안에 5386 nucleotide 구성된 파아지의 genome이 packaging되어 있다 [1977년 프레데릭 생거(F. Sanger)에 의하여 염기서열이 완성됨]. genome을 이루는 DNA는 mRNA와 polarity(극성)가 동일하기 때문에 'plus(+)' DNA라고 부른다. φX174의 염기서열이 결정된 후 알려진 놀라운 사실은 이 바이러스가 'overlapping gene(겹친 유전자)' 을 가지고 있다는 것이었다. 즉 바이러스는 최소한의 genome만을 가지고 다니는데 암호화 효율을 극대화하기 위하여 하나의 해독틀(reading frame) 안에 엇갈린 해독틀을 사용하여 다른 유전자를 포함하는 것이 가능하다는 것이다. 유전자 B와 E는 유전자 A와 D안에 완전히 포함되어 있으며, 유전자 K는 유전자 A와 C 사이에 걸쳐 있다.

φX174는 단일 가닥의 DNA로 되어있지만 감염하여 복제가 일어날 때는 이중가닥으로 된 복제형(replicative form, RF)의 중간체를 형성한다(stage I). stage I 단계에서는 바이러스에 의한 단백질을 필요로 하지 않으며 숙주의 효소를 사용한다. stage II에서는 처음에 형

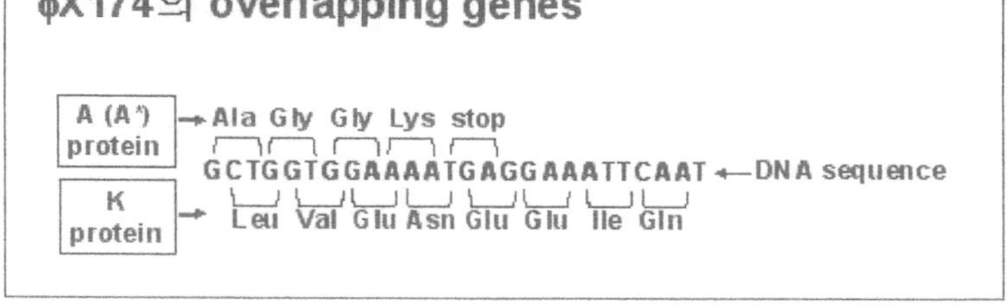

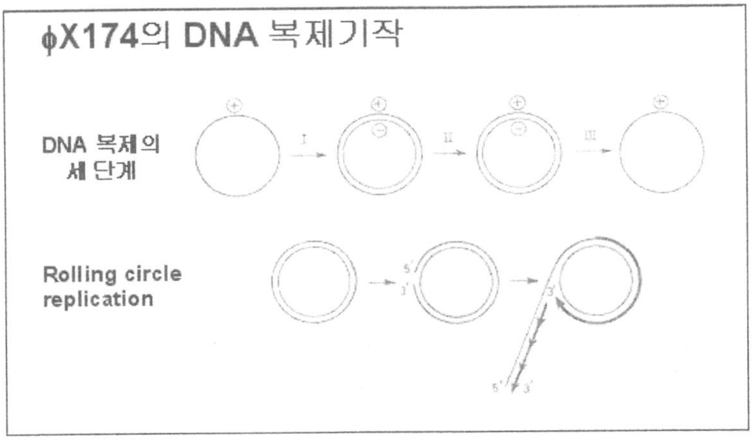

성된 parental RF를 이용하여 여러copy의 progeny RF를 생산하는 단계이며 이 때는 파아지의 A단백질을 이용하여 RF에 nick을 만들어 복제를 한다. stage III는 progeny RF를 이용하여 virus의 single-strand (+) DNA 가닥을 생산하는 단계이며 여기서는 비리온 형태형성에 관여하는 여러 단백질들이 필요하다. 바이러스 genome인 ss(+)DNA의 생성은 비리온 입자형성과 밀접하게 연관되어 있으며 ssDNA가 나타나자마자 동시에 packaging이 일어나는 것으로 생각된다. 이 단계의 파아지 DNA 합성은 'rolling circle mechanism'을 통해 매우 빠르게 진행된다. 그림에서 보는 바와 같이 RF의 중간에 nick이 생기면서 5′ 말단 쪽

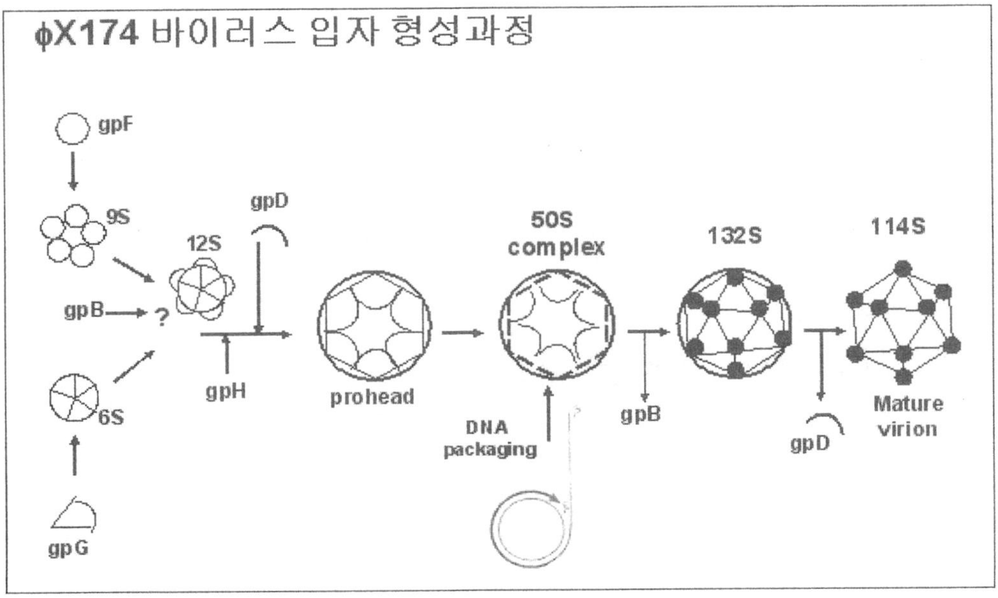

이 앞쪽으로 풀려나가면서 뒤쪽에는 3′-OH가 존재하므로 프라이머 없이도 계속적으로 DNA 합성이 진행되며, 다량체(concatamer) 형태의 DNA가 monomer DNA로 절단된다.

바이러스 입자의 형성과정은 다음과 같다. 먼저 gpB가 아직은 알려지지 않은 기작을 통해 gpF와 gpG에 작용하여 12S의 입자를 형성하게 한다. 여기에 gpH와 gpD 분자들이 복합되어 'prohead' 구조를 형성하면 복제된 single-strand(+)의 virus genome의 packaging이 일어나 미성숙한 132S 입자가 만들어진다. gpD가 빠져나가면서 성숙한 바이러스입자(114S)가 형성되며 gpE가 발현(lysozyme)되면 숙주의 세포벽을 파괴하고 외부로 방출된다

4부

식물바이러스

제 16장. 식물 바이러스그룹의 특성

지금까지 세계적으로 발견된 식물 바이러스는 약 800여종이 넘는다. 이들 바이러스들은 중요한 식량자원인 벼, 밀, 감자, 옥수수 등을 감염하여 경제적으로 큰 손실을 입히고 있다. 식물 바이러스에 대한 연구는 식량자원에 대한 피해를 감소시킬 수 있으며 대량정제를 통하여 바이러스에 대한 분자생물학적 이해를 촉진할 수 있다.

▣1. 식물 바이러스의 분류

현재 800여종의 바이러스에 대해 자세한 연구가 어렵기 때문에, 핵산의 종류, 입자모양, 외막의 유무, 크기 등을 기준으로 하여 식물 바이러스를 분류한다. 바이러스 속(屬)은 '~virus' 라고 표시하고, 속보다 더 상위의 범주(분류군)는 과(科, family)인데 접미어로 '~viridae' 를 붙인다.

대표적인 식물 바이러스 그룹의 분류

DOUBLE-STRAND DNA : Caulimovirus (icosahedral symmetry)

SINGLE-STRAND DNA : Geminivirus (icosahedral symmetry)

SINGLE-STRAND(+) RNA

- **Helical symmetry** : Tobacco mosaic virus (TMV)
  - Potyvirus
  - Potexvirus
  - Closterovirus
- **Icosahedral symmetry** : Comovirus
  - Southern bean mosaic virus (Sobemovirus)
  - Maize chlorotic dwarf virus
  - Cucumber mosaic virus (Cucumovirus)
  - Alfalfa mosaic virus

DOUBLE-STRAND RNA : Plant Reoviridae

ENVELOPED SINGLE-STRAND (-) RNA : Plant Rhabdoviridae, Bunyaviridae

1. 막대모양 또는 실모양, 단일가닥 RNA 바이러스

많은 식물 바이러스들이 linear(선형) single-strand RNA를 genome으로 가지며, 전자현미경으로 관찰할 때 막대(rod)모양 또는 실(filamentous)모양을 하고 있다. tobacco mosaic virus (TMV)는 전체의 5% 정도가 ss(+) RNA genome, 그리고 나머지는 단백질로 구성되며, 입자크기는 15~18 x 280~300 nm 이다. potyvirus (potato virus Y)는 입자크기가 12~15 x 680~900 nm이고 potexvirus (potato virus X)는 11~13 x 470~580 nm 이며 ss(+) RNA genome을 갖는다. closterovirus의 입자는 10~12 x 600~2000 nm이다.

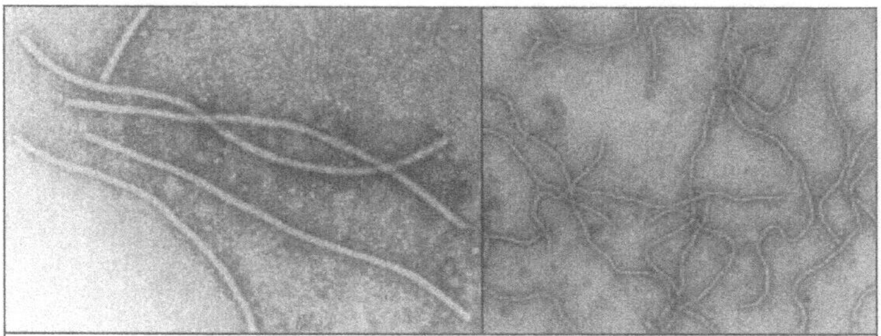

Potyvirus　　Closterovirus

2. 공모양(icosahedral symmetry), 단일가닥 RNA 바이러스

바이러스 입자가 직경 20~50 nm 사이의 구형모양을 하고 있다. 공모양 바이러스들은 전체의 15~43%를 핵산이 차지하며 핵산주위를 캡시드 단백질이 둘러싸고 있다.

3. 외막을 가지는 단일가닥 RNA 바이러스

동식물에 공통으로 존재하는 바이러스로 지질로 된 외막을 가지고 있다. 직경이 160~380 nm, 총알형 또는 둥근 막대모양을 하고 있으며, 핵산은 전체의 1% 내외를 차지한다. 동물 및 식물 그리고 곤충의 체내에서도 증식할 수 있다.

4. 공모양, 이중가닥 RNA 바이러스

10개 또는 12개의 분절(fragment)로 된 이중가닥의 RNA를 가지고 있으며 식물 Reovirus와 cryptovirus가 속한다.

5. 공모양, 단일가닥 DNA 바이러스

circular(원형)의 단일가닥 DNA를 가지며 대표적으로geminivirus가 속한다.

6. 공모양, 이중가닥 DNA 바이러스

cauliflower mosaic virus(caulimovirus)가 속하며 바이러스 입자는 직경 50 nm의 공 모양을 하고 있다. 원형의 이중가닥 DNA를 가진다.

▣2. 식물바이러스의 감염과 전파

식물 바이러스는 엽조직의 큐티클층 표면에 특이적으로 흡착하거나 세포벽을 스스로 관통할 수 있는 능력이 없다. 잎 표면에 상처가 있어야 감염할 수 있으므로 곤충, 곰팡이, 선충(nematode) 등에 의하여 수동적으로 이루어진다. 매개곤충은 주로 절족동물에 속하며, 바이러스가 곤충에 의하여 흡즙된 후 바로 다른 식물로 옮겨지는 경우와 바이러스가 곤충 체내에서 잠복하다가 옮겨지는 경우가 있다. 매개하는 대표적인 곤충으로 진딧물(aphid), 멸구(plant-hopper), 매미충(leaf-hopper) 등이 있다. 자연적으로 동물이 지나다가 상처를 내거나 바람에 의해 부딪쳐서 생긴 상처를 통해 감염이 일어나기도 한다. 토양과 종자에 의해서도 바이러스가 전염될 수 있다.

▣3. 바이러스의 숙주내 이동

바이러스가 식물 내에서 세포와 세포사이를 이동하는 것은 원형질연락사(plasmodesmata)를 통해서 이루어진다. 원형질연락사는 직경 20~40 nm의 수많은 채널을 통하여 인접 세포의 세포벽을 통하여 연결되어 있는데 실제로 원형질연락사 안에서 바이러스 입자가 관찰되기도 한다. 세포간의 이동에는 바이러스의 이동단백질 (movement protein)이 필요한 것으로 알려진다. Comovirus는 세포간의 이동에는 이동단백질과 함께 바이러스의 coat protein(CP, 외피단백질)을 필요로 하지만, Bromovirus는 외피단백질을 필요로 하지 않는다. 식물전체로의 바이러스 전파는 병소로부터 뿌리로 우선 이동한 다음, 체관을 통하여 식물전체로 이동이 가능하다.

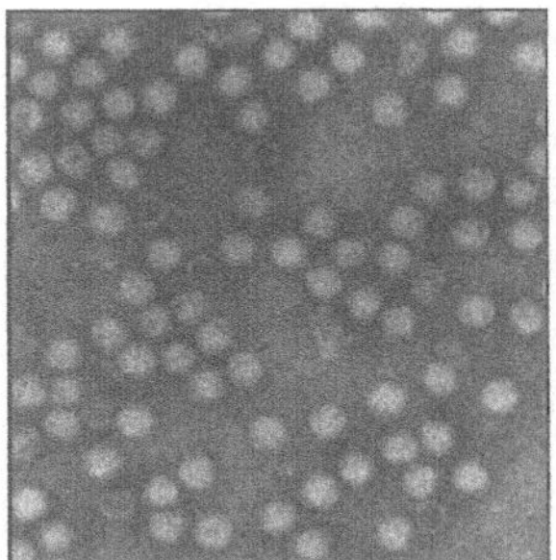
comovirus

▣4. 바이러스 감염의 병징

바이러스 감염과 증식에 의해서 숙주식물에 나타나는 반응을 '병징(symptom)'이라고

바이러스감염에 대한 숙주의 반응

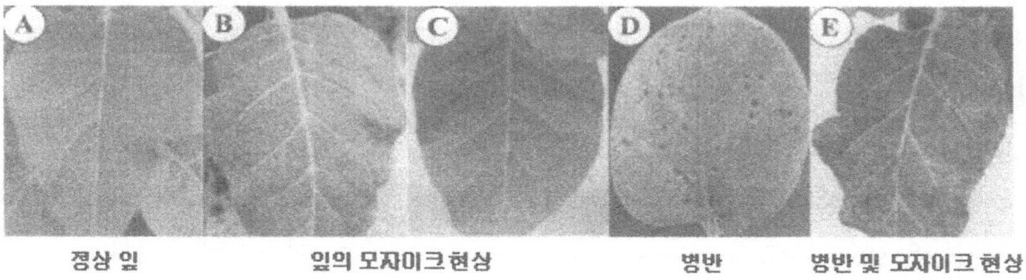

한다. 바이러스가 감염하여도 병징이 나타나지 않을 수도 있는데 이런 경우를 무병징감염(symptomless infection) 이라고 한다. 바이러스가 감염식물의 전체에 퍼져 증식하는 경우를 전신감염, 그리고 일부에만 바이러스가 증식하고 존재하는 경우를 부분감염이라고 부른다. 병징이 외부적으로 입, 줄기 또는 꽃에 괴사병반(반점, 무늬)으로 나타나기도 한다. 바이러스가 감염된 세포의 내부에서는 봉입체(inclusion body)라는 특이한 구조가 관찰되기도 하는데 이곳은 바이러스입자가 모여진 부분이다. 병징이 나타난 부분에서는 바이러스 유전자에 의한 단백질 발현이 일어난다.

바이러스의 감염으로 인한 꽃의 얼룩무늬

▣5. 위성바이러스와 DI 입자

바이러스에 포함되어 있는 유전정보가 부족하여 스스로 증식할 수 없는 경우 이를 '위성바이러스(satellite virus)' 라고 부른다. 위성바이러스는 정상적인 바이러스가 helper로서 동시에 감염할 때만 증식이 일어날 수 있다. 위성바이러스로서 처음 알려진 것은 tobacco necrosis virus(TNV)의 위성바이러스인 satellite tobacco necrosis virus (STNV)이다. TNV는 직경이 28nm인 구형의 바이러스인데, 때때로 17nm의 입자와 함께 분리되기도 하는데 이것이 STNV이다. TNV는 단독으로 감염하여 증식할 수 있지만 STNV는 단독으로는 감염이 일어나지 않고 TNV와 함께 감염할 때에만 증식할 수 있다. 이것은 STNV의 증식이 TNV의 genome에 완전히 종속되어 있음을 의미한다. STNV 와 TNV 사이에 유전자의 상동성은 관찰되지 않는다. 위성 RNA (satellite RNA)는 캡시드를 만드는 정보를 가지고 있지 않아 helper 바이러스가 합성한 캡시드를 이용한다(satellite 바이러스는 자신의 캡시드를 스스로 만들 수 있음). 위성 RNA가 바이러스의 캡시드에 쌓여 있을 때 위성 바이러스라고 부른다. DI 입자(defective intefering particle)는 바이러스 핵산합성과정의 착오를 통하여 유전자의 결손이 생길 때 만들어진다. DI 입자도 단독으로 증식하지 못하며 helper 바이러스가 있을 때 복제가 가능하다. DI 입자와 정상 바이러스 사이에는 상동성이 존재한다. DI 입자가 완전 바이러스와 함께 감염할 경우, DI의 genome은 짧기 때문에 복제가 빠르며 중합효소를 더 요구하기 때문에 완전 바이러스의 복제에 간섭(interfering)을 일으키게 된다.

17장. 담배모자이크 바이러스

담배모자이크 바이러스 (tobacco mosaic virus, TMV)는 최초로 발견된 바이러스로서 담배, 토마토, 고추, 오이 등을 비롯한 여러 식물을 감염하여 모자이크병을 일으킨다. 식물 바이러스는 대량으로 배양하여 순수 분리와 정제가 동물 바이러스보다 더 쉬운 장점을 가지고 있어서 초기의 바이러스학 연구에 중요한 재료가 되었다. Stanley에 의하여 1935년에 TMV가 정제가 되었으며 1939년에는 TMV 바이러스입자를 전자현미경을 통하여 직접 관찰할 수 있게 되었다.

▣1. TMV 입자의 구조

TMV 입자는 폭 18nm, 길이 300nm의 막대모양을 하고 있다. TMV RNA의 염기서열이 완전히 결정되었는데 총 6395 nucleotide로 구성(TMV *vulagre*)되며, 5′ 말단은 7-methyl-guanine의 cap 구조를 하고 있다. TMV RNA의 3′ 말단에는 히스티딘 아미노산이 결합하여 tRNA와 유사한 구조를 형성한다. 약 2130개의 단백질 소단위(subunit)가 RNA 주위를 나선상으로 겹쳐 싸여서 캡시드를 형성하고 있다. 단백질 소단위는 158개의 아미노

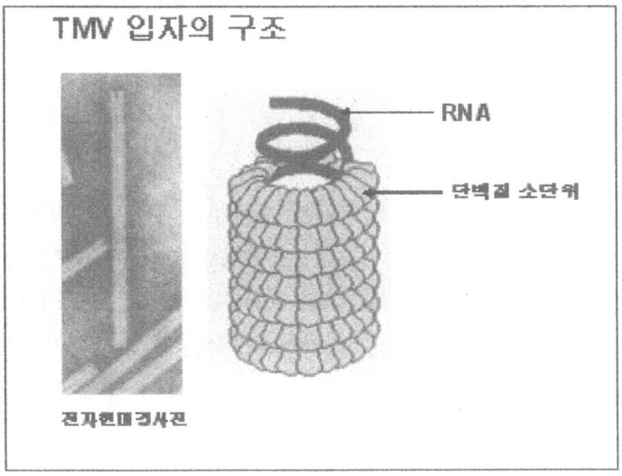

산으로 구성되며 4개의 α-helical domain을 포함하고 있다. 계산상으로 RNA의 3개의 뉴클레오타이드 당 1개의 단백질 소단위가 결합한다. 나선의 피치는 2.3nm로 1회전 당 약 16.3개의 소단위가 배열되고 3회전했을 때 같은 위치로 돌아오게 된다. 입자의 가운데는 직경 4nm의 빈 공간이 존재하며 RNA 나선은 직경 6nm로 단백질 소단위 속에 묻혀있어서 핵산 분해효소로부터 보호된다.

▣2. TMV 단백질 소단위의 집합

TMV 단백질 소단위는 산성의 pH에서는 RNA가 없어도 나선막대모양을 형성할 수 있는데 그 길이는 일정치 않다. 중성 pH(pH7.3, 20℃)에서 RNA 없이 TMV의 단백질을 배양하면, 3개에서 6개 정도의 소단위가 응집체(aggregates)를 형성하는데 이것을 'A-protein (A 단백질)'이라고 부른다. A 단백질을 포함한 용액을 이온강도(ionic strength) 0.1M, pH7, 4℃에서 20℃로 온도를 변화시켜 배양하면, 두 층을 가진 '디스크(disc)'가 형성되는데 이것은 34개의 단백질 소단위를 포함한다 (한층은 17개의 소단위로 구성). 이때 pH를 낮추게 되면 디스크는 나선형의 'lockwasher(조임쇠형)' 모양으로 변형이 일어난다(각 소단위는 2개씩의 카복실기를 포함하고 있는데 pH가 산성으로 변하여 이온화가 일어나면 상호간의 정전기적 반발력 때문에 구조의 변형이 일어난다). 여기에 RNA가 첨가되는 경우 소단위들은 RNA를 감싸며 다음의 원판(disc)을 받아들일 수 있게 된다. 1955년 Fraenkel-Conrat와 그의 동료들은 TMV (담배모자이크 바이러스)를 RNA와 단백질로 정제한 다음, 시험관안에서 RNA와 단백질을 다시 섞어주었을 때 TMV 입자가 형성될 수 있음을 증명하였다. 바이러스의 재구성이 우연히 이루어지는 것이 아니고, 입자를 조립하는 정보가 TMV의 RNA와 단백질 소단위의 1차구조 안에 내재하고 있기 때문에 재구성이 가능한 것이다.

▣3. TMV 특성은 RNA가 결정한다

Fraenkel-Conrat는 종류가 다른 TMV의 A strain과 B strain을 변성시켜 RNA와 단백질을 각각 분리한 다음, 각각 단백질과 RNA를 바꿔 hybrid (혼성) 바이러스를 만들었다. 혼성 바이러스를 담배잎에 감염시켜 증식한 다음 생산된 progeny 바이러스의 특성을 검사한 결과, A형 RNA는 A형의 바이러스를 만들고 B형 RNA는 B형의 바이러스를 만들었다. 재구성한 바이러스에서 자손의 형질을 결정하는 것은 단백질이 아니라 RNA 임을 증명한 것이다.

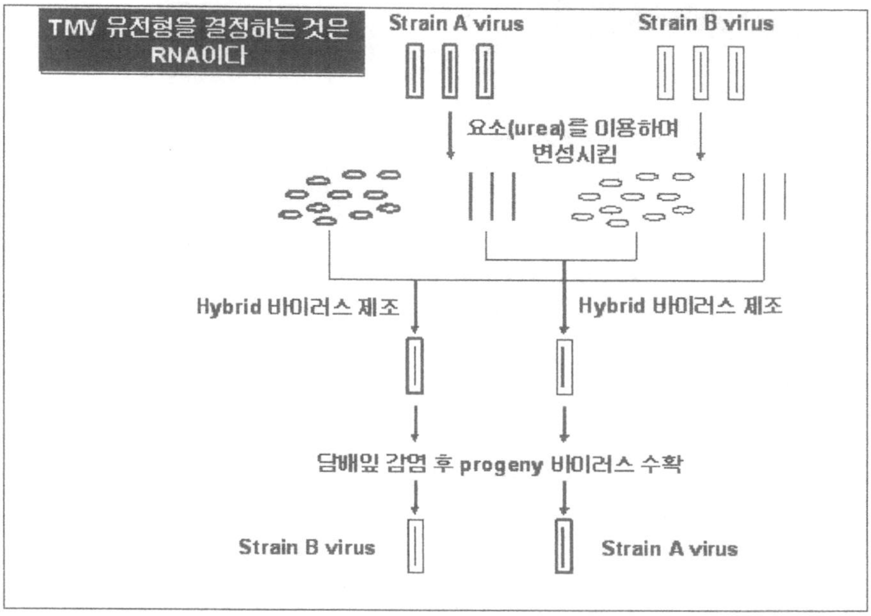

▣4. TMV의 유전자 발현

TMV의 genome은 (+) single-strand RNA로 구성되어 있어서 직접 해독(translation)될 수 있다. 5′말단의 외피단백질이 리보좀이 결합할 수 있도록 느슨하게 되며, 리보좀은 69번째에 있는 AUG 코돈을 개시코돈으로 인식하여 최초의 정지코돈까지를 해독하여 126kDa의 단백질을 합성한다. 그런데, 5~10%의 전사는 세포질에 있는 suppressor tRNA*tyr* 에 의하여 최초 정지코돈을 무시하고 두 번째 정지코돈이 나올 때까지 단백질합성이 계속될 수 있으므로 183kDa의 단백질(read-through protein)이 만들어지게 된다. 126kDa와 183kDa 단백질은 RNA를 주형으로 RNA를 전사하는 'replicase' 역할을 한다. TMV는 RNA만으로도 감염성이 있으며 전사와 해독을 통하여 만들어진 replicase를 이용하여 바이러스 genome의 복제와 전사가 가능해진다. genome RNA로부터 3종류의 subgenomic RNA가 생산되는데, subgenomic RNA1에서는 아직 기능이 밝혀지지 않은 53kDa 단백질이, subgenomic RNA2에서는 이동단백질(movement protein, MP), subgenomic RNA3에서는 외피단백질(coat protein, CP)이 각각 만들어진다. 감염의 초기에는 주로 replicase 단백질이 합성되고, 바이러스 genome의 합성이 일어난 후에는 replicase보다는 이동단백질과 외피단백질이 주로 합성된다.

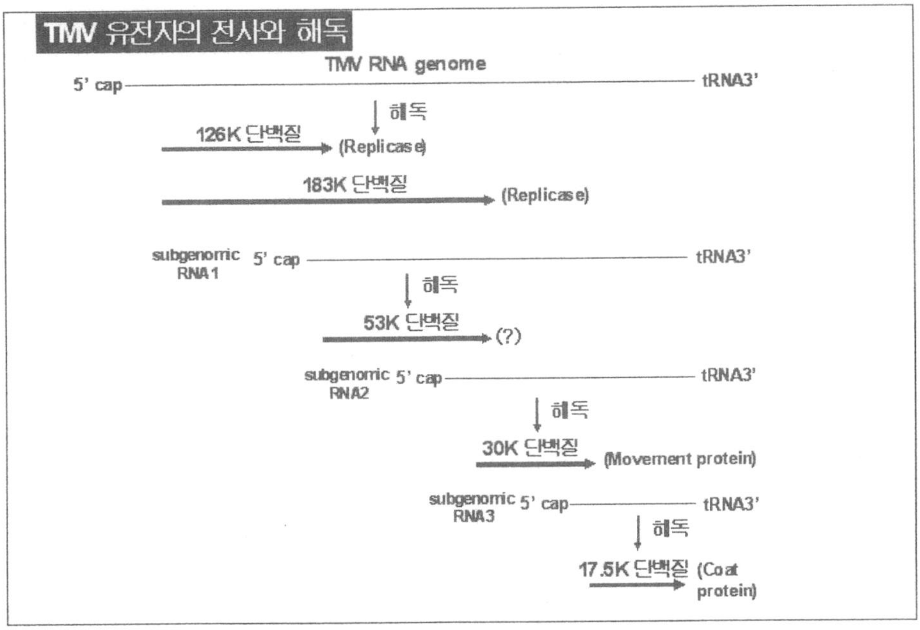

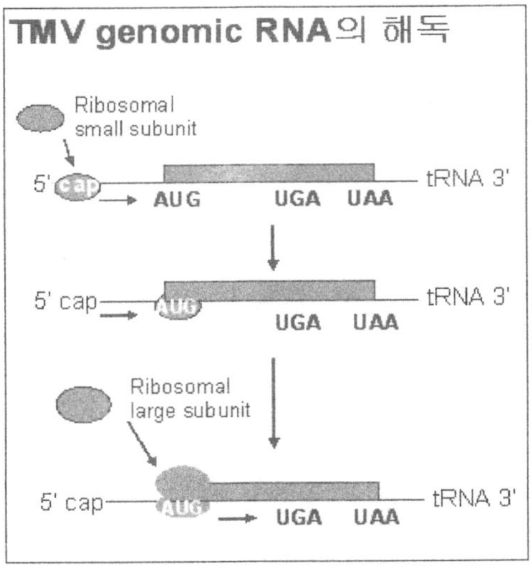

▣5. TMV genome의 복제

TMV가 감염하여 바이러스 증식이 일어난 담배잎으로부터 RNA를 추출하여 분석해보면 바이러스 genome보다 분자량이 큰 molecule들이 나타나는데, 이것은 replicative form(RF)과 replicative intermediate(RI) 이다. 바이러스 감염 후 RNA와 단백질 생성을 조

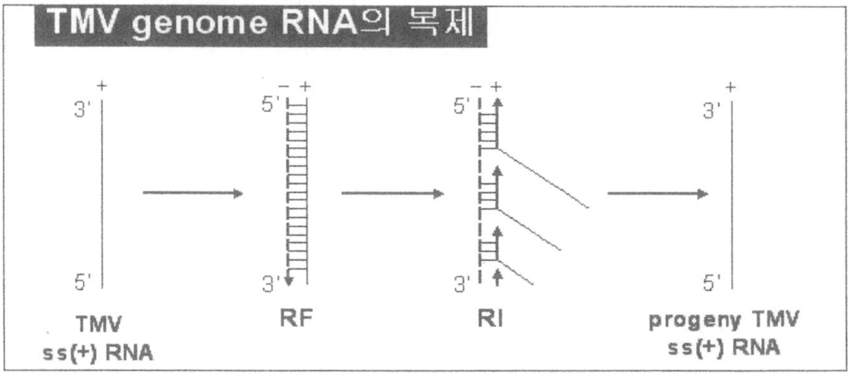

사해보면 RF, RI, replicase 단백질(126K와 183K 단백질)이 RNA genome의 합성보다 먼저 일어나는 것을 알 수 있다. TMV의 parental RNA는 합성된 replicase의 작용에 의해서 이중가닥의 RF가 되고, RF의 (−) strand가 주형이 되어 여러 개의 (+)strand RNA가 합성되는 중간체가 형성된다. RI에서 복제 분리된 genome RNA나 subgenomic RNA는 세포안의 methyltransferase에 의하여 5′ 말단에 cap 구조가 첨가된다. 5′ 말단의 cap구조는 RNase가 핵산을 분해하는 것을 저해하는 역할을 한다.

▣6. TMV의 조립과 전파

복제된 바이러스 RNA는 subgenomic RNA로부터 세포질의 리보좀에 의해 합성된 17.5kDa 외피단백질과 결합하여 새로운 바이러스 입자를 형성하게 된다. 30kDa의 이동단

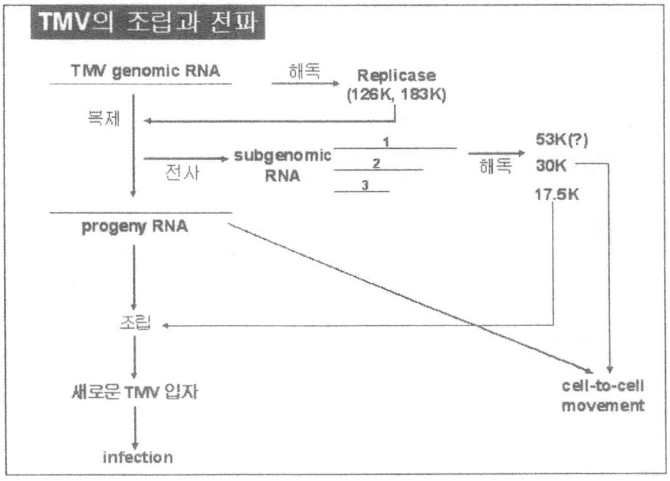

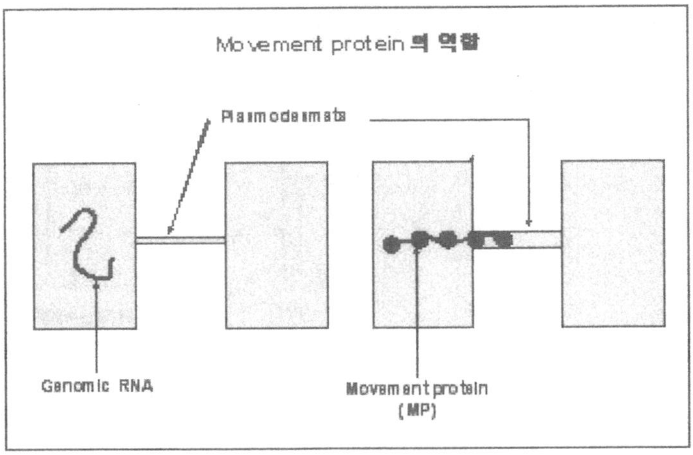

백질(MP)은 TMV의 RNA와 결합하여 RNA-MP 복합체를 구성하며 이동단백질은 원형질 연락사(plasmodesmata)를 수식하여 RNA-MP 복합체가 통과할 수 있는 구조로 만들어준다. 이러한 과정을 통하여 바이러스는 잎 전체로 퍼질 수 있고 체관을 통하면 원거리의 조직까지 빠르게 퍼져나갈 수 있다.

▣7. TMV 감염의 증상

TMV의 감염은 엽록체 발달을 저해시켜 잎의 모자이크현상을 초래하며 정상엽록체의 부족은 광합성 부족을 일으켜 성장을 멈추게 한다. 엽록체의 부족과 TMV 외피단백질이 세포질에 축적됨으로 말미암아 황화(yellowing) 현상과 yellow-dark green의 모자이크가 나타나게 한다. 바이러스와 숙주의 작용으로 잎의 뒤틀림과 괴사가 나타나기도 한다.

TMV가 초래하는 증상

오른쪽에 있는 것이 정상의 tobacco plant이고 왼쪽은 TMV의 감염이 일어난 식물

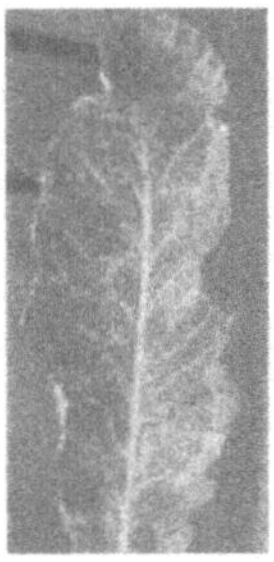

TMV infected leaf

18장. Cauliflower mosaic virus (CaMV)

대부분의 식물 바이러스는 genome으로서 단일가닥(+) RNA를 가지고 있는 것이 많으며, DNA를 바이러스 genome으로 갖는 경우는 일부에 불과하다. DNA를 genome으로 갖는 바이러스는 이중가닥 DNA를 갖는 CaMV와 단일가닥 DNA를 갖는 geminivirus가 있다. DNA를 genome으로 갖는 식물바이러스는 식물 유전자의 운반체 개발을 위한 연구의 주요 대상이 되었다.

▣1. CaMV의 구조

CaMV의 비리온은 icosahedron 구조로 직경이 52nm 정도이며 420개의 외피 단백질분자(CP)가 바이러스 입자를 구성한다. genome은 8024bp로 구성되며 역전사에 의한 복제로 3군데의 불연속 부분을 포함한다[α(−)가닥에 한 곳, 그리고 β(+)가닥에 두 곳]. 바이러스 genome의 복제는 바이러스 genome보다 긴 35S RNA를 사용하여 역전사하는 방식으로 이루어진다(HBV와 retrovirus의 복제방법과 유사하여 'pararetrovirus'라고 부름). 숙주에 감염하면 숙주의 효소를 이용하여 바이러스의 불연속 부분을 수선하여 완전한 circular form으로 전환한 다음, 히스톤 단백질과 결합하여 초나선(supercoil)을 이룬다. CaMV에 감염된 세포에서는 35S와 19S의 RNA가 검출되는데, 35S RNA transcript는 약 8200bp로 양쪽 말단에 180nt(nucleotide)의 중복서열(terminally redundant)을 포함한다. 35S RNA를 전사하는 promoter는 매우 강력하며, 35S RNA는 600nt(nucleotide)의 leader부분과 8개의

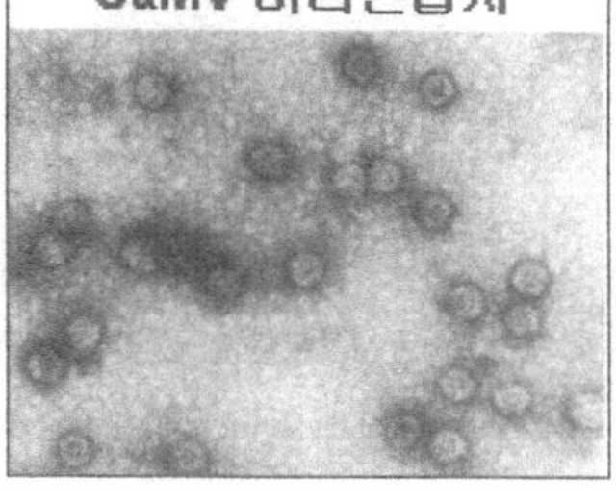

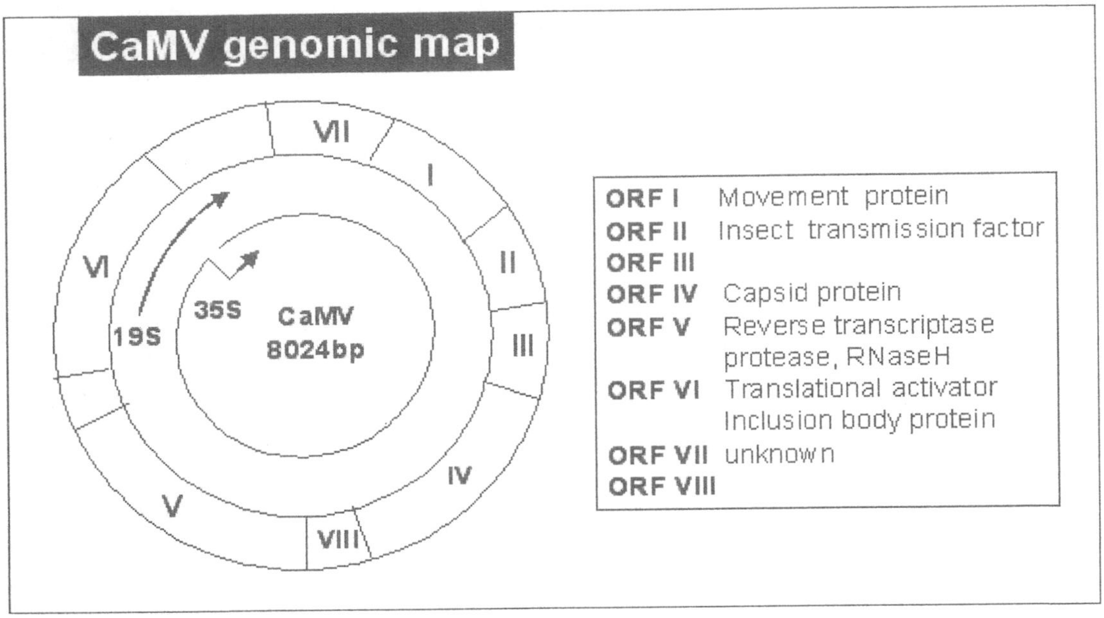

ORF(open reading frame)를 포함한다(polycistronic). 19S RNA(monocistronic) tran-script에 의해 만들어지는 단백질(ORF VI)은 translation trans-activator(TAV) 역할과 봉입체구성 단백질로서의 역할을 수행한다. ORF IV는 외피단백질을, 그리고 ORF V는 역전사효소를 암호화한다.

▣2. CaMV genome의 복제

CaMV가 숙주에 감염한 후 핵 안으로 들어가면 3군데의 불연속부분이 연결되어 완전한 이중가닥 DNA를 형성한다. 이중가닥 DNA 중의 (-)가닥[α가닥]을 주형으로 하여 35S와 19S RNA가 전사된다. 35S RNA와 19S RNA는 세포질로 이동하여 단백질을 합성하며 35S RNA의 일부는 봉입체로 이동하여 CaMV genome 형성에 사용된다. 35S RNA의 3′ 말단에는 숙주의 tRNA와 상보적인 부분이 있어 결합할 수 있으므로 (-)가닥 DNA를 합성하는 프라이머(primer)로 작용하며 역전사효소는 새로 합성된 단백질을 사용한다. 새로 합성된 (-) DNA는 35S RNA 말단에 있는 중복서열에 옮겨 붙어 (-)가닥을 신장한다. (+)DNA의 합성은 (-)DNA를 주형으로 합성되며 조기종료가 일어나 두 군데의 gap을 포함한다. 이렇게 합성된 이중가닥의 genome DNA는 봉입체 안에서 외피단백질과 결합하여 새로운 바이러스 입자가 형성된다.

▣3. CaMV에 의한 병징

CaMV는 진딧물에 의하여 브로콜리, 양배추, 순무 등을 감염한다. CaMV DNA genome은 RNA 중간체의 역전사를 통하여 genome의 복제가 일어나기 때문에 'pararetrovirus'로 분류된다. 그러나 retrovirus와는 다르게 숙주의 DNA에 바이러스의 genome이 삽입하지 않는다. CaMV의 35S RNA를 전사하는 promoter는 매우 강력하기 때문에 식물 유전자를 유전자조작을 통하여 발현시킬 때 많이 이용되고 있다. CaMV에 감염된 숙주는 봉입체(inclusion body)를 형성하며, 이와 같이 봉입체 안에 바이러스 입자가 축적된 상태를 '바이로플라즘(viroplasm)'이라고 한다.

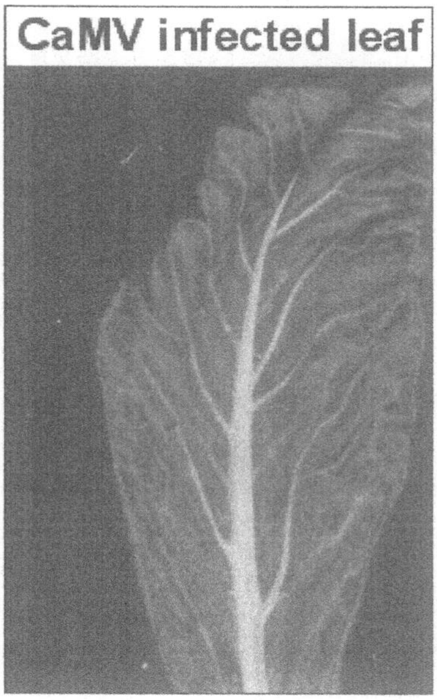

5부

바이러스와 인간

제 19장. 호흡기감염 바이러스

호흡기를 감염하는 대표적인 바이러스로 독감 바이러스(인플루엔자), 조류독감 바이러스, 사스(SARS, 중증 급성 호흡기 증후군)바이러스, 감기 바이러스 등을 들 수 있다. 사람이 걸리는 급성질환 중 가장 흔한 것이 감기인데 감기란 상부 호흡기(코나 목)의 점막에 다양한 종류의 바이러스가 감염하면서 일어나는 급성 호흡기성 감염질환을 말한다. 감기를 일으키는 바이러스에는 약 100여종이 알려져 있는데 이중 파라인플루엔자(parainfluenza), 리노바이러스(rhinovirus), 아데노바이러스(adenovirus), 코로나바이러스(coronavirus), RSV(respiratory syncytial virus) 등이 대표적이다. 감기를 일으키는 바이러스가 이렇게 여러 가지 종류인데 반하여 독감은 인플루엔자 바이러스에 의해서만 일어난다. 감기와 독감은 증상에서도 차이가 나는데, 감기가 코막힘이나 콧물 등 비교적 증상이 가볍고 회복이 빠른데 비해, 독감은 고열, 오한, 기침, 심한 두통, 근육통을 동반하며 전염성이 매우 강하고 2차적 세균감염에 의해 폐렴 등의 합병증을 유발할 수 있다.

▣1. 인플루엔자 바이러스

흔히 독감으로 알려진 인플루엔자는 가장 전염성이 강한 바이러스성 질병의 하나이다. 독감은 인플루엔자 바이러스에 의하여 발생하며 인플루엔자 바이러스는 RNA 바이러스로

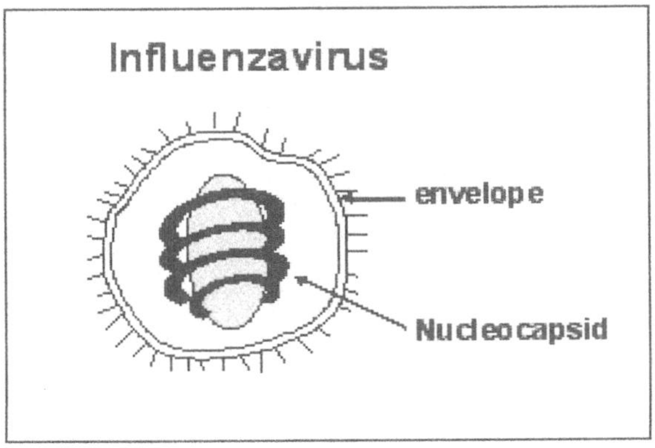

'orthomyxovirus'에 속한다. 인플루엔자 바이러스는 항원성에 의하여 A, B, C형으로 구분이 되는데 이중에서 사람에 독감을 일으키는 것은 A형과 B형이며, C형은 사람에게 해를 끼치지 않는다. 그중에서도 A형은 독성이 가장 심하며, 사람이외에도 조류, 돼지, 말, 해양의 포유류 까지 넓은 숙주범위를 갖는다. B형은 사람에서만 발견되며 항원변이의 폭이 작은데 비하여, A형은 변이를 잘 일으켜 인류에게 큰 위협이 되고 있다. 인플루엔자 바이러스는 매년 겨울철 독감을 유행시키는데 평상시는 다른 호흡기질환과 비슷하여 주목을 끌지 못하지만 항원성의 변이를 일으키게 되면 대유행(pandemic)을 일으킨다. 가장 심각했던 독감의 유행은 1918년부터 1919년 사이에 일어난 스페인 독감이다. 이때 전 세계적으로 사망한 사람은 2000만 명이 넘는다.

1. 인플루엔자 바이러스의 구조

인플루엔자 바이러스는 외막(envelope)을 가지며 크기와 모양을 유동적으로 변화시킬 수 있다(대략 직경이 100nm 정도). 인플루엔자 바이러스의 genome은 8개의 음성(−) 단일가닥 RNA로 구성되며, 8개의 RNA는 NP(nucleoprotein), NA(neuraminidase), HA(haemagglutinin), M(matrix protein), transcriptase(PA, PB1, PB2) 등의 각각 다른 바이러스 단백질 합성을 위한 정보를 가지고 있다. RNA는 NP, PB1, PB2, PA 단백질과 결합하여 바이러스의 핵산단백질(vRNP)복합체를 형성하고 있다. vRNP의 바깥은 M1 단백질이 둘러싸고 있는데 M1은 vRNP와 외막을 연결시켜주는 역할을 한다. 바이러스 입자의 가장 바깥은 지질의 이중층으로 이루어진 외막(envelope)이 감싸고 있으며, 외막에는 헤마글루티닌(HA)과 뉴라미니다제(NA)와 같은 바이러스 당단백질, 그리고 M2 ionchannel protein이 존재한다.

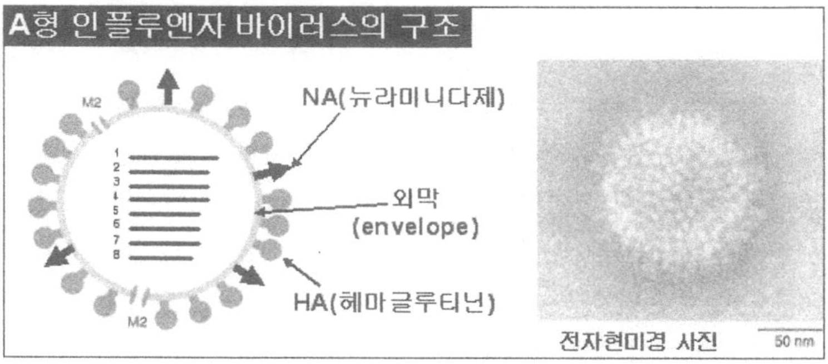

2. 인플루엔자바이러스의 life cycle

인플루엔자 바이러스가 세포에 부착하는 것은 세포의 외부에 존재하는 sialic acid와 바이러스의 헤마글루티닌(HA)이 상호 작용하여 일어난다. 외막에 존재하는 또 하나의 당단백

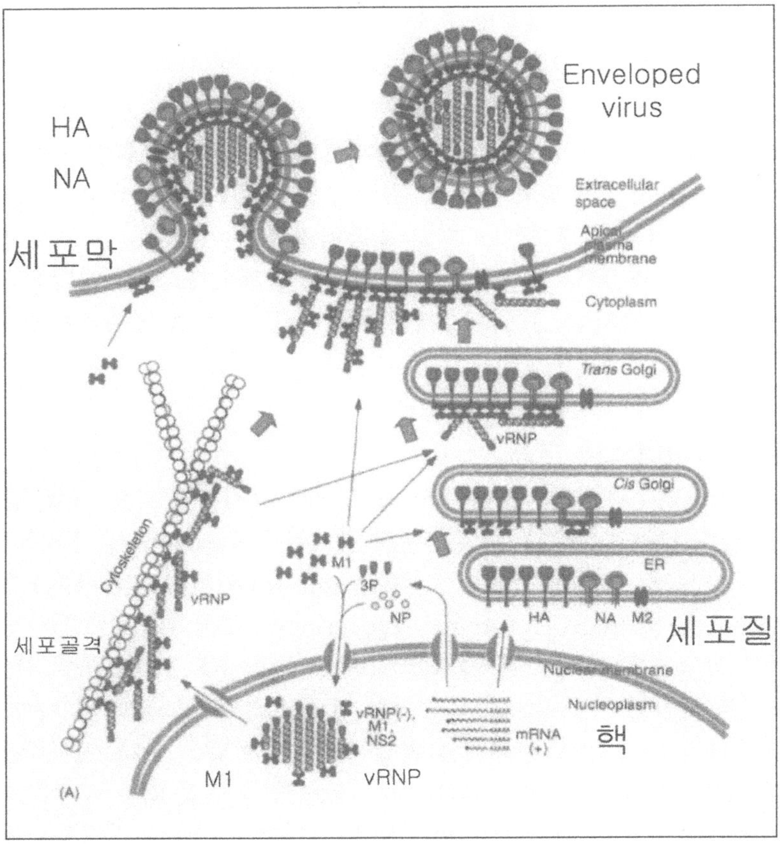

질인 뉴라미니다제(NA)는 세포에 존재하는 바이러스의 수용체인 sialic acid를 분해함으로써 바이러스가 세포로부터 떨어지도록 한다. 세포에 부착한 바이러스는 endosome(cytoplasmic vesicle)을 형성하여 세포내로 들어오게 되며 엔도좀은 수소이온의 유입으로 산성화가 일어난다. 엔도좀의 산성화는 HA의 재배열을 초래하며 이때 바이러스의 RNPs는 세포질로 나오게 된다. vRNPs 복합체를 형성하고 있는 NP의 nuclear localization signal(NLS)에 의하여 vRNPs는 세포질에서 핵 안으로 이동하여 genome의 복제와 유전자의 전사가 일어난다. 핵 안으로 이동한 vRNPs는 두 종류 RNA[mRNA와 cRNA(complementary RNA)] 합성을 위한 주형으로 작용한다. mRNA의 합성은 vRNPs를 구성하고 있는 transcriptase (PA, PB1, PB2) complex에 의하여 일어나며, 5′ 말단과 3′ 말단은 capping과 polyadenylation 된다. 전사가 일어난 mRNA는 세포질로 이동하여 단백질로 만들어진 후 다시 핵으로 들어온다. cRNA는 capping과 polyadenylation이 일어나지 않으며, 핵 안에 머물면서 negative-sense genomic RNA(vRNA) 합성을 위한 주형으로 사용된다.

중요한 외막단백질인 헤마글루티닌(HA)은 조면소포체(rough endoplasmic reticulum)에

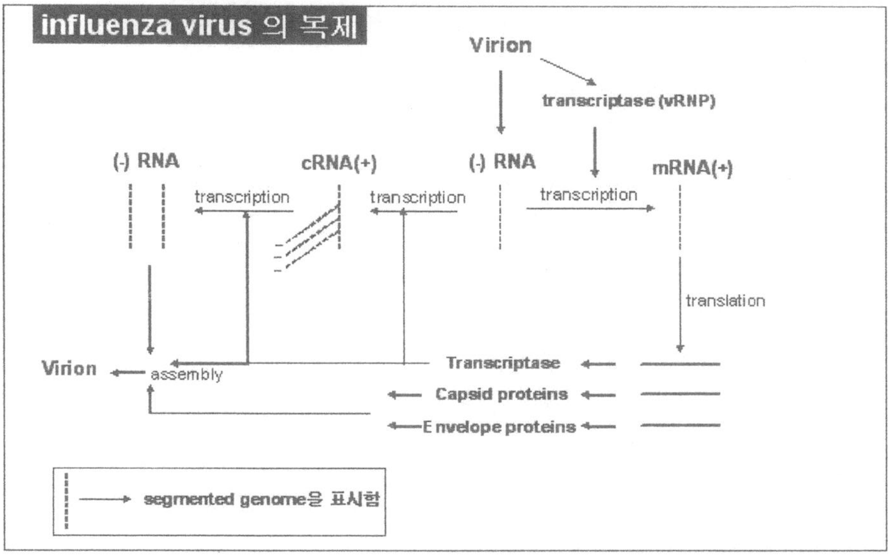

서 합성이 일어나 골지체를 통하여 세포막 부근으로 이동한다. HA는 하나의 전구체로부터 processing되어 만들어진 두개의 소단위(HA1과 HA2)가 disulfide 결합으로 연결되어 만들어지며 3량체(trimer)로 구성된다. 바이러스 genomic RNA(-)는 핵에서 NP, PA, PB1, PB2와 결합하여 vRNP를 형성한 다음, virion 입자의 조립이 일어나는 세포막 근처로 이동한다. 이러한 이동에는 vRNP 외부를 둘러싸는 M1 단백질의 역할이 중요하다. ER에서 합성되고 골지체에서 glycosylation이 일어난 HA와 NA 당단백질은 세포막의 지질 이중층에 삽입하게 된다. vRNP의 외부를 둘러싼 M1은 세포막 안쪽으로 나와 있는 HA와 NA의 꼬리부분과 상호작용 함으로써 비리온 입자가 조립되어 budding이 일어날 수 있도록 돕는다. 바이러스의 방출에는 바이러스의 NA(뉴라미니다제)가 중요한 역할을 한다. NA는 세포표면의 sialic acid를 분해함으로써 새로 합성된 비리온 입자가 세포표면으로부터 떨어져 나와 외부로 방출될 수 있도록 해준다.

3. 바이러스 항원의 변화

외막에 있는 HA 단백질은 바이러스가 세포를 침투해 들어갈 때 열쇠와 같은 역할을 한다. 인플루엔자 표면의 HA와 NA 단백질은 바이러스가 우리 몸에 들어올 때 우리 면역체계(macrophages, dendritic cells)에 의하여 인식되어 제압될 수 있다. 그러나 바이러스도 면역체계가 인식할 수 없도록 HA와 NA 유전자를 변화함으로써 적극적으로 대항한다. 인플루엔자 바이러스는 '대변이(antigenic shift)'와 '소변이(antigenic drift)'에 의하여 자기의 genome을 변화시킨다. HA의 유형에는 15가지(H1, H2, ..., H15), 그리고 NA의 유형에는 9

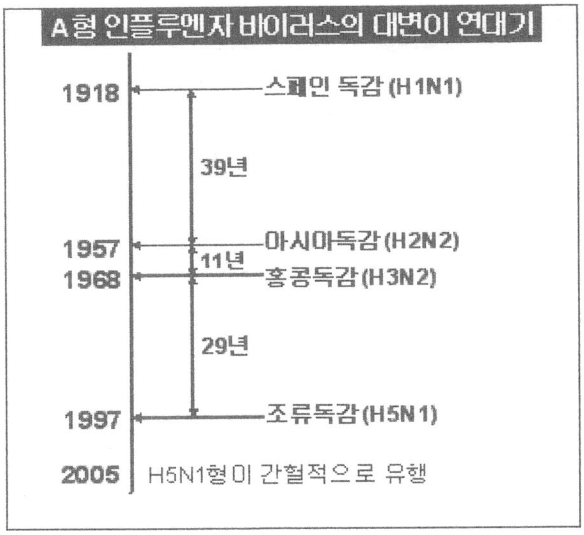

A형 인플루엔자 바이러스의 대변이 연대기

가지(N1, N2, ..., N9)가 존재하므로 이론적으로 인플루엔자 바이러스는 135(15x9)종류가 존재한다. 인플루엔자의 대변이는 30-40년 간격으로 나타나 세계적으로 대유행이 일어난다. 30-40년은 사람의 한 세대를 의미하는데 30-40년 만에 나타난 인플루엔자 바이러스에 대하여 전혀 항체를 보유하지 않은 신세대는 감염에 대하여 거의 무방비 상태가 되는 것이다. 독감바이러스의 전파와 감염이 심각한 이유가 여기에 있다. 인플루엔자의 소변이는 항원이 같은 유형 안에서 약간의 항원성만 변화되기 때문에 지역적인 유행으로 그치고 만다. 그렇다면 왜 유독 인플루엔자 A형 바이러스는 항원의 대변이를 일으킬 수 있을까? 그 이유는 A형은 여러 동물 바이러스가 있으며, 인플루엔자 바이러스의 genome이 8개 RNA로 이루어져 '유전자의 재편성(genetic reassortment)'이 일어날 수 있기 때문이다. 서로 다른 동물의 인플루엔자 바이러스가 하나의 숙주를 감염할 경우, 두 종류의 바이러스 유전물질이 증식하여 동물과 사람의 인플루엔자 바이러스 유전자가 서로 혼합된 새로운 유전자형의 바이러스가 만들어질 수 있다는 것이다. 실제로 연구에 의하면 1957년의 아시아 독감과 1968년 홍콩독감 바이러스는 하나 또는 두개의 RNA 조각이 조류로부터 유래하였으며, 이와 같이 변화가 일어난 헤마글루티닌을 기존의 면역세포가 인식하지 못하여 치명적이 된다.

▣2. 조류독감 바이러스

아시아에서 처음으로 발생한 조류독감 바이러스(H5N1)가 터키, 러시아, 인도, 루마니

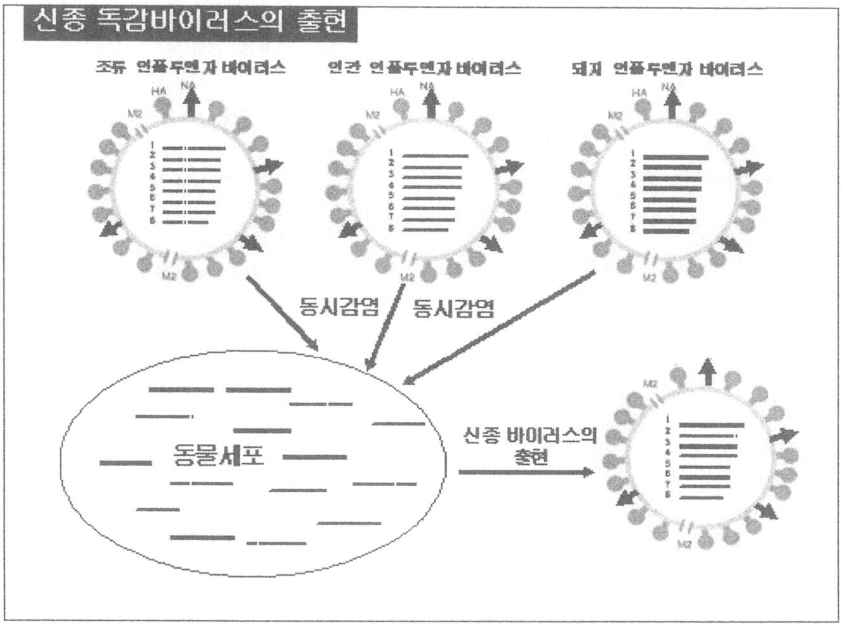

아, 오스트리아, 독일까지 전파가 일어난 것으로 나타났다. 지구를 반 바퀴 돌아 유럽까지 건너간 것이다. 이러한 급속한 전파에는 철새들이 매개체로 작용한 것으로 추정된다. 조류독감(AI, avian influenza)이란 바이러스에 의해 닭, 오리 등 조류에 발생하는 독감으로 A형 인플루엔자 바이러스가 원인 바이러스이며 주로 새의 분비물에 의해 전파된다. 철새는 인플루엔자 바이러스에 감염이 일어나도 외부적으로 큰 증상이 나타나지 않는데 집에서 기르는 가금류에는 심각한 영향을 준다. 오리의 경우는 비교적 증상이 가벼운 반면, 닭의 경우는 호흡곤란이 나타나면서 80% 이상 폐사하는 것으로 알려진다. 인플루엔자 바이러스는 조류, 특히 야생의 조류에서 발견되고 있다. 사람을 비롯한 포유류에서는 적은 수의 인플루엔자 바이러스만 존재한다. 따라서 학자들은 포유류의 인플루엔자바이러스 대부분이 조류로부터 온 것으로 추정하고 있다. 야생조류에서는 주로 물새류 등에서 고농도의 바이러스가 확인되지만 임상증상이 전혀 나타나지 않아서 감염여부를 알기는 힘들다. 2000년 당시에는 수생 조류에서만 H5N1이 검출되었지만 2001년부터는 수생 및 육상 조류로 확장이 일어났다. 전 세계적으로 사람의 인플루엔자가 대유행을 한 적이 여러 번 있는데 많은 연구결과는 조류 바이러스와 사람 인플루엔자 바이러스간의 유전자 재편성(genetic reassortment)에 의해 변종 바이러스가 출현했기 때문이라고 결론지었다. 특히 1997년 홍콩에서 발생한 조류 인플루엔자의 경우는 그동안 돼지를 통해서 사람에 감염이 일어난 것이 아니라 조류 인플루엔자가 직접 사람을 감염할 수 있다는 사실을 확인하는 계기가 되었다. 닭과의 접촉이 많은 동남아시아에서 상대적으로 조류인플루엔자에 의한 사망률이 증가하였으나, 조류 독감이 사람에서 사람으로

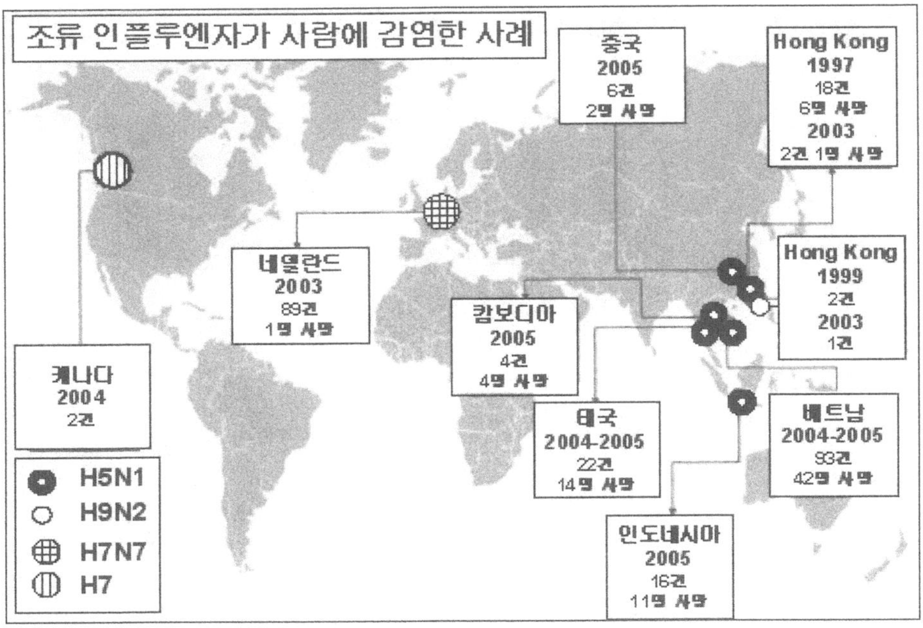

전파가 일어난 예는 몇몇 근친간의 전파를 제외하면 매우 드물다.

▣3. 사스(SARS) 바이러스

2002년 겨울부터 2003년 봄까지 맹위를 떨쳤던 사스(SARS)는 severe acute respiratory syndrome(중증 급성 호흡기 증후군)의 약자를 따서 만든 질환명이다. 초기에 병의 원인을 모르는 상태에서 환자가 나타내는 심한 호흡 부전현상에 근거하여 이름을 붙인 것이다. 2002년 11월 중국의 광동(Guangdong)에서 시작된 사스는 홍콩을 거쳐 중국, 대만, 싱가포르, 캐나다 등 세계로 퍼져 8000여명의 환자가 발생하였으며 세계를 공포 속으로 몰아 넣었다.

1. 사스의 증상과 원인

사스의 증상은 가벼운 몸살감기 증상으로부터 심한 폐렴으로 인한 사망에 이르기까지 다양하다. 주된 특징은 38℃ 이상의 고열과 기침, 두통, 오한, 근육통, 호흡곤란, 폐렴 등의 증상을 보인다. 사스의 원인은 코로나바이러스의 변종이 일으킨다는 것이 밝혀졌다. 코로나바이러스는 사람에게 가벼운 감기를 일으키는 바이러스인데, 사스 바이러스는 기존의 코로나 바이러스와 구별되는 신종 바이러스이다. 염기서열분석에 의하면 사스 바이러스는 조류와 소 등의 동물 코로나바이러스와 유사한 점이 발견되었다. 동물의 바이러스가 사람에 감염하여 질병을 일으킬 가능성은 있지만 그것이 사람을 통하여 사람에게 전파될 가능성은 그리 높지 않다. 그러나 사스 바이러스의 경우 사람사이의 전염이 일어났고 교통수단의 발달로 짧은 시간에 온 세계로 퍼져 나갔다. 그 점이 바로 사스가 그토록 사람들을 공포로 몰아넣었던 이유였다.

2. 코로나바이러스의 구조

코로나바이러스는 1937년 닭에서 최초로 분리되었으며 코로나바이러스 family에 속한 바이러스 종류는 최근까지 15종이 보고 되었다. 코로나바이러스의 genome은 RNA로 되어 있으며 주로 사람과 동물에서 호흡기 질환 그리고 장(enteric)의 질병을 일으킨다. 사스가 발생하기 전에는 코로나바이러스가 동물에서는 심각한 질병을 일으킬 수 있다고 생각했지만 사람의 경우에는 비교적 가벼운 증상만 초래하는 것으로 여겨졌다. 외막을 포함한 사스-코로나바이러스(SARS-coronavirus, SARS-CoV)의 직경은 80~160nm이며, 코로나의 의미는 외막으로부터 돌출되어 있는 곤봉모양의 spike(길이 20nm x 곤봉 끝부분의 너비 10nm)들이 왕관모양(crown은 라틴어로 'corona')을 하고 있다고 붙여진 이름이다. 이 spike들은 감수성을 지닌 상피세포 표면의 수용체(receptor)에 결합하여 감염하는 것을 돕게 된다.

코로나바이러스의 모양

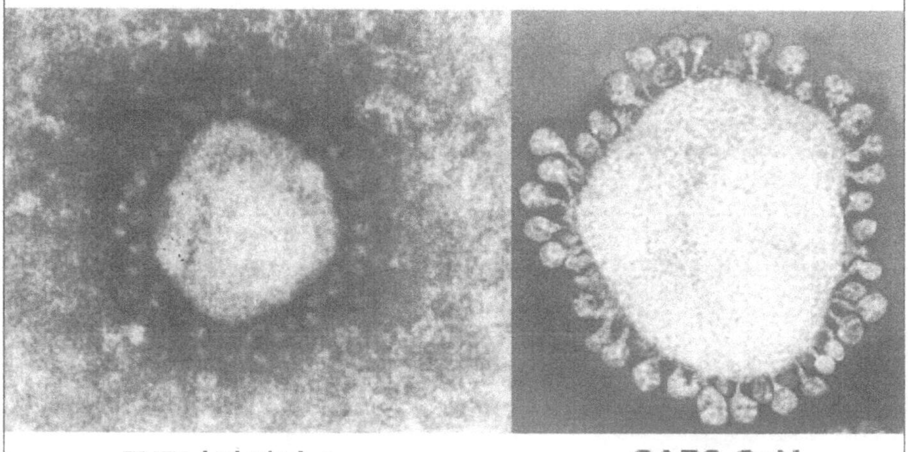

코로나바이러스 SARS-CoV

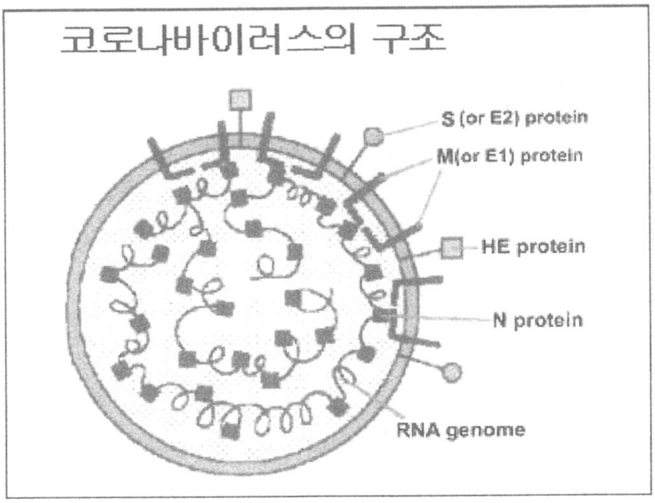

바이러스의 외막에는 3종류의 glycoprotein(당단백질) 즉, S(또는 E2)단백질(spike protein, 수용체 결합 및 융합), E3(또는 HE)단백질(haemagglutinin-esterase, esterase는 수용체와의 결합을 끊음), M(또는 E1)단백질(membrane protein, nucleocapsid와 상호작용)이 존재한다. 바이러스 genome RNA는 N 단백질(phosphoprotein)과 결합하고 있다.

3. 코로나바이러스 genome의 복제

바이러스의 genome은 분절되지 않은 양성(+)의 단일가닥 RNA 이며 그 크기는 27~30kb로 RNA 바이러스에서는 가장 크다(SARS-CoV는 ~29,700nt). 바이러스의 genome이 직접 mRNA 역할을 할 수 있다. 바이러스의 침입은 바이러스 외막단백질과 세포외부의 수용체가 결합한 후 융합 또는 endocytosis에 의해 일어난다. 코로나바이러스 입자 안에는 바이러스 polymerase가 존재하지 않으므로, genome RNA의 5′말단 쪽 20kb 부분이

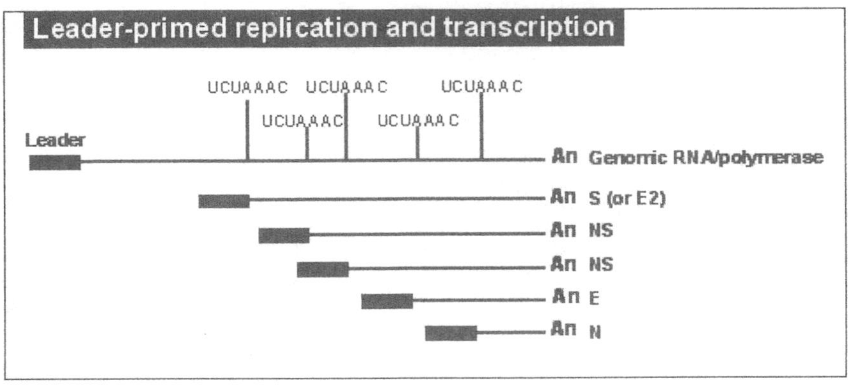

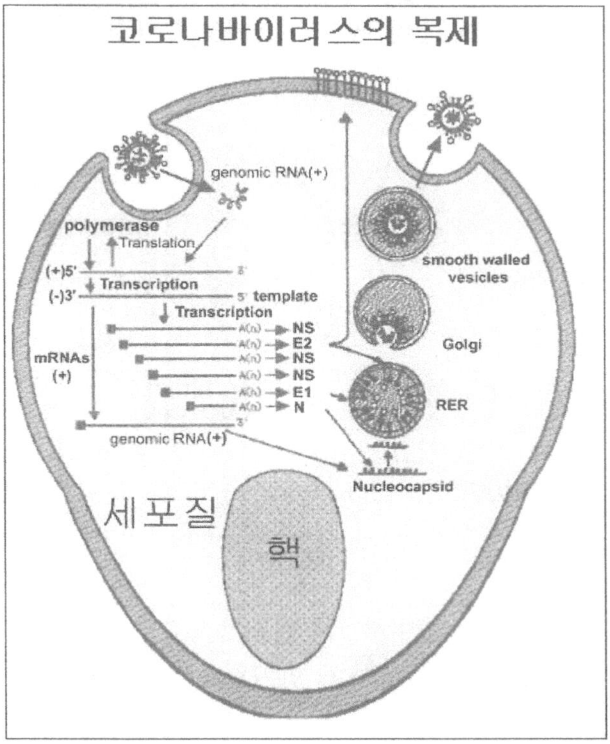

먼저 해독이 일어나 바이러스의 polymerase를 만들어내며, 이것을 사용하여 전체 길이의 음성(−)가닥을 전사하게 된다. 이 음성(−)가닥은 다시 일련의 mRNA(+)를 만들기 위한 주형으로 사용되며, 바이러스의 polymerase가 전사하는 mRNA 들은 모두 5′말단에 72 뉴클레오티드의 leader(untranslated) sequence가 있는데 leader sequence는 (−)strand template의 3′말단으로부터 처음 전사가 시작된 다음, template로부터 분리가 일어나며 주형의 중간에 존재하는 intergenic sequence (UCUAAAC)와 leader RNA와의 상보성에 의해 leader−polymerase 복합체가 결합하여 전사가 재개된다. 이와 같은 leader−primed replication과 전사는 높은 비율로 재조합(recombination)산물을 만들어낸다. 유사한 두 종류의 virus가 동시에 숙주에 감염하여 증식할 때 약 10%의 progeny virus가 재조합된 genome을 가질 수 있다. 세포막에서 budding(출아)이 일어나는 인플루엔자 바이러스와 달리, 코로나바이러스는 세포내의 rough ER (RER)이나 골지체에서 출아가 일어나 exocytosis를 통하여 외부로 방출된다.

4. 코로나바이러스와 사스 바이러스

사스가 처음으로 발생했던 중국의 광동에서 야생의 사향고양이로부터 변종의 코로나바

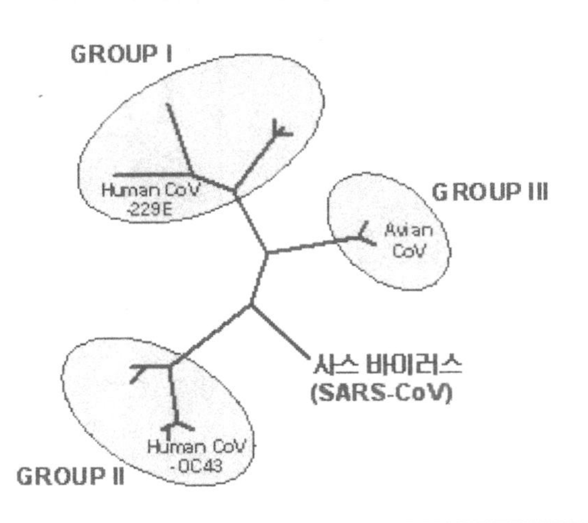

혈청형에 따른 코로나바이러스의 분류

이러스가 분리되었는데 이 바이러스가 사스와 관계가 있는 것으로 추정하고 있다. 미국과 캐나다의 연구팀이 사스 환자로부터 분리해 낸 바이러스의 염기서열(29,751개)을 결정한 결과 구조단백질은 코로나바이러스와 거의 유사한 반면, 비구조단백질(nonstructural protein)에서는 약간의 차이가 발견되었다. 현재 알려진 코로나 바이러스는 3개 군이 있는데, 1군과 2군은 동물에서 중증감염을, 사람에서는 가벼운 호흡기 감염을 일으키며, 3군은 조류를 감염시켜 중증 기관지염을 유발한다. 사스 바이러스(SARS-CoV)는 이들 3개의 바이러스군과 모두 차이를 나타내기 때문에, 4군 코로나 바이러스로 분류되었다. 1군과는 상대적으로 차이가 많이 있으며 2군과 3군의 중간에 위치한다. 그러면 사스 바이러스와 인간의 코로나바이러스가 재조합하여 더 심각한 질병을 일으키는 변종 바이러스가 나타날 수 있는가? 학자들의 연구에 의하면 같은 그룹에 속한 바이러스끼리 재조합은 가능하지만 다른 그룹의 바이러스 사이에 재조합은 일어나지 않는다. 그러므로 사스바이러스와 인간 코로나바이러스 사이의 재조합이 발생하여 변종 바이러스가 나타날 가능성은 희박하다.

▣4. 감기를 일으키는 바이러스

감기를 일으키는 바이러스에는 약 100여종이 있는 것으로 알려진다. 그중에서 대표적인 것으로 파라인플루엔자 바이러스, respiratory syncytial virus, 리노바이러스(rhinovirus), 아데노바이러스(adenovirus)를 들 수 있다.

1. 파라인플루엔자 바이러스

파라인플루엔자 바이러스(parainfluenza virus)는 'paramyxovirus' family에 속한다. '믹소(-myxo-)'는 점막과 친화력이 있어서 붙여진 이름이다. 바이러스의 직경은 100~200nm, 외막을 가지고 있으며 한 개의 가닥으로 이루어진 negative(-) 단일가닥 RNA를 genome으로 가진다(인플루엔자의 경우는 8조각 genome인데 비해 파라인플루엔자는 1개의 RNA genome으로 구성됨). 성인에서 파라인플루엔자 바이러스에 의한 감염증은 대개 경미하며, 소아의 경우에는 중요한 호흡기감염의 원인이 된다.

2. 호흡기 세포융합 바이러스 (Respiratory syncytial virus)

Respiratory syncytial virus는 paramyxovirus family에 속하며, 일반 감기를 초래한다. 이 바이러스의 중요성은 유아에서 하기도(lower respiratory tract)를 감염하여 세기관지염이나 폐렴을 일으킬 수 있다는데 있다. 무정형이며 외막(envelope)을 가진 바이러스로 직경은 90~130nm 정도이다. 바이러스의 genome은 한 개의 단일가닥(-) RNA로 구성된다. 이 바이러스의 외막에는 세포융합단백질(F 단백질)이 있어서 세포막과의 상호작용을 통하여 '합포체 또는 다핵거대세포(syncytia 또는 polykaryotes)'를 형성하는 세포병변효과(CPE)를 나타낸다.

3. 리노바이러스

'리노(rhino-)'는 라틴어로 '코'를 의미한다. 리노바이러스는 성인이 걸리는 감기 중 가장 흔한 바이러스로 주로 코감기를 일으킨다. 리노바이러스는 picornavirus(pico=small, rna=RNA) family에 속하며, 혈청학적으로는 100여종이 넘는다. 바이러스의 genome은 한 개의 단일가닥(+) RNA로 구성된다. 바이러스 입자는 작은 구형(직경이 22~30nm) 모양을 한다.

4. 아데노바이러스

아데노바이러스는 주로 목감기를 일으킨다. 아데노바이러스는 icosahedral symme-

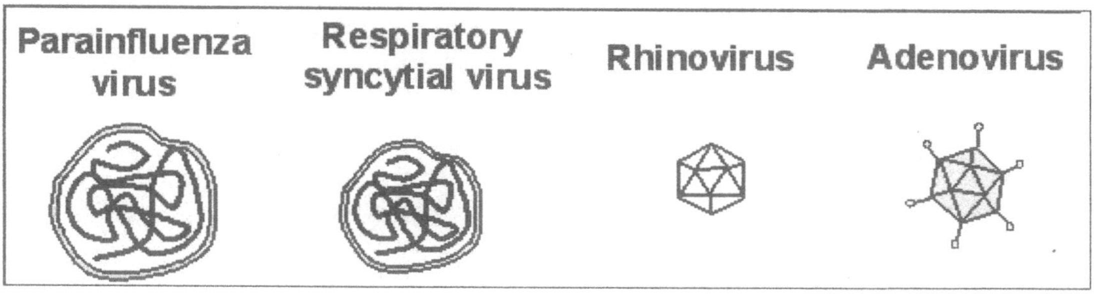

try(직경 60~70nm)를 가지며 외부로 손잡이 모양의 fiber가 돌출되어 있다. 바이러스의 genome은 DNA이며, 혈청학적으로 41종이 존재한다. 집단생활을 하는 군인, 어린이 등에서 유행성 호흡기질환을 유행시키며 겨울철 호흡기질환에 중요한 역할을 한다.

20장. 소아열병 바이러스

유행성 이하선염, 홍역, 풍진, 수두는 바이러스성 질병으로서 바이러스가 면역력이 없는 소아에 감염하여 39℃ 이상의 높은 열을 나타내는 특징을 가지고 있다. 유행성 이하선염과 홍역 바이러스는 파라믹소바이러스, 풍진은 togavirus, 수두는 허피스바이러스 family에 속한다. 본 장에서는 유행성 이하선염, 홍역 바이러스, 풍진 바이러스에 대하여 알아보고, 수두 바이러스는 허피스 바이러스(23장)에서 다루기로 한다.

▣1. 유행성 이하선염과 홍역 바이러스

1. 유행성 이하선염과 홍역의 특징

유행성 이하선염 바이러스(mumps virus)와 홍역 바이러스(measles virus)는 모두 paramyxovirus family에 속한다. 바이러스의 genome은 한 개의 음성 single-strand(-) RNA로 구성되며 각각 한 종류의 혈청형만이 존재한다. 외막을 가지며 외막을 포함한 입자의 크기는 mumps virus가 110-170nm, measles virus가 120-250nm 이다. 유행성 이하선염은 볼거리라고도 부르며 주로 소아에 감염하여 이하선의 부종과 통증을 유발한다. 이하선염은 mumps virus에 의하여 유발되는데 주로 타액을 통해 전염되며 혈청학적으로 한 종

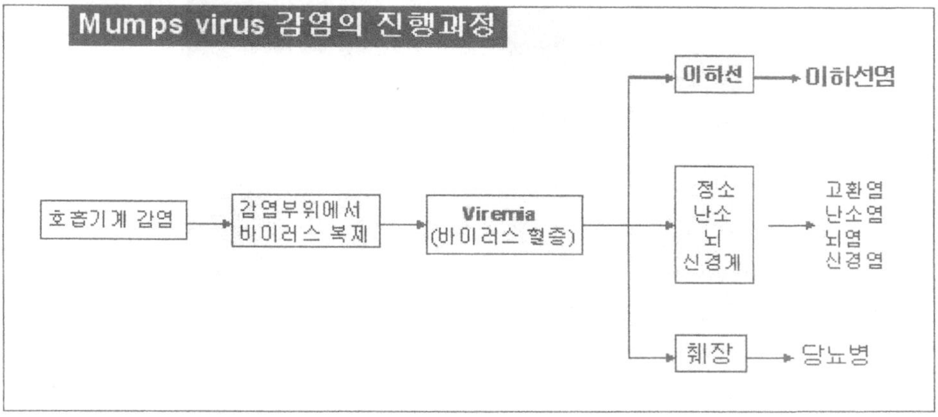

류만 존재하므로 볼거리를 앓거나 예방주사를 맞아 항체가 형성되면 평생 면역을 얻게 된다. 볼거리는 그 자체 질환으로는 크게 위험하지 않으나 증세가 진행되어 합병증을 유발할 경우 여러 가지 장애를 초래할 수 있다. 합병증으로는 뇌수막염, 고환염, 난소염, 췌장염, 신경염 등이 있다. 홍역은 과거에는 봄, 가을에 흔한 질환이었으나 요즈음은 많이 감소하였고 계절에 관계없이 일시적으로 유행하는 형태로 나타나고 있다. 홍역 바이러스는 호흡기를 통하여 감염하며 전염성이 매우 강하다. 홍역바이러스는 혈청학적으로 한 종류만 존재하며 한 번 걸리면 강한 면역이 생기므로 평생면역을 갖게 된다. 홍역의 증상으로는 고열, 발진, 기침, 눈의 충혈 등이 나타나며 합병증으로는 기관지염, 폐렴, 뇌염 등이 있다.

2. 파라믹소바이러스의 특징

파라믹소바이러스는 외막을 가지고 있으며 외막에는 바이러스의 당단백질로 구성된 spike를 지니고 있다(인플루엔자 바이러스처럼 뚜렷하게 나타나지는 않음). 외막의 안쪽에 바이러스의 negative(−) strand의 RNA가 NP(nucleoprotein), polymerase와 결합하여 나선형 모양의 nucleocapsid를 구성하고 있다. 뉴클레오캡시드와 외막사이의 공간은 M (matrix) 단백질이 채우고 있다. 파라믹소바이러스의 RNA genome은 17−20kb이며, 인플루엔자 바이러스와 달리 1개로 되어있다. genome 안에 단백질을 코딩하는 부분이 일렬로 배열하고 있으며 각 유전자의 끝에는 polyadenylation signal이 존재한다. 바이러스 genome의 복제는 인플루엔자 바이러스와 유사하지만, 핵에서 복제가 일어나는 인플루엔자와는 달

파라믹소바이러스의 모양

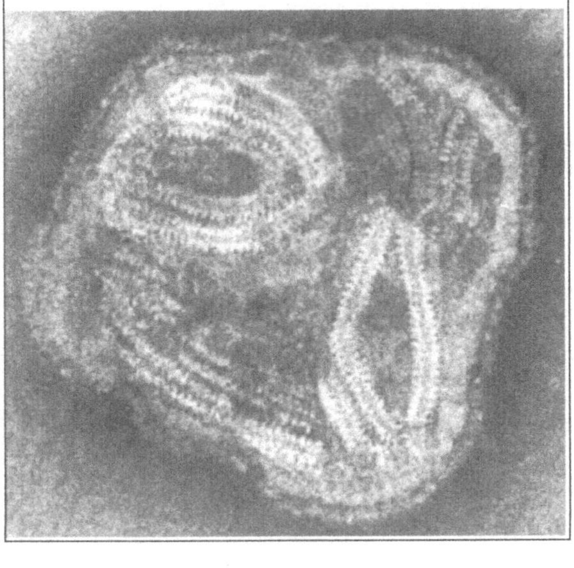

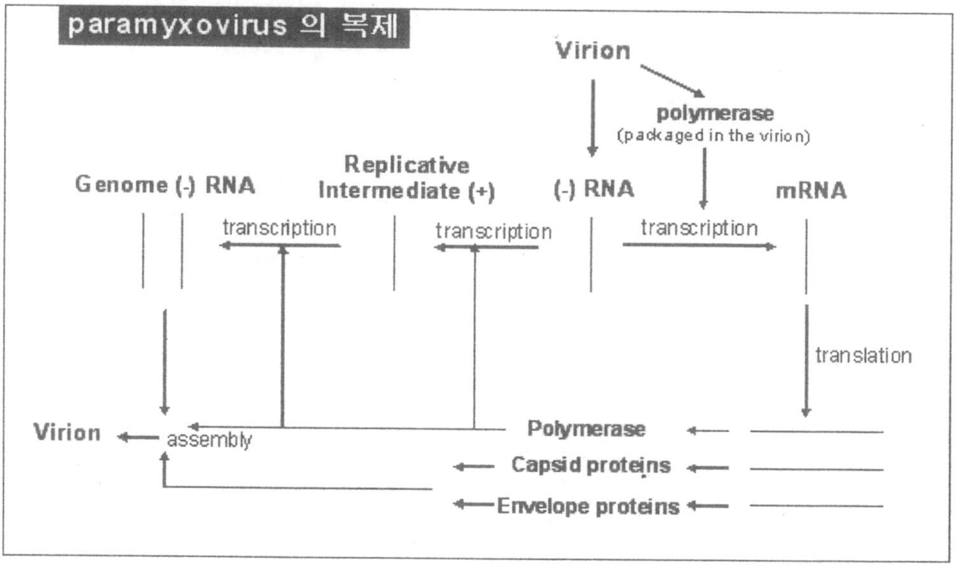

리 세포질에서 특징적인 봉입체(inclusion body)를 형성하여 일어난다.

▣2. 풍진 바이러스

풍진은 공기를 통해 풍진바이러스(rubella 또는 german measles virus)가 감염하여 일어난다. 원래 어린이에게 많이 발생하여 고열을 발생시키는 병이지만 대개 유아 때 예방접종을 하기 때문에 요즈음에는 오히려 청소년이나 20대의 성인에게 발생하는 경향이 있다. 풍진에 걸리면 먼저 감기 몸살처럼 2-3일간 열이 나고 온 몸이 쑤시는 증상이 있다가 피부에 발진이 나타난다. 귀의 뒤쪽이나 목의 임파선이 부어올라 침을 삼킬 때 아프다. 병 그 자체는 큰 문제는 아니지만 임신 초기 특히 임신 첫 3개월 동안 감염되면 선천성 기형아(청력 상실, 백내장, 선천성 심장질환 등)가 생기는 일이 있으므로 주의를 요한다. 생후 15개월 때 풍진에

Rubella virus의 모양

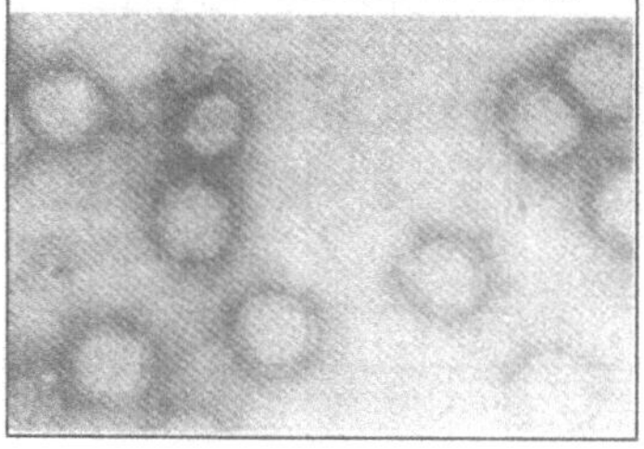

Rubella virus

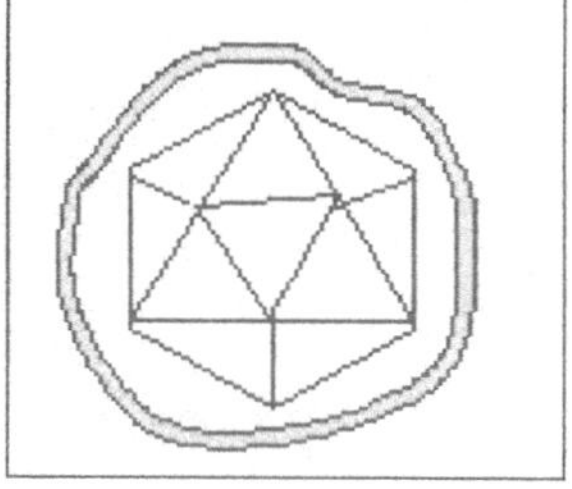

대한 예방접종을 하지만 여자의 경우 10-15년 이상 지나면 효과가 약해지기 때문에 다시 접종해 주는 것이 좋다. 풍진바이러스(rubella 또는 german measles)는 togavirus family ('toga'는 'coat'를 뜻함)에 속하며 외막을 포함한 직경이 50-75nm 정도이다. 바이러스의 genome은 약 11kb의 양성 단일가닥(+) RNA이며 혈청학적으로 한 종류만 존재한다.

▣3. 홍역, 볼거리, 풍진 예방백신 (MMR 백신)

홍역(measles)-볼거리(mumps)-풍진(rubella)의 유행을 최소화하기 위하여 1997년부터 MMR (measles, mumps, rubella) 백신을 생후 12-15개월 그리고 만 4-6세에 두 차례 접종을 실시한다. 만 4~6세에 재접종을 추가한 이유는 백신을 12-15개월에 접종한 경우 5-15%에서 항체가 생기지 않는 무반응자가 발생하는 것으로 추정되어 1989년부터 MMR 2차 접종을 초등학교 입학 전 또는 중학교 입학 전에 마칠 것을 추천하고 있다. MMR 백신은 바이러스를 약화시켜 만든 생백신(attenuated live vaccine)이기 때문에 병이 이미 발생했을 때는 접종하지 않는다.

21장. 소화기감염 바이러스

바이러스는 위, 장과 같은 소화기도 감염할 수 있다. 바이러스성 위장염이란 바이러스가 위와 소장 및 대장을 감염하여 구토 및 설사를 일으키는 경우를 말한다. 간염바이러스는 위장염을 일으키지는 않지만 간에 염증을 일으킨다.

▣1. 위장염을 일으키는 바이러스

바이러스는 종종 급성 설사의 원인이 되기도 한다. 위생 상태가 열악한 개발도상국에서 유아사망률이 높은 이유 중의 하나가 바이러스성 위장염 때문이다. 대부분의 사람들에게 바이러스성 위장염은 심각한 질병이 아니지만, 영아 및 유아, 장애인, 노인 등과 같이 스스로를

바이러스성 장염을 일으키는 바이러스들

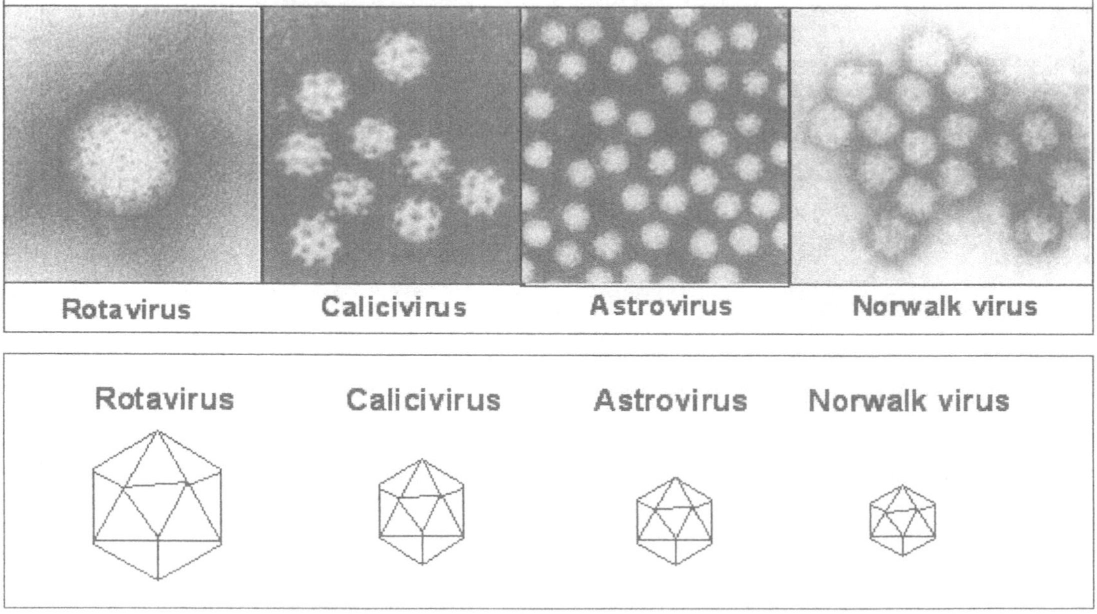

돌볼 수 없는 사람에게는 설사로 인한 탈수증상으로 인해 위험에 처할 수도 있다. 소화기에 감염하는 바이러스는 분변으로 배출될 수 있고 적절한 정화처리를 거치지 않고 하천이나 호수로 유입이 될 때는 농작물, 과일, 어패류 등을 오염시키며, 오염된 식수 또는 식품을 섭취할 때 감염된다. 바이러스성 위장염에 관련된 바이러스에는 110여종이 알려지는데, 이러한 바이러스 중 대표적인 것으로는 로타바이러스(Rotavirus), 칼리시바이러스(calicivirus), 아스트로바이러스(astrovirus), 노르웍바이러스(norwalk virus), 아데노바이러스(adenovirus) 등을 들 수 있다. 로타 바이러스의 genome은 이중가닥의 RNA이며, 칼리시 바이러스, 아스트로 바이러스, 노르웍바이러스의 genome은 단일가닥(+)의 RNA 이다.

1. 로타 바이러스

로타 바이러스 (Rotavirus)에 의해 생기는 위장염을 '로타 바이러스성 위장염' 또는 '가성 콜레라'라고 한다. 로타 바이러스는 장 내에 들어가 염증을 일으켜 심각한 구토증상과 고열을 동반한 설사를 유발한다. 사계절 내내 유행될 수 있으나 주로 추운 겨울에 더 유행한다. 로타 바이러스성 위장염을 제대로 처치하지 않을 경우 탈수증으로 인해 사망할 수도 있다. 주로 6-24개월의 유아에 많이 발생하지만 개발도상국의 경우 3개월 정도의 영아들에게도 감염이 일어날 수 있다. 로타 바이러스의 감염은 주로 구강 경로를 통해 이루어지며 집단생활을 하는 어린이들에게 많이 발생한다. 전자현미경으로 관찰한 로타 바이러스는 바퀴모양을 하고 있다('rota'는 라틴어로 바퀴를 뜻함). 로타 바이러스는 외막을 갖고 있지 않으며 이중껍질(double shelled)의 캡시드 구조로 되어있고 직경은 70nm 이다. 로타 바이러스는 reovirus family에 속하며, 바이러스의 genome은 11개의 이중가닥 RNA segment로 구성되는데, 각 segment들은 6개의 구조단백질(structural protein)과 5개의 비구조단백질(nonstructural protein)을 암호화하고 있다.

2. 로타바이러스의 복제

로타바이러스는 직경이 75nm로 이중의 캡시드를 가지고 있다. 바이러스가 세포표면의 수용체에 부착하고 침입한 후, 바깥쪽의 캡시드는 제거된다. 바이러스 입자 안에 존재하는 전사효소를 이용하여 이중가닥의 RNA 중에서 음성(-)가닥만을 주형으로 사용하여 mRNA(+)를 합성한다. 11개의 mRNA로부터 구조적, 비구조적 단백질이 합성되고, (+)RNA를 주형으로 음성(-)RNA가닥을 합성하기 시작하며 불완전한 캡시드(single-shelled particle)가 만들어진다. 이러한 과정은 세포질에 있는 봉입체(inclusion body)에서 일어나며, single-shelled 입자는 다시 소포체 안으로 들어가 바깥쪽 캡시드가 만들어진 다음 세포를 용해시키고 외부로 방출된다.

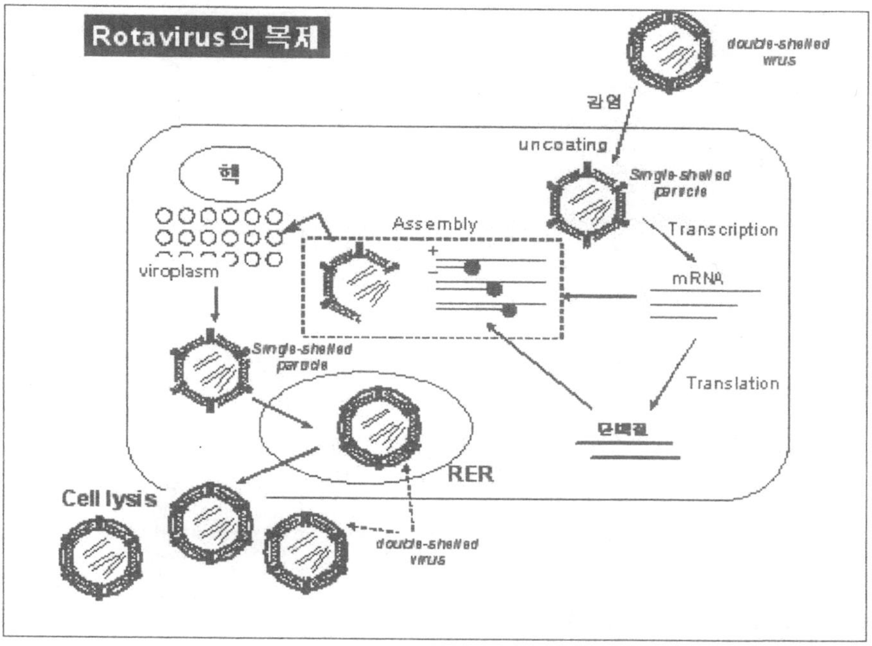

▣2. 간염을 일으키는 바이러스

간염을 유발하는 간염 바이러스(hepatitis virus)에는 A, B, C, D, E, F, G형까지 알려져 있으나 중요성이 있는 것은 A형, B형, C형이다. 간염이란 바이러스, 알코올, 약물이나 독물, 자가면역, 대사장애 등에 의하여 간세포에 염증이 생겨 파괴가 일어나는 병이다. A형은 오염된 물이나 식사를 통하여 일어나며 주로 급성간염을 일으키고 저절로 회복이 가능하다. B형, C형은 급성간염에서 만성간염으로 진행할 수 있다. 우리나라에서는 B형 간염이 가장 많으며 전체 만성간염의 70% 정도를 차지한다. RNA 바이러스인 C형 간염 바이러스가 최근에 증가세를 나타내고 있는데, C형 간염은 예방백신이 없고 한번 감염되면 대부분 만성으로 진행하는 특징이 있다.

간염 바이러스 종류와 전염방법

바이러스 종류	바이러스의 핵산	증상	전염방법
A형	RNA	급성간염	오염된 식수
B형	DNA	급성간염 만성간염	혈청, 성접촉
C형	RNA		혈청

1. A형 간염 바이러스

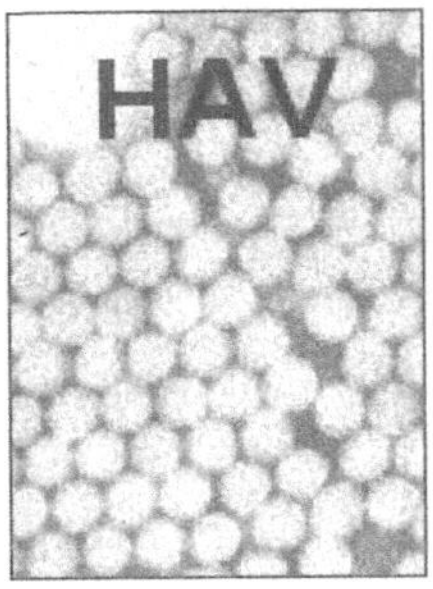

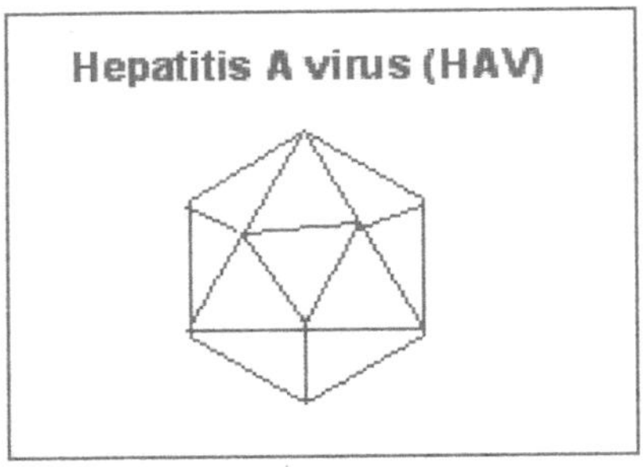

A형 간염바이러스(hepatitis A virus, HAV)는 picornavirus family에 속하며 단일가닥 (+)의 RNA(약 7500 base)가 구형의 입자(27nm) 안에 팩키징되어 있으며 외막은 가지지 않는다. HAV는 장에서 복제되어 혈액을 경유하여 간세포로 전파되며 전염성 간염의 원인이다. HAV는 오염된 음식, 대변-구강 경로로 전염되며 급성감염(acute infection)을 일으킨다. 급성 간염은 감기처럼 1주일 정도 열이 오르고 그 후에 황달이 오나 대부분은 저절로 치유된다. 급성으로 끝나고 만성화 되지 않으며 재발도 드물고 보균자로 남는 경우도 없다.

2. B형 간염 바이러스

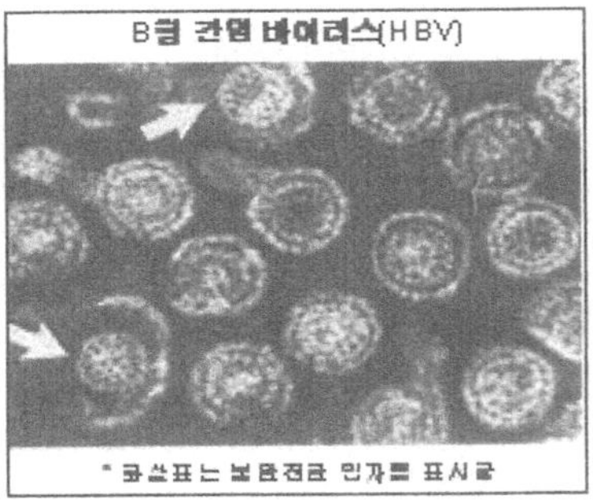

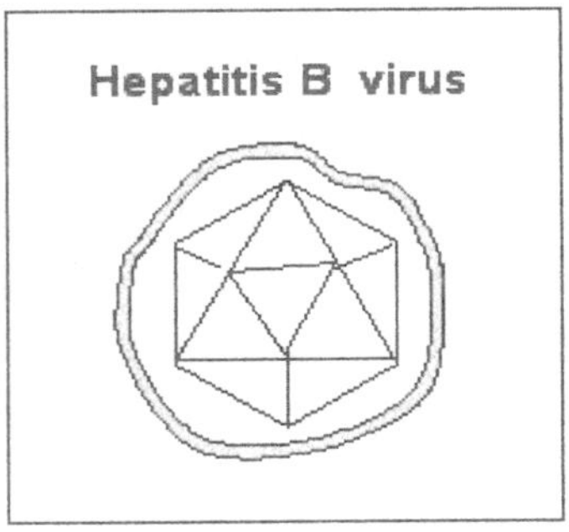

B형 간염바이러스 (hepatitis B virus, HBV)는 혈청 간염 또는 만성 B형 간염을 일으키며, hepadnavirus family에 속한다. HBV는 외막을 포함한 입자 크기가 42nm 이며, 외막의 안쪽에 이중가닥의 바이러스 DNA genome(3200 bp)을 포함한 구형의 캡시드를 가지고 있다. HBV의 외막에는 표면항원(HBsAg)으로 불리는 단백질이 박혀 있다. HBV에 감염된 사람의 혈청에는 22nm의 DNA가 없는 속이 빈 바이러스 입자가 감염력이 있는 Dane particle

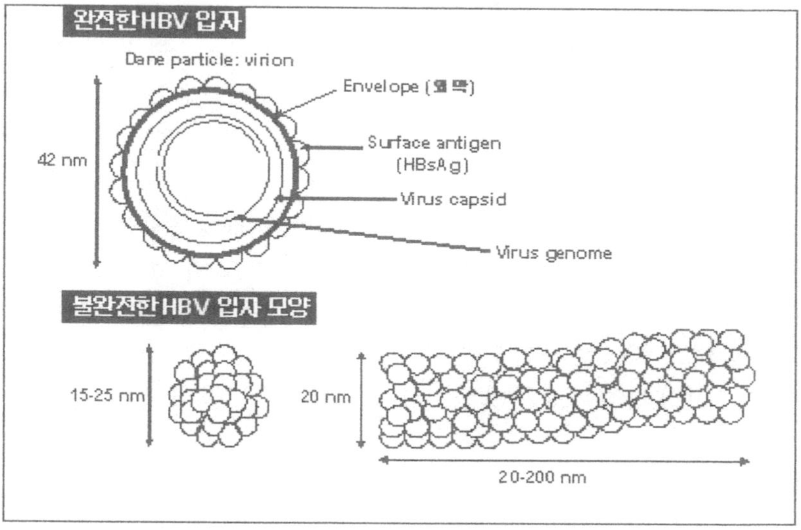

보다 많이 존재한다. 불완전한 입자에는 필라멘트 형태를 가지고 있는 것도 있다.

1963년 Blumberg 등은 수혈을 받은 혈우병환자의 혈청에서 오스트레일리아 원주민의 혈청과 특이적으로 반응하는 항원을 발견하였는데 이를 오스트레일리아 항원(Australian antigen, Au)이라 명명하였다. 4년 뒤 이 'Au' 항원이 HBV의 표면항원임이 밝혀졌고, 1970년 Dane에 의하여 42nm의 HBV 바이러스 입자가 처음으로 관찰되었다. HBsAg 외에 core 입자에는 HBcAg과 HBeAg이 존재한다. 사람의 B형간염 바이러스와 유사한 동물 바이러스로서 오리, 다람쥐, woodchuck 등의 간염바이러스가 있다. HBV의 genome은 불완전한 이중가닥 DNA[(−) DNA 가닥이 (+) DNA 가닥보다 길다]로 되어있다. genome에는 4개의 open reading frame(ORF)[C(core protein), P(polymerase), S(surface antigen), X(transactivator)]이 존재하며, pre-S1, pre-S2, S로부터는 alternative translation이 일어난다.

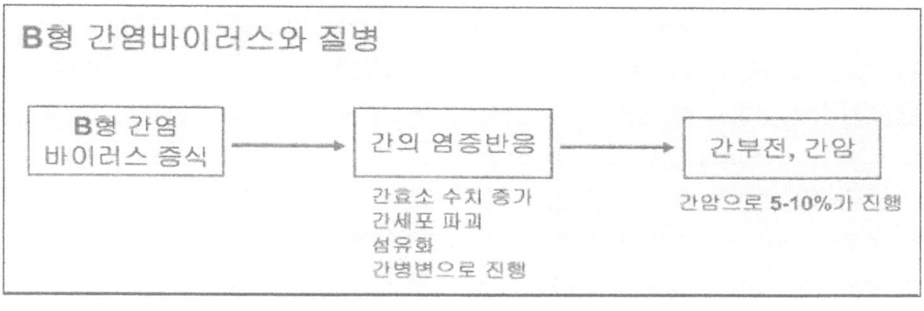

B형 간염은 전 세계적으로 20억 명이 감염되고 이중에서 3억 5천만 명은 만성병으로 진행이 되어 해마다 100만 명씩 사망자를 내는 무서운 감염병이다. B형 간염의 감염경로는 혈액과 성적인 접촉을 통하여 전염된다. B형 간염은 감염시기, 감염당시 체내에 들어온 바이러스의 수, 감염자의 몸 상태 등에 따라 신체에서 일으키는 질병의 경과가 다르다. B형 간염바이러스의 보균자인 어머니로부터 태어날 때 감염이 일어난 신생아는 90-95%가 만성간염으로 진행하지만, 성인의 경우는 5% 정도만 만성화가 일어난다. 일단 만성간염으로 진행되었다 하더라도 모두 간경변, 간암으로 진행되는 것은 아니다. 감염 당시 인체에 들어온 바이러스 양이 많을 때, 간세포의 파괴가 심한 경우, 바이러스 증식이 활발한 환자에서 병이 진행된다. 감염자의 몸 상태도 중요한 역할을 한다. 노인이나 면역기능이 떨어진 자, 비만한 자, 마약중독자 등에서는 질병의 경과가 나쁘다.

3. C형 간염 바이러스

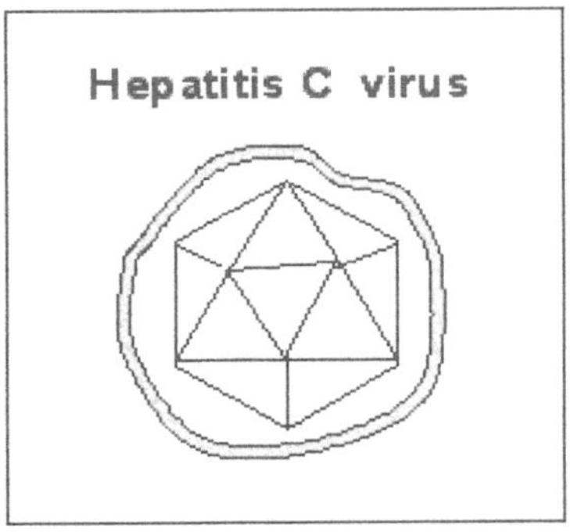

C형 간염 바이러스(hepatitis C virus, HCV)는 비교적 최근에 발견되었다. 과거에 A형도 아니고 B형도 아닌 Non-A, Non-B 간염 중의 대부분이 HCV에 의하여 일어난 것으로 밝혀졌다. HCV에 의하여 감염이 되면 70% 이상이 만성 간염으로 진행하며 이 중의 25-35% 정도가 간경화 및 간암으로 전이된다. HAV와 HBV는 백신이 있어서 예방이 가능하지만, HCV는 예방백신이 현재 개발되어 있지 않기 때문에 앞으로 감염률이 계속 증가할 것으로 보인다. HCV는 외막을 보유하고 있으며 외막을 포함한 직경이 약 40-50 nm 이다. HCV는 flavivirus family에 속하며 바이러스의 genome은 단일가닥(+)의 RNA(약 9600 염기)로 되어있다. RNA의 5′ 말단에는 IRES(Internal Ribosome Entry Site)를 포함한 NCR(non-coding region)이 있는데 해독을 시작하는데 중요한 역할을 한다. 바이러스 genome에는 1개의 ORF(해독틀)가 있으며 이로부터 3000개의 아미노산으로 구성된 폴리프로테인 (polyprotein)이 만들어진 후 바이러스의 단백질 분해효소에 의하여 processing이

HCV의 genome 구조

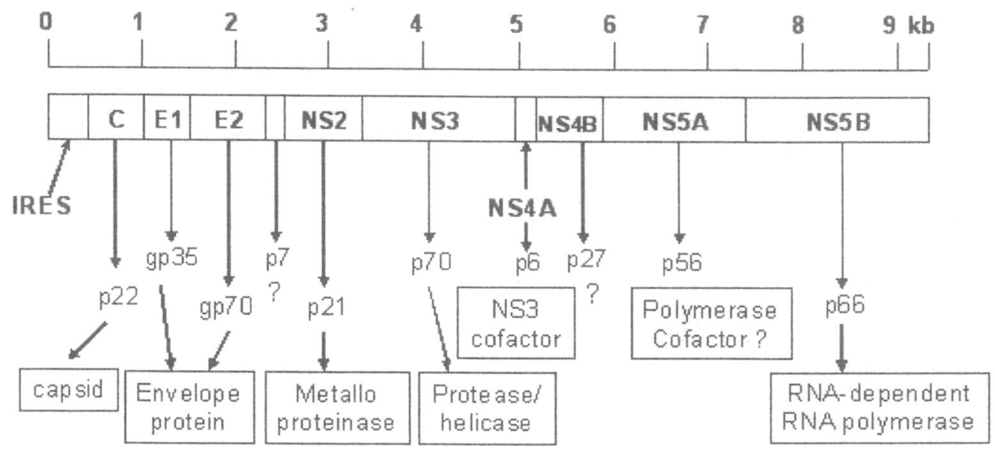

일어나 10개의 단백질이 만들어진다. 10종류의 단백질 안에는 구조단백질(캡시드단백질 및 외막단백질: C, E1, E2), protease와 helicase(NS3), 바이러스의 RNA polymerase(NS5B) 등을 포함한다. HCV의 감염경로는 주로 혈액을 통해서 일어나며 성접촉에 의한 전파 가능성은 희박하다.

22장. 신경계감염 바이러스

많은 바이러스들이 혈류를 타고 전파되어 중추신경계를 감염할 수 있다. 중추신경계 감염이 무증상을 나타내는 경우도 있지만 신경계의 심각한 손상을 초래하기도 한다. 바이러스가 신경계에 초래하는 반응은 크게 급성과 만성 반응으로 나눌 수 있다. 급성반응의 대표적인 것은 뇌염이며, 만성 반응은 중추 신경기능이 몇 달 또는 수년에 걸쳐 지속적인 퇴행이 일어나는 'slow infection(지발성 감염)' 형태를 나타낸다.

<표1> 바이러스의 신경계 감염에 의한 증상

급성 반응	만성 반응
뇌염 마비증상 무균성 수막염 감염후 뇌척수염	Slow infection (지발성 감염)

<표2> 급성반응에 의한 neurological disease

증상	뇌염	마비	무균성 수막염	감염후 뇌척수염
감염장소	뇌	척수	뇌(척수)막	뇌
바이러스	HSV Arbovirus rabies	Enterovirus (특히 poliovirus)	Enterovirus Mumps 림프구성 맥락 수막염 바이러스	Measles Rubella Varicella-zoster Vaccinia

<표3> 만성반응에 의한 neurological disease

증상	아급성 경화성 범뇌염	진행성 다병소성 백질뇌증	크로이츠펠트- 야곱병	Kuru
감염장소	뇌	뇌	뇌 및 척수	뇌
바이러스	Measles Rubella	JC virus	Prion	Prion

▣1. 엔테로바이러스

장바이러스로 불리는 엔테로바이러스(enterovirus)는 picornavirus family에 속한다. 엔테로바이러스의 주된 감염 장소는 장(gut)이지만 장에서는 거의 증상을 일으키지 않고 몸의 다른 곳, 특히 중추신경계(CNS)를 감염하여 증상을 일으킨다. 엔테로바이러스는 구강을 통하여 체내에 들어오며 주된 증식 장소는 인후(pharynx)와 소장의 점막이다. 일차 증식 장소로부터 편도와 림프절, 그리고 혈관으로 들어간 바이러스는 바이러스혈증 (viremia)을 일으켜 전신에 바이러스를 퍼트리며, 장의 내부로도 나와 분변으로 배출된다. 엔테로바이러스는 위생과 하수도 설비가 미약한 개발도상국의 어린이들에게 쉽게 감염이 일어난다. 엔테로바이러스는 외막을 갖지 않으며, 25-30nm 크기의 전형적인 정이십면체형 (icosahedral) 대칭구조를 나타낸다. 엔테로바이러스의 genome은 7-8kb의 단일가닥(+) RNA로 되어 있다. 엔테로바이러스는 소아마비 바이러스(poliovirus), 콕사키바이러스(coxackievirus), 에코바이러스(echovirus)의 세 그룹으로 구성되며, 혈청학적으로 구별되는 68종의 바이러스가 속해있다. 콕사키바이러스와 에코바이러스는 소아마비 바이러스를 연구하던 중 발견되었으며 포진성 구협염(herpangina, 입과 목의 수포형성), 무균성수막염 등을 일으킬 수 있다.

1. 소아마비 바이러스

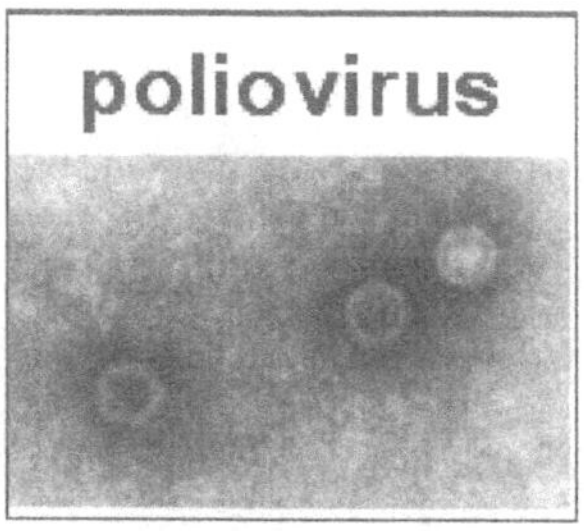

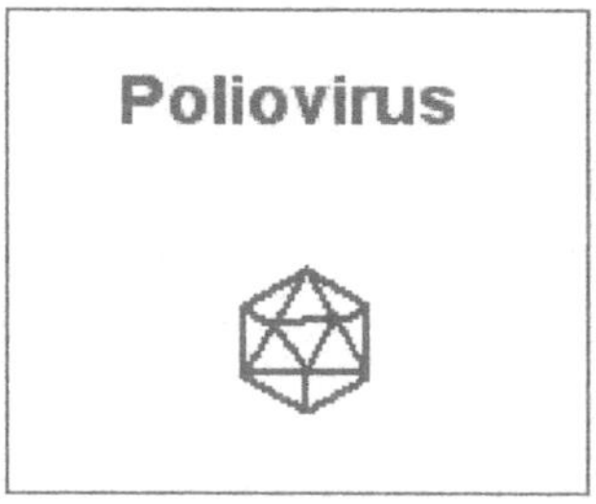

소아마비 바이러스(poliovirus)는 작은 정이십면체(25-30nm) 대칭형이며 사람과 원숭이 종류의 세포에 있는 수용체를 특이적으로 인식하기 때문에 영장류만을 감염한다. 이 바이러스는 외부 캡시드에 있는 단백질 항원에 따라 3가지 혈청형으로 구분된다. 소아마비 바이러스의 감염은 대개 증상이 없거나 발열과 두통, 구토, 인후통 등의 경미한 증상을 나타내며 수일 후 자연적으로 회복된다. 그러나 일부(전체의 1% 미만)는 중추신경계를 침입하여 마비성 폴리오(paralytic polio)를 일으키기도 한다. 소아마비 바이러스는 척수의 운동뉴런 부분과 특히 친화력이 있어 증식하여 신경세포를 파괴함으로써 근육의 마비를 일으키게 된다.

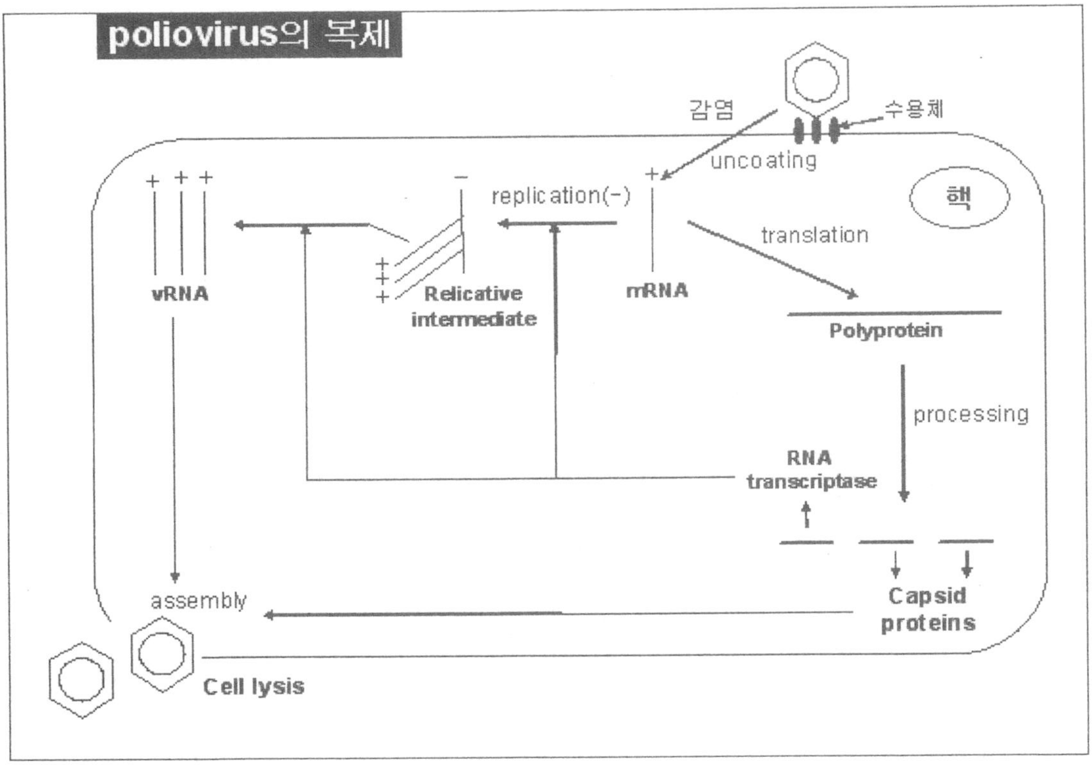

2. 소아마비 바이러스의 복제

소아마비 바이러스 입자는 세포막에 있는 특이적인 세포수용체와 작용하여 세포 내로 들어간 다음 탈외피(uncoating)가 일어나 바이러스의 genome(positive strand RNA, 약 7500 nt)이 노출된다. 노출된 바이러스의 RNA는 mRNA로 작용하여 거대한 폴리프로테인을 합성한다. 폴리프로테인은 바이러스의 단백질분해효소에 의하여 절단이 일어나 중합효소 및 구조단백질로 분리된다(P1, P2, P3). 바이러스 중합효소에 의하여 (+)가닥에 상보적인 (−)가닥이 만들어지며 (−)가닥은 바이러스 genome RNA(+)를 만드는 주형으로 작용한다. 이들 (+)가닥 RNA들은 더 많은 바이러스 단백질을 만들기 위한 mRNA 기능을 하고, 그 나머지는 progeny virus 입자를 구성하는 genome RNA가 된다. 캡시드의 형성과정은 먼저 P1 폴리펩티드가 분할되어 VP0, VP1, VP3를 만들고, 이들은 5S 복합체를 형성한 다음 14S의 pentamer 구조를 만들게 되고, 이것이 다시 모여 빈 껍질의 procapsid (73S)를 형성한다. RNA genome이 procapsid 안에 packaging 되면 provirion(155S)을 형성하고, VP0가 VP2와 VP4로 절단이 일어나면 완성된 비리온(virion)입자가 되며 축적된 비리온 입자는 세포의 용해를 통하여 외부로 방출된다.

Poliovirus의 조립

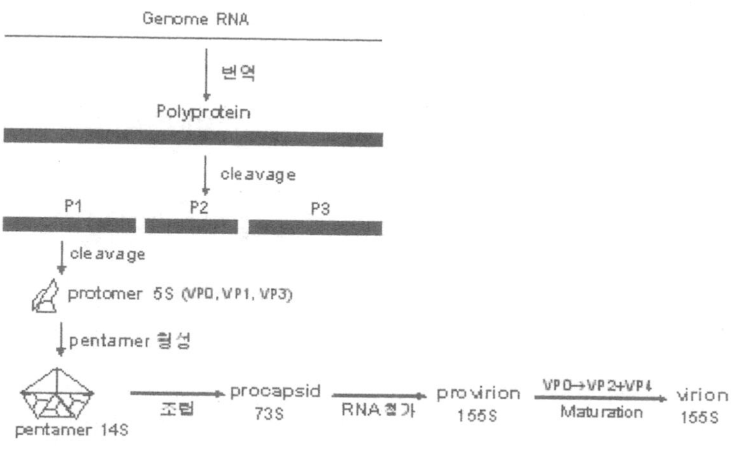

▣2. 아보바이러스

많은 바이러스 병들이 절지동물(arthropod)을 매개로 전파된다. 이와 같이 절지동물을 매개체로 이용하는 바이러스를 'arbovirus(arthropod-born virus)'라고 부른다. 아보바이러스에는 수많은 바이러스가 포함되며 알파바이러스(alphavirus), 플라비바이러스(flavivirus), 분야바이러스(bunyavirus)로 나뉜다. 이들은 모기나 진드기에 의하여 전파되며 뇌

뇌염 바이러스 입자가 모기의 침샘에 모여있는 모습

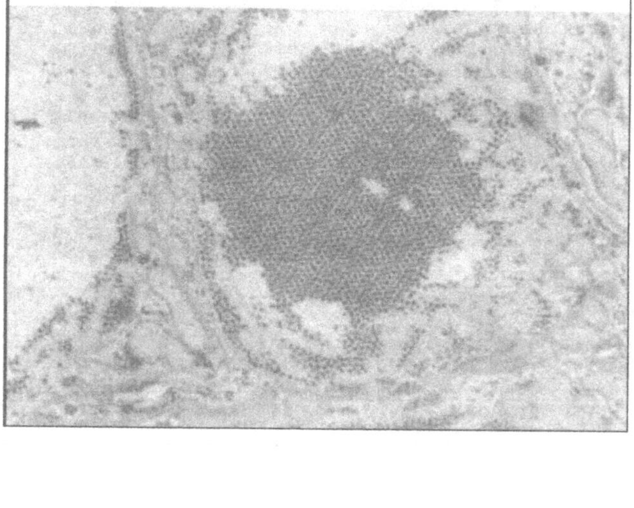

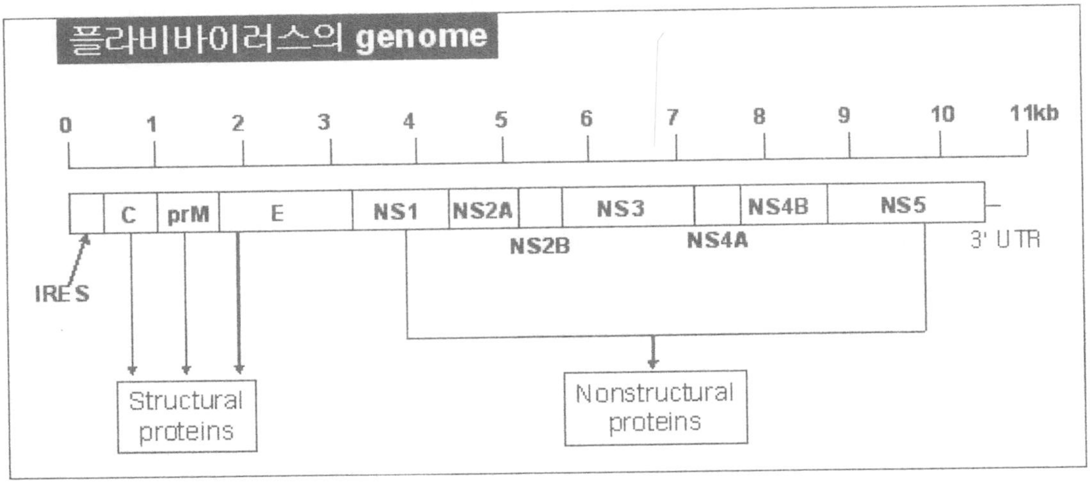

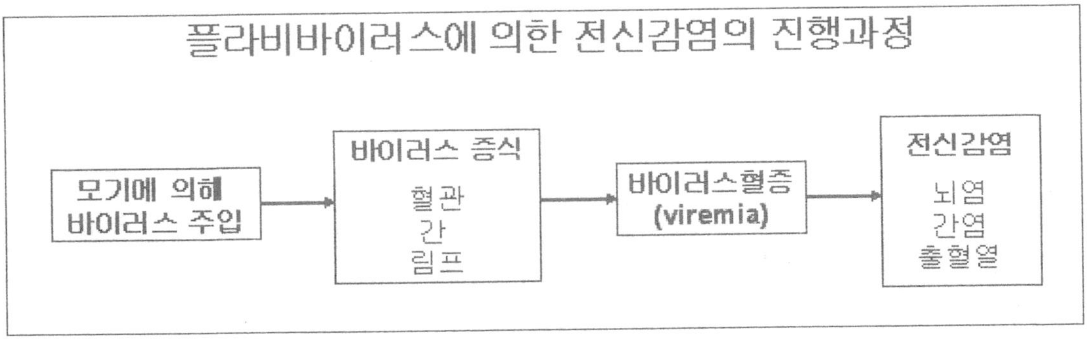

염, 고열, 출혈열 등을 유발한다. 아보바이러스가 일으키는 주요한 질환으로는 뎅기열(Dengue fever), 일본뇌염, 황열(yellow fever), 세인트루이스뇌염, 웨스트나일(West Nile) 등이 있다.

일본뇌염 바이러스는 flavivirus family에 속하며 외막을 포함한 비리온 입자의 크기는 40-50nm이다. 정이십면체 대칭형 입자 안에 음성 단일가닥(-)의 RNA genome(약 11kb)을 가지고 있다. 바이러스의 genome은 하나의 ORF를 가지며 5′ 말단과 3′ 말단에는 조절역할을 수행하는 UTR(untranslated region)을 지니고 있다. 바이러스 genome RNA로부터 하나의 폴리프로테인이 합성된 후 processing이 일어나 성숙한 각각의 단백질로 된다.

▣3. 광견병바이러스

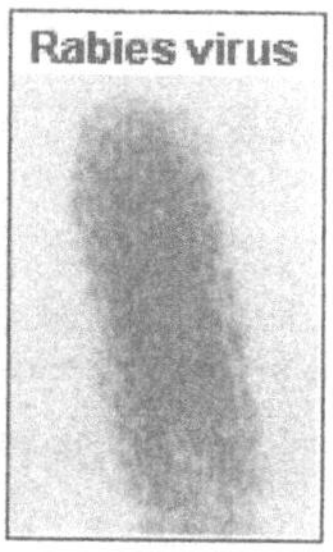

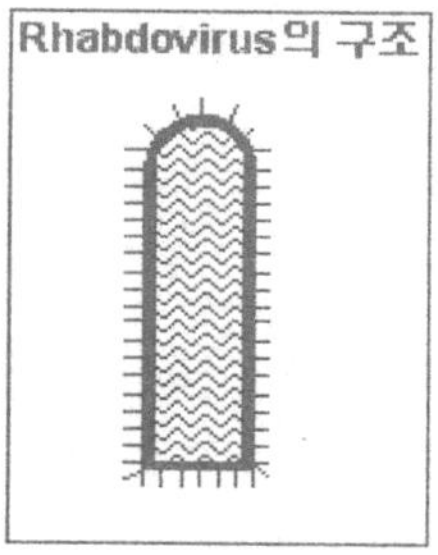

광견병 바이러스(rabies virus)는 Rhabdovirus family에 속하며, 바이러스는 외막을 포함하며 총알모양(직경 70-80nm, 길이 180nm)을 하고 있다. 캡시드 내에는 음성 단일가닥(-)의 genome RNA와 단백질의 복합체가 나선형 대칭구조의 nucleocapsid를 구성하고 있으며 음성(-)가닥의 RNA로부터 mRNA를 전사하기위한 바이러스의 전사효소가 포함되어 있다. 광견병 바이러스는 신경세포에 친화력이 있어서 말초신경을 통해 중추신경계를 감염하여 치명적 질병을 일으킨다. 물린 위치나 바이러스의 양에 따라 증상이 나타나는 기간에 차이를 보인다(보통은 잠복기가 수 주정도이지만 1년 이상 길어지는 경우도 있다). 중추신경계를 감염한 후에는 신경세포의 사멸과 탈수(demyelination, 수초제거)와 함께 뇌염으로 진전된다. 감염된 신경세포에는 'Negri body(네그리소체)'가 관찰되는데 '네그리소체'란 신경세포의 세포질이나 돌기 내에서 관찰되는 구형 또는 난형의 봉입체를 말하며 광견병의 진단에 중요한 역할을 한다. 바이러스 혈증(viremia) 단계는 없으며 증상이 나타난 지 며칠 내로 발작, 마비, 혼수상태로 진전되어 거의 모두 사망하게 된다.

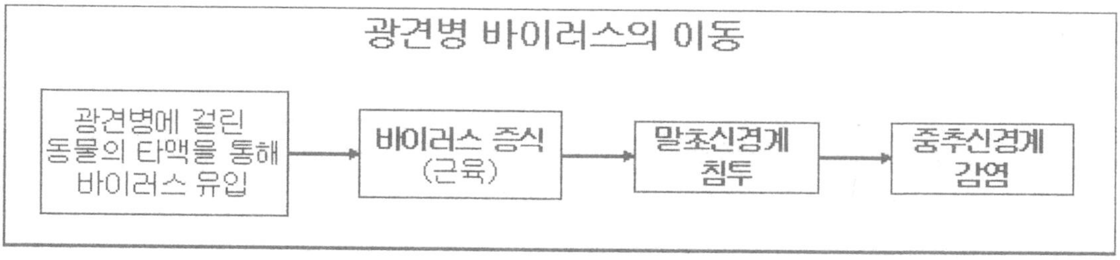

▣4. 지발성바이러스에 의한 뇌질환

'지발성 질병(slow diseases)'이란 병의 잠복기가 수개월 또는 수년으로 매우 길며, 중추신경계의 점진적인 퇴행이 일어나 결국 사망하게 되는 질병을 말한다. 지발성 질병에는 통상적(conventional) 바이러스에 의해 발생하는 것과, 프리온(prion)이라는 비통상적(unconventional) 준바이러스성 감염체(virus-like agents)에 의한 것이 있다.

1. 통상적 지발바이러스

papovavirus family에 속하는 JC virus에 의해서 유발되는 진행성 다병소성 백질뇌염(progressive multifocal leukoencephalopathy, PML)이 있다. 사람의 혈청의 70-80% 정도에서 JC 바이러스에 대한 항체가 발견되는데, 대부분의 경우 소아기에 특별한 증상이 없이 감염이 일어나 신장이나 뇌 등에 평생 남아 있다가 면역계통의 이상이 발생할 때 재활성화될 수 있다. 매우 드물게 발생하는 PML은 백질과 뇌의 여러 부분에 탈수초병변을 일으킨다. 아급성 경화성 범뇌염(subacute sclerosing panencephalitis, SSPE)을 일으키는 대표적인 바이러스는 홍역바이러스와 풍진바이러스가 있다. 홍역바이러스의 감염이 일어났을 때 극히 일부의 홍역바이러스가 뇌로 침입할 수 있는데, 홍역이 완전히 회복된 후에도 그대로 남아 지속적으로 뇌신경세포에 손상을 입히게 되면 SSPE가 발생한다. 뇌에서 바이러스의 genome은 확인되지만 바이러스 입자는 발견되지 않는데, 이것은 바이러스의 변이로 말미암아 바이러스 입자 형성에 필요한 단백질이 제대로 만들어지지 못하기 때문이다. 뇌의 여러 부분에서 경화(hardening=sclerosing)가 관찰되기 때문에 'SSPE' 라는 이름이 붙었다.

2. 비통상적 준바이러스성 감염체

동물의 신경계에 감염하여 지발성 질병을 일으키는 것으로 '프리온(prion)' 이라는 것이 있다. 이러한 감염체로부터 핵산이 발견되지 않기 때문에 전형적인 바이러스가 아닌 'virus-like agent' 로 구분한다. 프리온에 대하여는 뒤에서(27장 프리온) 다시 다루기로 한다.

23장. 허피스바이러스

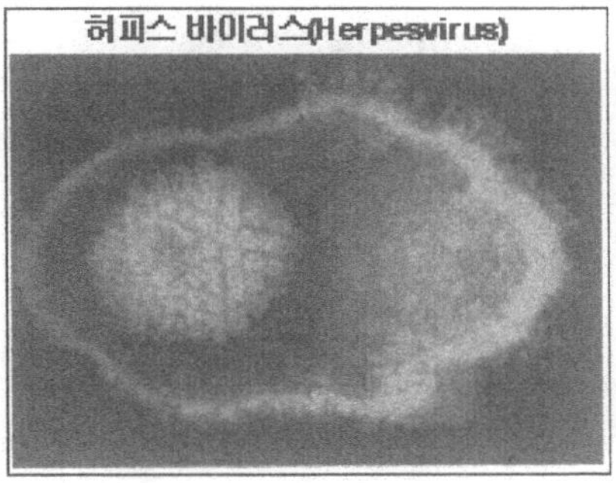

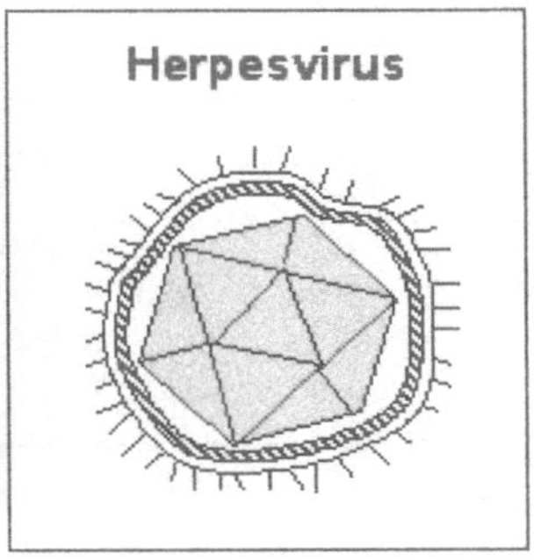

지금까지 100여종 이상의 허피스 바이러스가 알려져 있는데, 사람을 포함한 대부분의 동물들은 하나 또는 두 종 이상의 허피스 바이러스 숙주로 작용한다. 허피스 바이러스의 감염은 처음에 감염한 바이러스가 잠복감염(latent infection)을 하고 나중에 재발이 일어나는 형태를 갖는다(recurrent infection). Herpes simplex virus(HSV, 단순포진 바이러스)는 단순포진을, Varicella-Zoster virus(VZV)는 수두(chicken pox)와 대상포진(shingles)을, Epstein-Barr virus(EBV)는 암(cancer)을 유도할 수 있다. Herpesvirus family에는 단순포진 바이러스 1형과 2형, 수두대상포진바이러스(varicella-zoster virus), cytomegallovirus(CMV), Epsten-Barr virus (EBV) 등이 포함된다. 모든 허피스 바이러스는 구조적으로 유사하며, 외막(envelope)으로 둘러싸인 정이십면체(icosahedral) 대칭을 가진 캡시드를 가진다. 외막을 포함한 입자의 직경은 180-200nm 정도, 그 안에 있는 캡시드의 직경은 대략 100-110nm 이다. 바이러스의 genome은 linear(선상)의 이중가닥 DNA로 구성되는데 허피스 바이러스 genome의 특징은 끝 부분과 중간 부분에 반복서열이 존재하는 것이다. 허피스 바이러스는 핵 내에 봉입체(inclusion body)를 형성하며 핵에서 복제하고 핵막으로 출아(budding)가 일어나는 독특한 특징을 가지고 있다. 외막에는 바이러스의 유전자에 의하여 합성된 당단백질(glycoprotein)이 돌출되어 있으며, 외막과 캡시드 사이에 무정형의 단백질 층이 있는데 이것을 'tegument 단백질'이라 부른다.

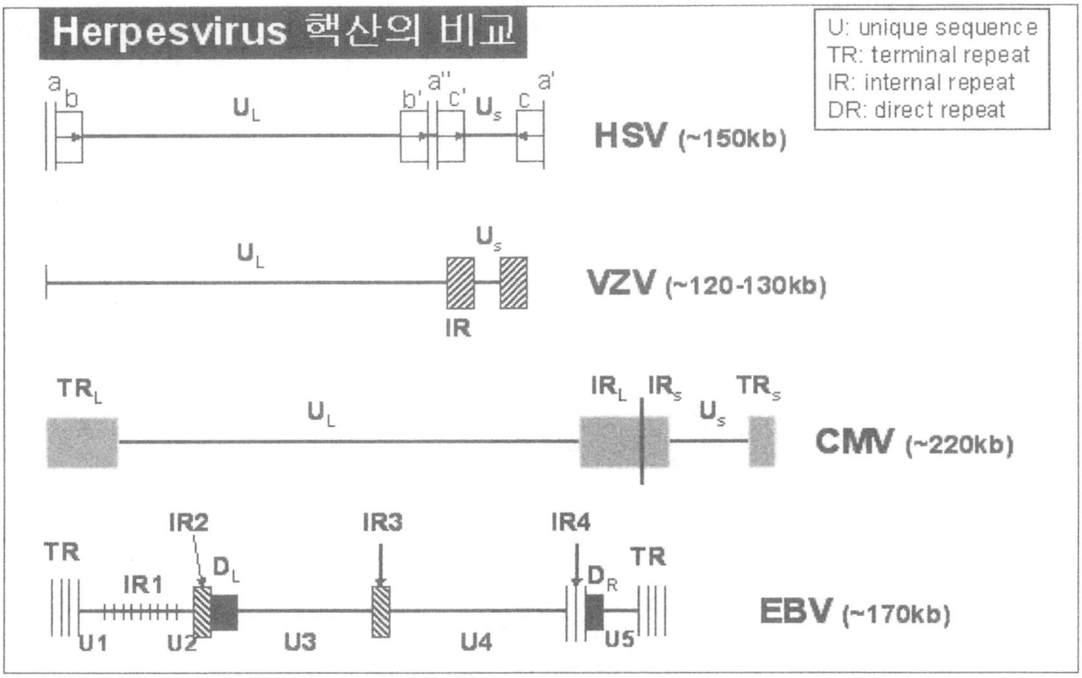

▣1. 단순포진바이러스

단순포진바이러스(Herpes Simplex Virus, HSV)는 인류에 광범위하게 분포하고 있으며 빠르게 증식하고 높은 세포용해성(cytolytic)을 가진다. HSV-1과 HSV-2는 항원성과 병변의 위치에 의해 구별되는데, HSV-1은 허리 윗부분(얼굴, 눈, 뇌 등)을 감염하는 반면 HSV-2는 허리 아래 부분(생식기 등)을 감염한다. HSV-1에 의한 구순포진(cold sores)은 대개 입술 등의 점막부위에서 나타나는데 수포가 동일부위에서 빈번하게 재발이 일어나는 것이 특징이다. HSV-1이 감염의 초기장소인 피부와 점막에서 복제하고 난 후 위쪽의 신경으로 이동하여 감각 뉴런 신경절의 핵에서 잠복을 한다. 이 바이러스는 여러 가지 자극(햇빛,

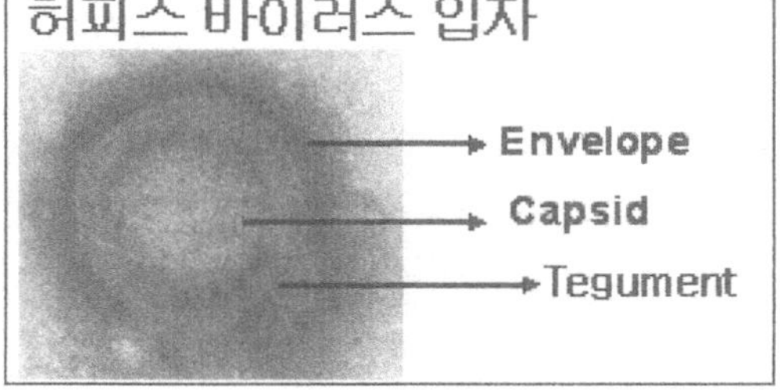

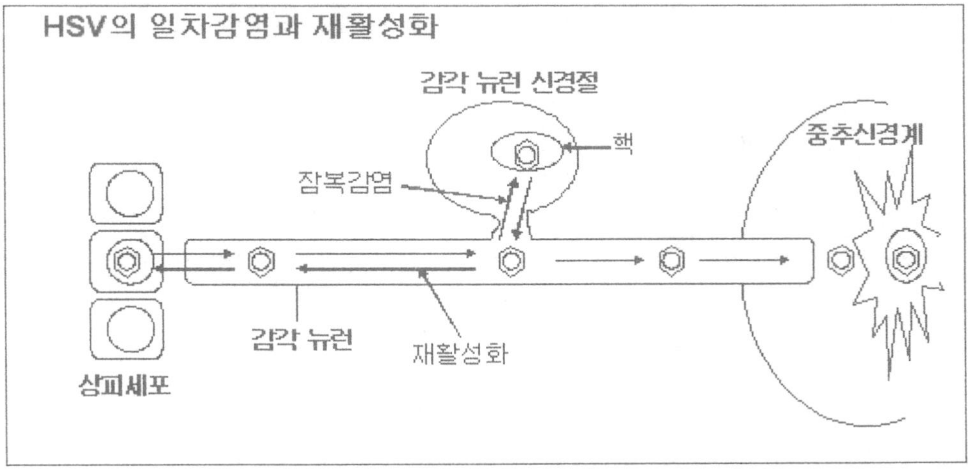

스트레스) 또는 면역기능의 약화로 인하여 다시 활성화하여 피부에 수포를 형성하며 복제를 하게 된다. HSV-1은 타액에 의해 감염되는 반면 HSV-2는 성적 접촉에 의하여 감염된다. HSV-1의 감염은 전 세계적으로 나타난다. 실제적으로는 증상이 없더라도 성인 거의 모두에서 HSV-1에 대한 항체가 발견되고 있다.

▣2. 수두대상포진 바이러스

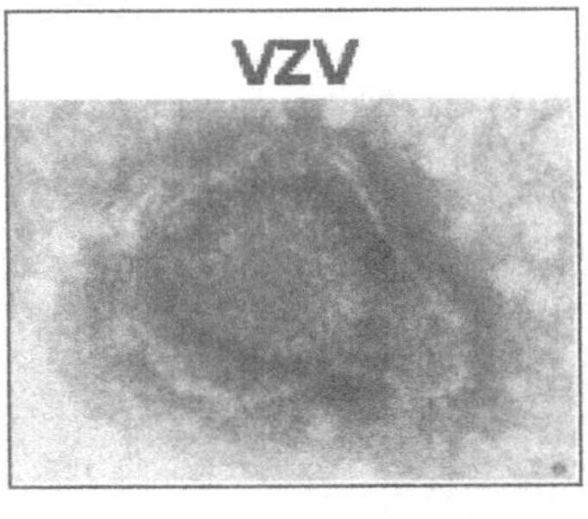

수두대상포진 바이러스(Varicella-Zoster Virus, VZV)는 수두(chicken pox, varicella)와 대상포진(zoster, shingles)을 일으킨다. 수두는 소아에 주로 발생하여 피부와 점막에 수포를 일으키는데 반해, 대상포진은 성인과 면역이 억제된 사람에게서 산발적으로 발생한다.

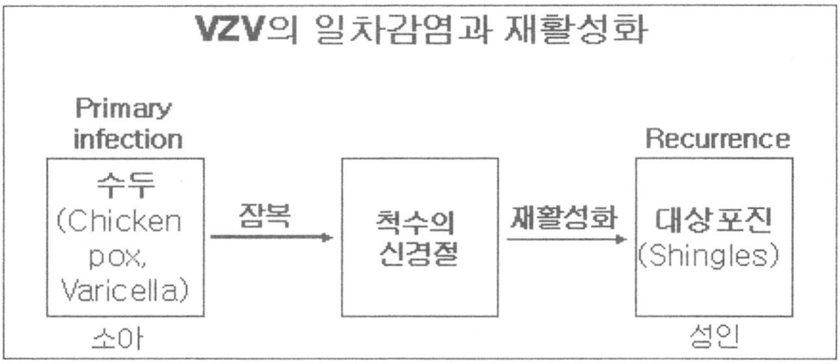

▣3. Cytomegalovirus

사람의 거대세포바이러스(cytomegalovirus, CMV)는 건강한 사람에게 질병을 일으키는 경우는 드물지만 소아에 감염하여 종종 질병을 일으킨다. 풍진바이러스와 유사하게 임신중의 태아를 감염할 수 있다. 건강한 성인의 약 반 정도가 아무증상도 나타내지 않지만 CMV에 대한 항체를 보유하고 있다. 다른 허피스 바이러스와 같이 일차감염이 있은 후 잠복하고 어떤 단계에서 재활성화 될 수 있다. 구조 형태적으로 다른 허피스 바이러스와 동일하나 항원성에 있어서는 구별된다. 바이러스 입자의 크기는 120-200nm이고 DNA의 크기는 220-240kb 이다. CMV에 의하여 세포가 감염되면 거대세포가 형성되기 때문에 'cytomegalo' 라는 이름이 붙여졌다.

CMV 감염에 의한 증상의 형태는 선천성과 후천적 감염으로 나누어 생각할 수 있다.

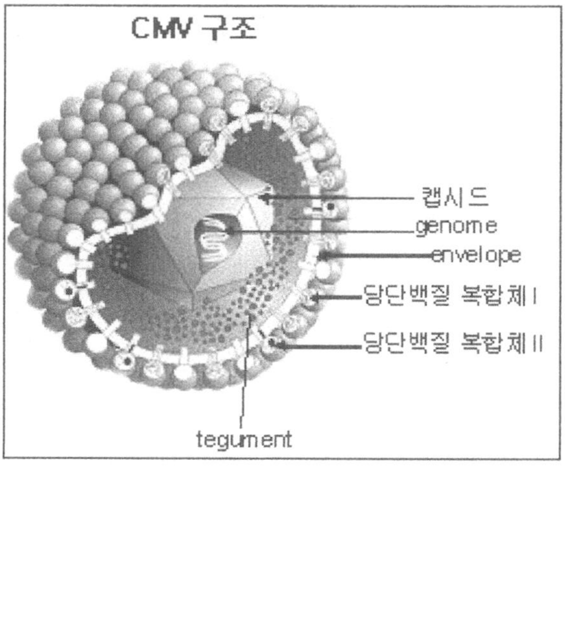

1. 선천성 감염

임신기간 중에 CMV에 감염되면 태아에 선천성 감염이 발생한다. 선천성 감염이 일어난 태아의 대부분은 출생할 때 정상아처럼 보이지만 나중에 난청(deafness)이나 정신장애(mental retardation)가 올 수도 있다. 선천성감염이 일어난 태아의 약 20% 정도에서 증상이 나타날 수 있는데, 드물게는 거대세포봉입체병(cytomegalic inclusion disease)을 나타내기도 한다. 이 질환의 증상은 황달, 간비종대(hepatosplenomegaly), 소두증(microcephaly)을 동반하며 정신지체를 나타내는 원인이 된다. 이 병은 매우 드물게 발생하기는 하지만 그 증상의 심각성 때문에 주의를 요한다.

2. 후천적 감염

소아에서 간염을 일으켜 간 비대(enlargement)와 기능부전을 일으키거나, 성인과 청소년에게는 단핵구증(mononucleosis)을 일으켜 말초혈액에 비정상적인 림프구가 나타난다. 장기이식을 받은 사람이나 면역이 저하된 사람에게는 폐렴, 망막염, 장염을 비롯하여 전신적 증상이 나타날 수 있다. 면역이 억제된 사람에게 CMV 감염은 현저히 증가하며 실제적으로 AIDS 환자는 거의 100%가 CMV의 항체를 보유하고 있다.

▣4. Epstein-Barr (EB) virus

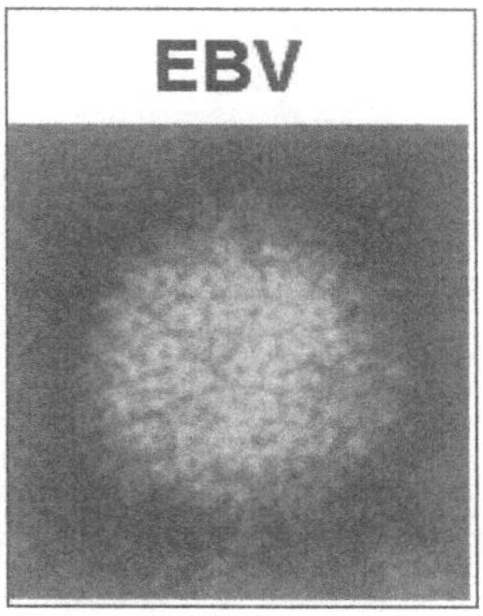

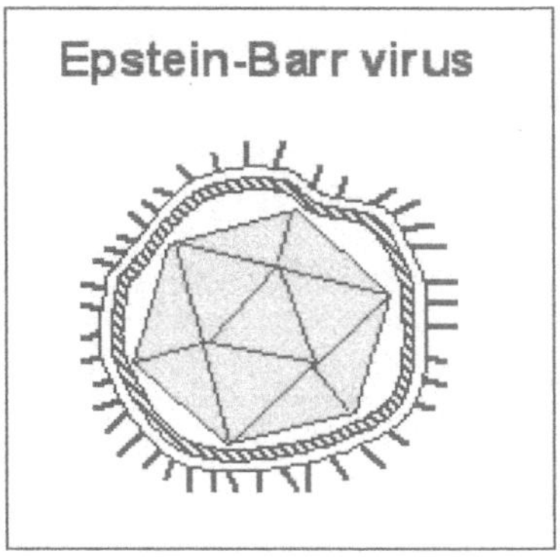

Epstein-Barr virus(EBV)는 전 세계적으로 분포하고 일차감염은 대개 6세 이전의 어린 나이에 무증상감염 형태로 일어난다. 일차감염 후에 바이러스는 B세포에 잠복하게 되며 재활성화가 일어나면 타액에서도 바이러스가 발견되며 키스(kiss)에 의해서 전파된다. EBV에 의한 질환은 일차감염에 의한 것과 바이러스의 재활성에 의한 것으로 구분하여 생각할 수 있다.

1. 일차감염에 의한 전염성단핵구증

위생상태가 좋은 선진국의 경우는 EBV에 대한 노출이 청소년기까지 지연이 일어나며 청소년기에 일차감염이 일어난다. 전염성단핵구증(infectious mononucleosis)은 감기와 유사한 증상을 나타내며, 열을 동반한 림프절종대(lymphadenopathy), 인후통(sore throat), 피로, 간기능이상 등의 특징을 나타낸다. EBV에 대한 항체가 감염기간동안 만들어지며, EBV-특이적 IgM 검출은 진단에 유용하게 사용된다.

2. B세포로의 잠복 및 재활성에 의한 질환

EBV는 B세포에 들어가 잠복하다가 다시 활성화될 수 있다. EBV의 genome DNA는 핵에서 에피좀(episome) 구조로 독립적으로 존재한다. 활성화에 의해 EB 핵항원(EBV nuclear antigen, EBNA)들이 발현하면 B세포는 연속적으로 분열할 수 있는 불멸화상태(immortalization)가 초래된다. 버키트림프종(Burkitt' s lymphoma)이 EBV 에 의하여 발생한다는 것이 1964년 Epstein과 Barr가 배양세포내에서 EBV DNA존재를 확인함으로써 증명이 되었다. 버키트림프종은 주로 적도부근의 아프리카에서 많이 일어나는데, 이 환자들에서는 높은 수준의 EBV 항체가 발견되어진다. 그러나 높은 수준의 EBV 항체는 전 세계적으로 정상인에서도 많이 나타나는 것이기 때문에 EBV 외에 다른 cofactor가 림프종을 일으키는데 작용할 것이라고 추정하였다. 버키트 림프종이 발생하는 지역은 말라리아가 유행하는 지역인데, 말라리아로 인한 세망내피계(reticulo-endothelial system)의 자극이 EBV 감염에 대하여 비정상적인 반응을 일으킴으로써 악성의 형질전환을 초래하는 것으로 알려진다. 또 중국의 남부지방에서는 비인두암(nasopharyngeal carcinoma) 이라는 악성종양이 많이 발생하는데 이 암의 상피세포에서 EBV의 DNA가 발견되는 것으로 암의 발생에 EBV가 관여하고 있다는 확신을 갖게 되었다.

24장. 레트로바이러스

여러 가지 동물실험을 통하여 암(백혈병, 육종)의 원인으로 생각되었던 레트로바이러스로부터 Temin과 Baltimore는 레트로바이러스의 유전물질은 RNA이며 RNA로부터 DNA를 합성할 수 있는 역전사효소(reverse transcriptase, RT)를 가진다는 사실을 밝혀냈다. 'retro'라는 이름은 이 바이러스가 역전사효소를 가지고 있기 때문에 붙인 것이다. retrovirus family는 바이러스의 특성에 따라 다시 oncovirus, lentivirus, spumavirus의 세 개의 subgroup으로 나누어지는데, 이 가운데서 인간에게 중요성이 있는 것은 'Oncovirus (onco는 암을 의미함)'와 'Lentivirus (lenti 는 느리다는 의미로 이 바이러스가 일으키는 질환이 긴 잠복기를 갖는다는 데서 유래함)'이다. Oncovirus는 사람에서 암을 유발할 수 있는 바이러스로서 대표적인 것으로 HTLV(Human T-cell lymphotropic virus)-I과 -II가 있다. Lentivirus는 직접적으로 암을 일으키지는 않으며 사람에 후천성면역결핍증(Acquired Immune Deficiency Syndrome, AIDS)을 일으키는 HIV(Human Immunodeficiency Virus)가 대표적인 예이다.

Retrovirus의 종류

Subfamily	Morphology	Examples
Oncoviruses	Type A	Intracisternal A Particles (non-infectious)
	Type B	Mouse Mammary Tumor Virus (MMTV)
	Type C	Avian Sarcoma and Leukemia
		Murine Sarcoma and Leukemia
		Human T-cell leukemia virus (HTLV)
	Type D	Mason Pfizer monkey (MPMV)
Lentiviruses		HIV, SIV
Spumaviruses		Human Foamy virus

* *oncovirus는 모양에 따라 A-D형으로 나눔*

▣1. 레트로바이러스의 특징

레트로바이러스는 외막(envelope)을 가지며 직경은 약 80-100nm 이다. 외막의 표면에는 바이러스의 당단백질을 가지며 캡시드는 구형(icosahedral) 대칭으로 되어있다. 캡시드 안에는 바이러스의 genome인 양성의 단일가닥(+) RNA가 뉴클레오캡시드 단백질(nucleocapsid, NC), 역전사효소(reverse transcriptase, RT) 등과 core를 형성하고 있다. 하나의 바이러스 입자 안에 두 분자의 동일한 genome을 가지고 있어 diploid(이배체)를 이룬다. 바이러스의 RNA genome의 크기는 7-11kb이며 기본적으로 세 가지 유전자를 가진다. 유전자의 배열순서는 5′-*gag*-*pol*-*env*-3′ 으로, *gag*(group-specific antigen)는 뉴클레오캡시드를 구성하는 단백질, *pol*은 역전사효소를 비롯한 바이러스의 효소, *env*는 바이러스의 외막에 존재하는 당단백질(glycoprotein)을 코딩한다. 많은 oncovirus는 이 세 가지 유전자 외에 암을 유발하는 oncogene(암유전자, *onc*)을 추가로 갖는다.

▣2. 레트로바이러스의 역전사과정

역전사는 reverse transcriptase에 의하여 진행된다. reverse transcriptase는 중합기능뿐만 아니라 핵산분해기능(RNaseH 활성)도 같이 가지고 있다. 먼저 RNA genome의 PBS(primer binding site, 16-18 염기 길이로 U5 다음에 존재)에 숙주세포의 tRNA가 결

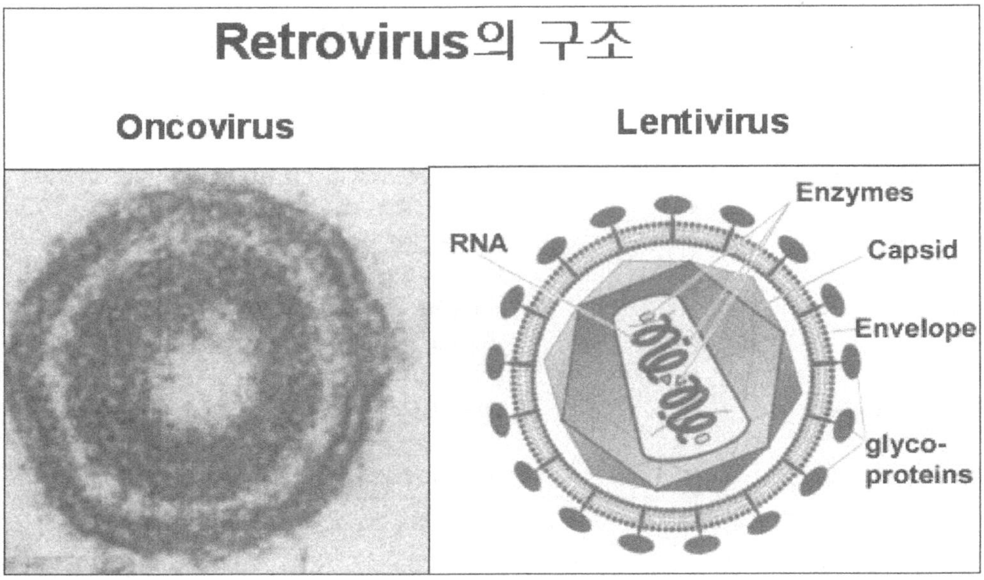

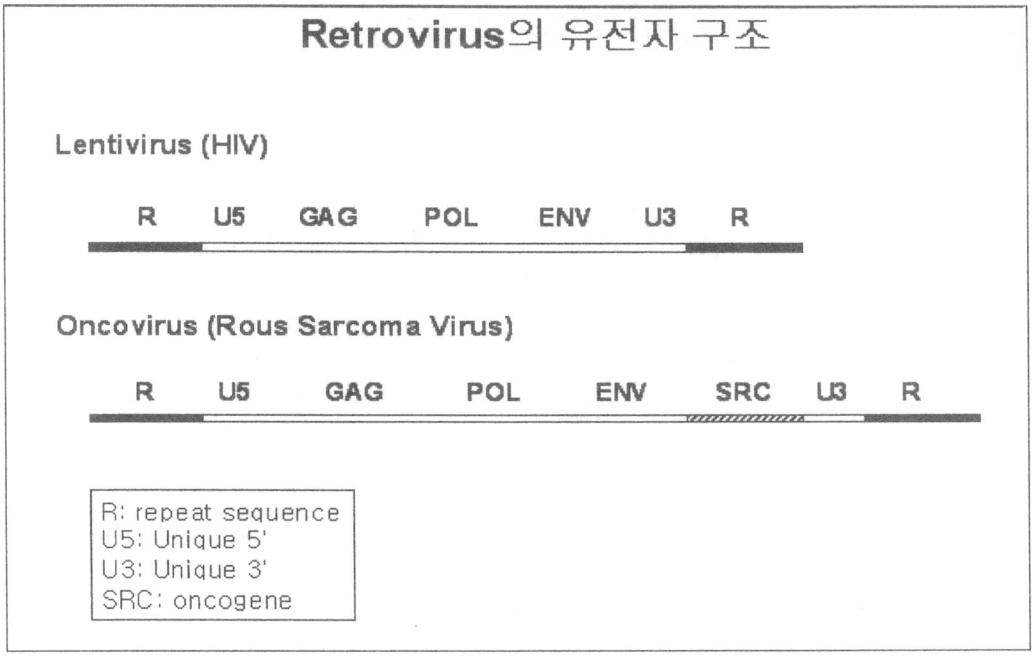

합함으로 tRNA를 primer로 하여 U5-R 부위가 역전사 된다(다음 페이지의 그림 A). U5와 R의 합성이 일어난 다음, RNA genome은 5′ 말단으로부터 분해가 시작되며, 분리된 U5-R 부분은 RNA genome의 3′ 말단 쪽의 R부위와 상보적으로 결합한다(그림 B). R부위로부터 바이러스 genome을 주형으로 하여 음성(-)가닥의 DNA를 합성한다(그림 C). 역전사효소의 RNase H 활성은 (+P)구역[양성가닥(+) DNA를 합성할 때 프라이머 역할을 함]을 제외한 모든 RNA 부분을 제거한다(그림 D).

다음은 음성(-) DNA가닥을 주형으로 하여 양성(+) DNA가닥을 합성하는 단계이다. (+)P를 양성가닥 DNA 합성의 프라이머로 삼아 U3-R-U5 부분을 합성한 뒤 (+)P를 포함한 RNA 부분은 모두 제거된다(그림 E). U3-R-U5 부분은 음성 DNA가닥의 3′ 말단 쪽으로 두 번째 jump를 하여 PBS부분에 상보적으로 결합이 일어난다(그림 F). 이제부터는 양쪽 방향으로 합성이 일어나는데, 음성가닥 DNA는 U3-R-U5 부분을 완성하고, 양성 DNA 가닥은 음성가닥 DNA를 주형으로 하여 나머지 부분(GAG에서 U5까지)을 완성한다(그림 G).

역전사를 통해 만들어진 이중가닥의 DNA는 바이러스의 RNA genome과 완전히 일치하지는 않는다. DNA 이중가닥은 RNA genome보다 약간의 길이가 늘어난 상태인데, 5′ 말단에는 U3 부분이, 3′ 말단에는 U5 부분이 새롭게 첨가된 상태이다. 그렇게 해서 양쪽 말단에는 U3-R-U5 부분이 동일하게 생성되는데 이 부분을 'LTR(long terminal repeat)' 이라고 부른다. LTR 부분은 강력한 조절기능을 가진 부위로 유전자의 전사를 시작하고 종료하는

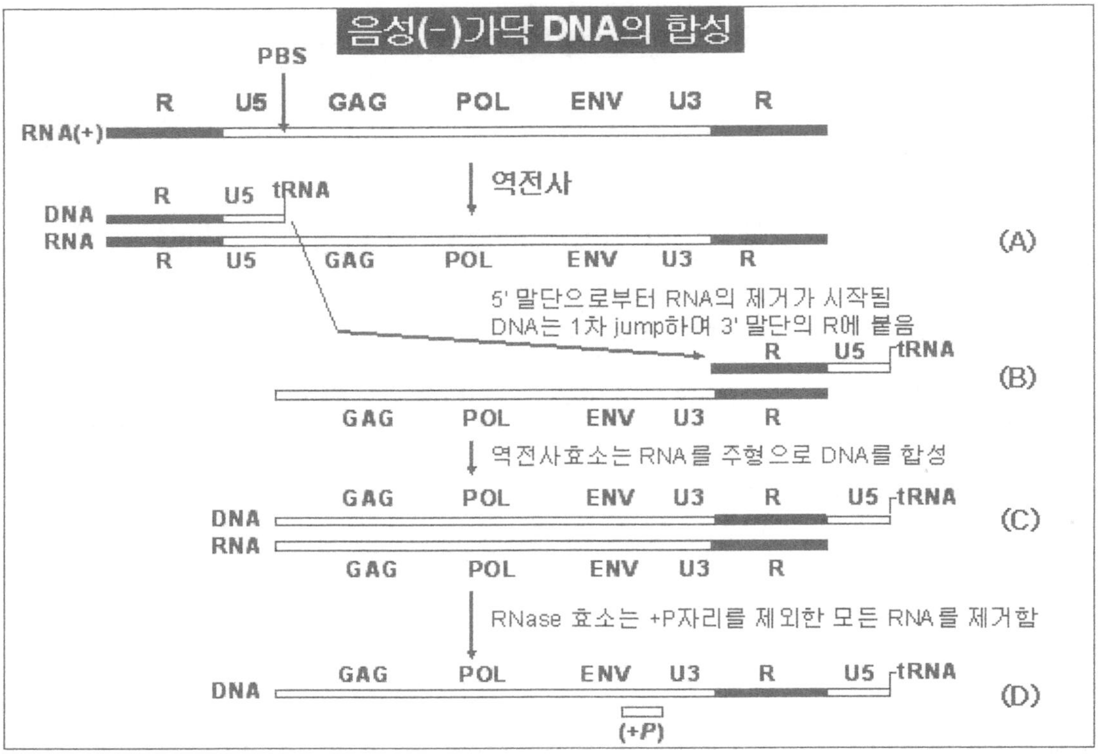

역할을 한다. 양쪽 부분으로부터 전사를 시작할 수 있으나 바이러스의 유전자는 5′ 말단에서 전사가 시작되고 3′ 말단에서 종료된다.

▣3. 레트로바이러스의 삽입

세포질에서 역전사를 통해서 만들어진 이중가닥의 DNA를 '프로바이러스(provirus)' 라고 부른다. provirus는 핵으로 이동하여 숙주세포의 염색체사이에 끼어들어감으로써 숙주세포 유전체의 일부가 된다. provirus의 삽입에는 LTR부위가 중요한 역할을 하는데, LTR 말단과 숙주세포의 DNA가 엇갈린 형태로 절단이 일어나 각각 연결되고 'gap-filling(간극 채움)'이 일어난다. 이러한 반응에는 *pol* 유전자에 의해 만들어지는 'integrase'가 관여한다. 이러한 기작으로 말미암아 provirus의 삽입이 일어난 양 끝에는 'direct repeat'의 염기서열이 생성된다.

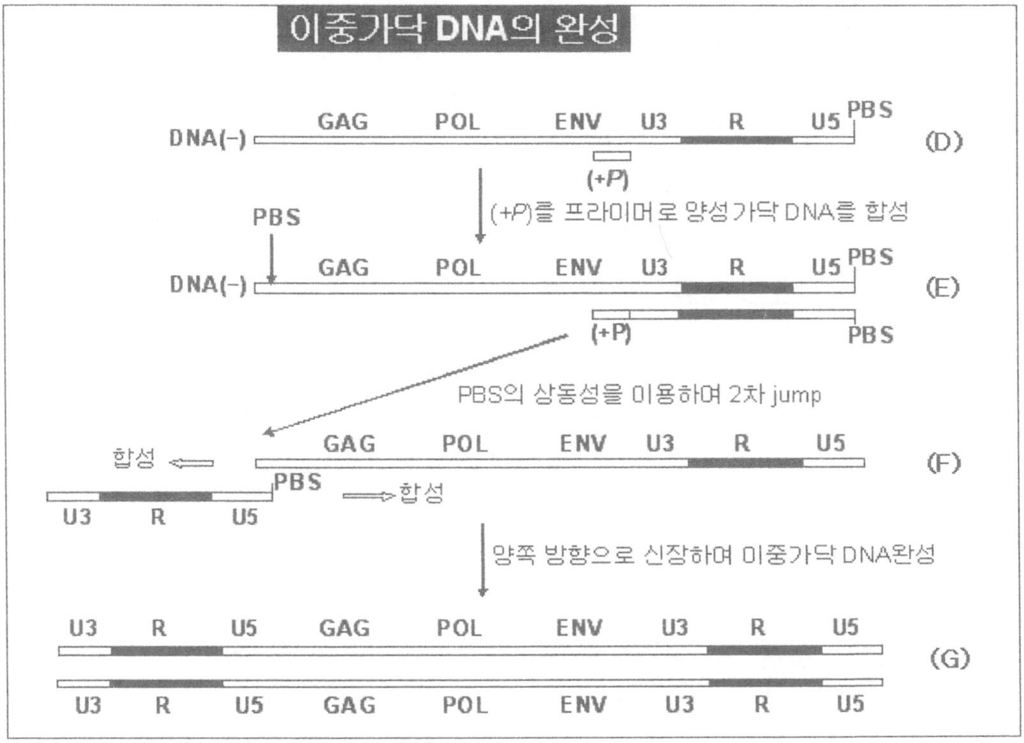

▣4. 레트로바이러스의 유전자발현

레트로바이러스의 RNA genome은 역전사효소에 의해 이중가닥 DNA로 전환되어 숙주세포 DNA 사이에 삽입되며, 이와 같은 상태를 provirus 라고 부른다. provirus 상태에서는 숙주세포의 전사효소에 의한 transcription을 통하여 바이러스 genome과 mRNA를 생산할

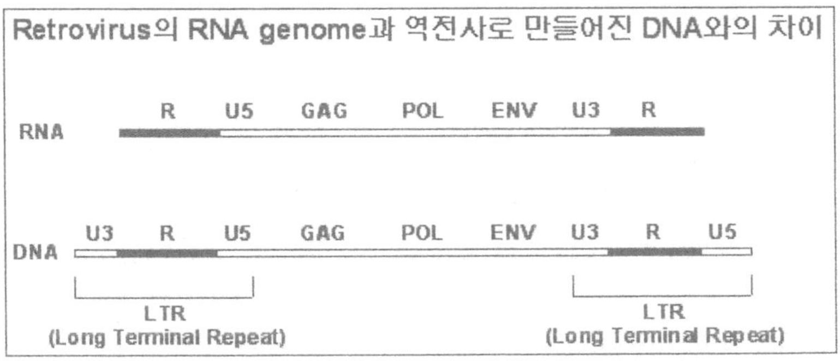

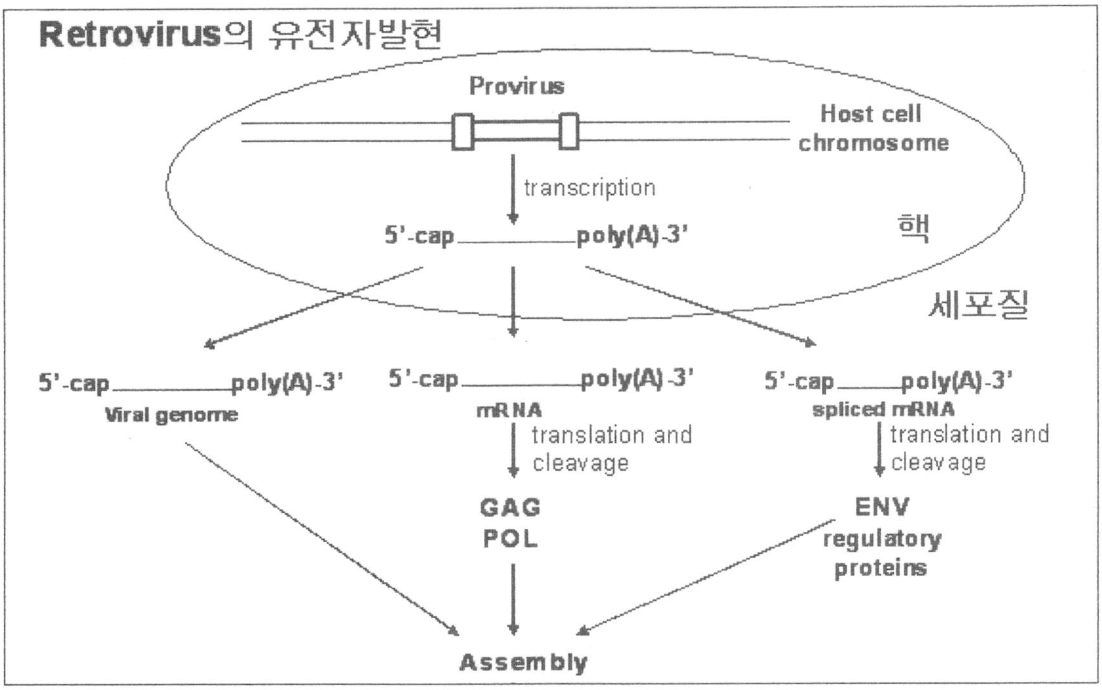

수 있다. LTR부위를 포함한 전체가 하나의 전사체로 만들어지고 5′ 말단과 3′ 말단에는 capping과 polyadenylation이 일어난다. 일부의 mRNA는 숙주세포의 기작에 의하여 splicing이 일어난다(ENV 단백질은 1번의 스플라이싱을 거치며, 다른 조절단백질들은 2번의 스플라이싱을 거친다). 전체 길이의 mRNA가 해독될 때 대부분의 경우는 GAG 단백질(구조단백질)의 종결코돈에서 멈추게 된다. 그러나 약 5%의 확률로 리보좀이 GAG 단백질을 해독한 다음, reading frame을 전환함으로써 GAG와 POL 단백질이 연결된 폴리프로테인이 만들어지고 절단에 의해 분리된다. POL 단백질은 5% 정도의 적은 해독으로도 사용하기에 문제가 없다.

▣5. HIV

인간 면역결핍 바이러스(Human Immunodeficiency Virus, HIV)는 Retrovirus family의 lentivirus에 속하며 오랜 잠복기가 특징인 후천성면역결핍증(AIDS, 지발성감염)을 일으킨다. HIV는 보조T세포(CD4) 또는 CD4를 표면에 나타내는 macrophage, dendritic cell 등을 특이적으로 감염하여 증식하며, 출아(budding)를 통해 바이러스 입자가 외부로 방출된다. 이러한 과정에서 면역세포가 사멸되거나, 인접세포와의 융합에 의하여 다핵성 합포체

HIV에 의한 Syncytium 형성과정

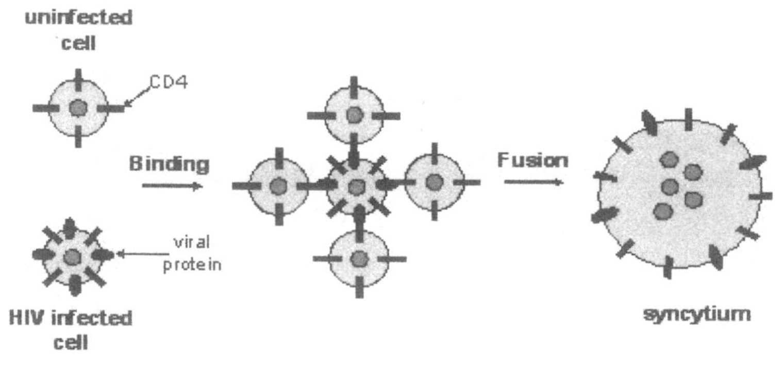

(syncytium) 형성을 통하여 점차적으로 면역기능이 약화하게 된다. 면역기능이 약화되면서 정상적 면역기능이 있을 때는 전혀 문제가 되지 않던 감기, 폐렴, 암, 기타 병원체의 감염 등에 의해 사망에 이르게 된다. HIV에는 HIV-1과 HIV-2의 두 종류가 발견되었는데, 세계적으로 확산되어 있는 AIDS환자 대부분이 HIV-1에 의한 감염이며, HIV-2는 서부 아프리카를 중심으로 발견되며 병독성이 HIV-1보다 약하다.

▣6. HIV의 유전자발현 조절

HIV의 유전자발현은 매우 복잡한 방식으로 이루어진다. 역전사에 의하여 만들어진 LTR은 provirus의 삽입에 의하여 세포유전자의 일부가 된다. LTR은 매우 강력한 promoter

LTR 부위에 작용하는 전사인자들

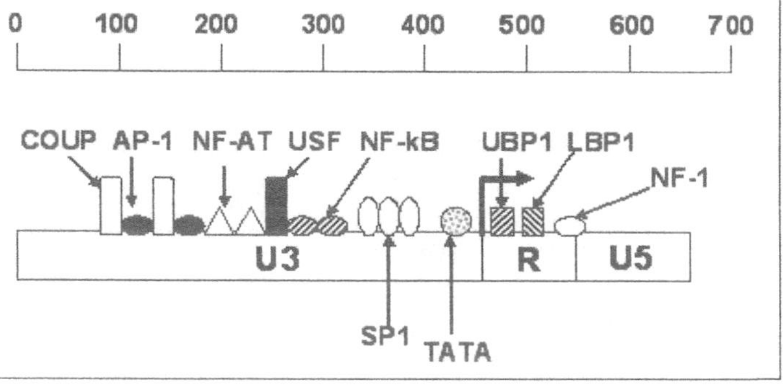

역할을 하며 세포와 바이러스에 의해 만들어진 *trans*-acting 전사인자들과 상호작용 한다. LTR 부위에는 여러 종류의 세포성 전사인자들이 결합할 수 있는 *cis*-element가 존재하며 숙주의 RNA polymerase II와 함께 전사를 일으키게 된다. 수많은 종류의 전사인자의 결합 자리가 존재한다는 것은 여러 종류의 자극을 통하여 활성화가 일어날 수 있음을 의미한다. 그러나 세포성 전사인자 뿐 아니라 HIV 자신도 바이러스 유전자의 발현에 영향을 주는 단백질을 만들어 조절에 관여하고 있다.

HIV TAT 단백질은 모든 mRNA의 5'말단에 형성된 stem-loop 구조[TAR (trans-activation response) element]에 결합함으로써 RNA polymeraseII에 의한 전사효율을 증가시키며, 전사가 미성숙으로 종료되는 것을 억제하는 전사활성인자(transactivator)로서 작용한다. TAT 단백질은 전사(transcription)를 전체적(viral genome, early transcription, late transcription)으로 촉진하지만, REV 단백질은 gag, pol, env처럼 바이러스 입자 형성에 필요한 구조단백질의 합성만을 조절한다. *rev* 유전자의 돌연변이를 가진 HIV는 *gag-pol*, *env* mRNA를 만들지 못한다. *tat*는 양성되먹임작용(positive feedback)에 의하여 조절이 되는데 반하여 *rev*는 음성되먹임작용(negative feedback)에 의하여 *tat*와 *rev* 유전자를 조절한다. REV 단백질이 결합하는 *cis*-element가 *env* 유전자 근처에 위치하는데 RRE(rev-

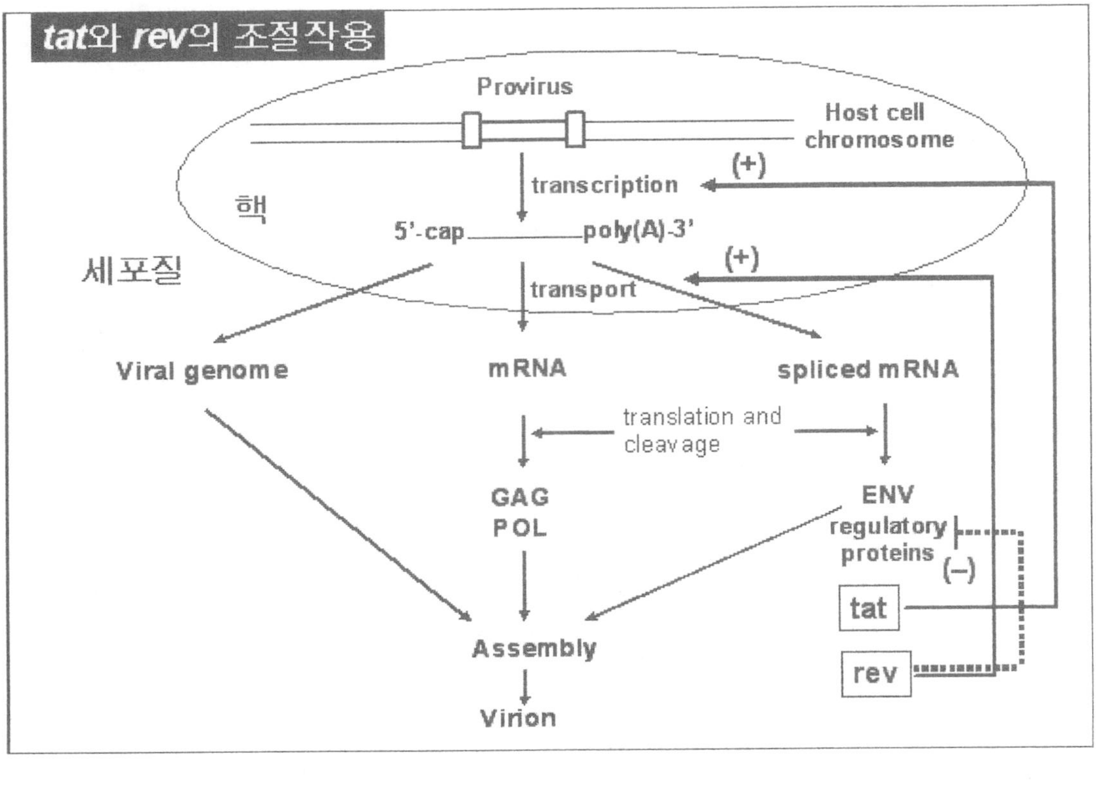

responsive element)라 부른다. REV 단백질이 결합함으로써 mRNA를 안정화시키고, 전사체가 핵에서 세포질로 잘 이동하도록 도움으로써 구조단백질의 합성을 촉진한다. REV 단백질은 두 번 이상의 splicing에 의해서 만들어지는 초기의 regulatory mRNA의 합성은 억제한다.

6부

바이러스와 암

제 25장. DNA 종양바이러스

종양바이러스에 대하여 설명하기 전에 종양이 무엇인가부터 알아보기로 하자. '종양'이란 조직의 자율적인 과잉성장을 말하며, 개체에 의의가 없거나 이롭지 않을뿐더러 정상조직에 대하여 파괴적인 것이다. 쉽게 정리하자면 종양이란 우리 몸속에서 새롭게 비정상적으로 자라는 세포의 덩어리(neoplasia)라고 볼 수 있다. 종양은 다시 양성과 악성으로 나누는데, 양성종양(benign tumor)은 비교적 서서히 일정한 속도로 성장하며 다른 기관으로 전이하지 않으며 일반적으로 신체기능에 큰 장애를 일으키지는 않는다. 반면에 악성종양(malignant tumor)은 불규칙하고 빠르게 성장하며 정상적인 조직을 침윤하여 주변기관으로 퍼져나가 새로운 종양을 형성할 수 있고 신체기능을 치명적으로 파괴한다. 악성종양을 '암(cancer)'이라고 부른다. 암이란 개체의 필요성에 따라 조화롭게 그리고 절제 있게 조절되는 정상세포와는 달리, 조직의 필요성을 무시하고 자신만의 무제한적 증식을 통하여 개체의 목숨까지도 위협하는 무서운 병이다. 암을 일으키는 요인에는 유전적 그리고 환경적 요인 등 여러 가지가 있으며, 일부 바이러스가 암의 발생에 관여함이 밝혀졌다.

그러면 왜 바이러스는 종양을 일으킬까? 바이러스는 유전정보인 핵산과 이것을 보호하는 단백질로 구성되어있으며, 세포로서 갖추어야 할 기본적인 생합성과 에너지대사에 필요한 효소시스템을 결여하고 있다. 그러므로 세포에 침입하여 숙주가 가지는 효소들을 사용해야만 자손 바이러스를 생산할 수 있는 '절대적 기생체(obligate intracellular parasite)'에 해당된다. 결국 숙주세포가 존재하지 않는다면 바이러스도 존재할 수 없음을 의미한다. 더욱이 바이러스가 더 많이 생기기 위해서는 더 많은 숙주세포를 필요로 한다. DNA 종양바이러스의 경우, 바이러스 핵산의 복제에 숙주의 DNA 복제관련 효소들이 많이 필요하기 때문에, 바이러스는 숙주세포의 정상적인 조절 기구를 교란시켜 세포주기(cell cycle)의 S기로 진입하도록 촉진함으로써 무분별한 세포증식을 초래하는 것이다.

▣1. DNA 종양바이러스

여러 종류의 실험동물을 사용한 실험에서 암을 일으킬 수 있다고 알려진 바이러스군으로 파포바바이러스(papovavirus), 아데노바이러스(adenovirus), 레트로바이러스(retrovirus)

등이 있는데 파포바바이러스와 아데노바이러스는 바이러스의 genome이 DNA이기 때문에 'DNA 바이러스'라 부르며, 레트로바이러스는 genome이 RNA이기 때문에 'RNA 바이러스' 로 분류한다. 사람의 경우는 실험의 대상으로 사용할 수 없으므로 자연적으로 발생하는 암에서 바이러스의 genome이 검출되는지 그리고 그 외의 관련성을 조사한 결과 EB(Epatein-Barr) virus, B형 간염 바이러스(HBV), 인간 파필로마 바이러스(HPV) 등이 사람에서 암을 유발하는 것으로 증명되었다. DNA 바이러스가 허용적인(permissive) 숙주를 감염하였을 때는 새로운 바이러스 입자가 생산되는 생산적 감염(productive infection, lytic cycle)이 일어난다. 그러나 숙주세포가 비허용적(nonpermissive)이거나 바이러스 입자를 형성하는데 어떤 결함이 존재한다면 바이러스의 초기유전자(early gene)의 발현은 일어나지만 바이러스입자는 만들어지지 않는 비생산적 감염(nonproductive infection)이 일어난다. 이러한 경우는 매우 낮은 빈도(10^{-5})로 발생하는데, 숙주세포의 파괴는 일어나지 않고 바이러스의 초기단백질의 발현에 의하여 세포의 특성이 변할 수 있다(transformation). 이렇게 변형이 일어난 세포는 형태적으로 원래의 세포가 지니던 고유의 특성이 사라지며, 정상적인 증식조절 기능, 바닥에 부착하는 성질, 'contact inhibition' 능력 등의 상실이 일어나고 성장인자 요구성(growth factor requirement)도 감소하게 된다.

▣2. DNA 종양바이러스의 형질전환기작

DNA 종양바이러스에 의한 형질전환은 발현된 바이러스의 초기단백질과 세포성 단백질과의 상호작용의 결과로 나타나게 된다. 정상적인 세포는 '종양억제유전자(tumor suppressor gene)'라는 것을 가지고 있어서 비정상적인 세포분열을 억제할 수 있는 체계가 있다. 이러한 기능을 하는 대표적인 유전자로서 p53과 pRb를 들 수 있는데 이들은 세포주기와 세포사멸을 조절하는 기능을 갖는다. DNA 바이러스의 초기단백질 중에는 이러한 종양억제 단백질과 결합함으로써 정상적인 세포방어기작의 하나인 종양을 억제하는 기능을 불활성화 시킨다. 이와 같은 기능을 할 수 있는 바이러스의 유전자를 '암유전자(oncogene)' 라고 부른다.

1. 종양억제유전자 p53과 pRb의 역할

사람의 p53 단백질은 393개의 아미노산으로 구성되어 있으며 그 기능은 전사를 조절하는 전사인자(transcription factor)로서 여러 종류의 유전자 발현 조절에 관여하고 있다. 세포가 여러 가지 위험요소들에 의하여 DNA 손상이 일어나면 p53의 수준을 증가시키고, p53은 다시 세포주기의 정지, 세포사멸, 노화 등에 관여하는 유전자 발현을 증가시킴으로써 세포분열을 정지시키고 DNA손상을 수선하는데 모든 힘을 집중하게 하므로 유전체의 안정성

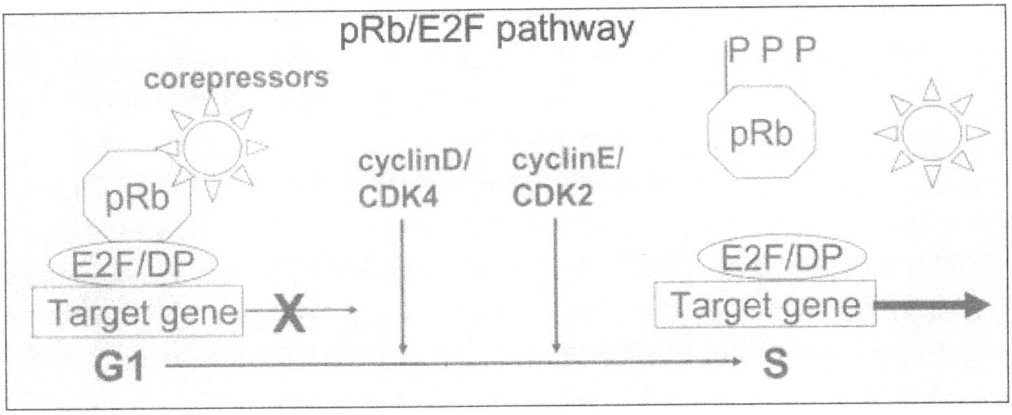

을 보존하도록 한다. 이러한 이유로 p53에 '유전체의 수호자' 또는 '유전체의 수호천사'라는 별명을 붙이게 되었다. p53은 다기능(multi-functional) 단백질인데 그 중 가장 중요한 역할의 하나는 사이클린-의존적 키나제(cyclin-dependent kinase, CDK)의 저해제인 p21WAF1/Cip을 유도하는 것이다. p21WAF1/Cip은 PCNA(proliferating cell nuclear antigen)에 결합하여 DNA복제를 억제하는 기능을 하며, p21WAF1/Cip을 대량으로 발현시키면 p53 수준을 증가시켰을 때와 유사하게 세포주기의 정지를 일으켰다. 세포주기의 정지는 유전체가 안정성을 갖도록 하는데 중요한 역할을 한다. 예를 들어 세포분열을 시작하는 세포에 DNA손상이 포함되어 있을 경우, 그대로 놔두면 잘못된 DNA를 지속적으로 복제할 것이며 이것은 매우 치명적인 결과를 초래할 수 있다. 이것을 방지하기 위해서는 분열 전에 점검할 기회를 주고 수선을 하도록 해야 한다.

pRb 유전자는 1988년 눈의 망막아세포종(retinoblastoma)이라는 암에서 돌연변이가 일어난 것이 처음으로 발견되었다. pRb 유전자는 여러 가지 다른 암에 있어서도 돌연변이가 발견되었는데, pRb는 세포주기의 G1기에서 S기로 진행하는 것을 억제한다. pRb와 복합체를 형성하는 전사인자 E2F는 세포주기의 G1기에서 S기로 진행하는데 필요한 유전자들의 전사를 촉진한다. G1기에서는 pRb는 저인산화상태로 존재하며, E2F와 복합체를 형성함으로써 E2F의 기능을 억제한다. 그러나 pRb가 사이클린D/CDK4와 사이클린E/CDK2 복합체의 작용에 의하여 인산화가 일어나게 되면, E2F는 pRb로부터 분리되어 나와 G1기에서 S기로 진행하는데 필요한 유전자전사를 촉진함으로써 S기에 들어가도록 한다.

2. 바이러스에 의한 종양억제유전자의 불활성화

종양을 일으킬 수 있는 바이러스들은 세포가 분열할 때만 자신들의 자손을 번창시킬 수 있기 때문에 세포분열을 억제하는 종양억제인자를 무효화시키는 방법을 가지고 있다. 그들

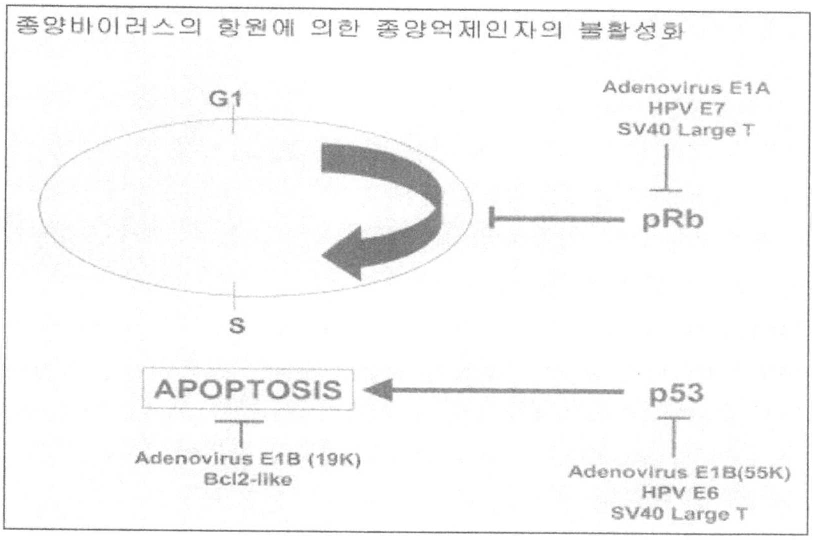

이 가지고 있는 단백질들은 p53과 pRb와 결합하여 그 기능을 마비시키고 세포분열을 유도할 수 있는 기능을 가지고 있다. 정상적인 p53과 pRb의 기능을 잃거나 손상이 일어나면 정상적인 세포주기의 조절이 일어나지 않아 무분별하게 세포증식이 일어나게 된다. pRb를 불활성화 시키는 바이러스 단백질에는 아데노바이러스의 E1A 단백질, HPV의 E7 단백질, SV40의 large T 항원 등이 있으며, p53 단백질을 불활성화 시키는 것에는 아데노바이러스의 E1B(55K) 단백질, HPV의 E6 단백질, SV40의 large T 항원 등이 있다.

바이러스가 숙주의 염색체와 결합되어 있지 않으면 점점 희석되어 형질전환이 유지되지 않으므로 안정적인 형질전환이 일어나기 위해서는 바이러스 genome의 일부 또는 전체가 숙주세포의 염색체에 삽입이 일어나야 한다. 바이러스 유전자가 염색체에 삽입되는 것은 무작위적(random)이다. 그러나 EB virus와 HPV(human papilloma virus)의 genome은 숙주세포의 염색체와 독립적인 에피솜(episome) 형태로 유지될 수 있다.

▣3. Papovavirus

파포바바이러스에는 papilloma virus, polyoma virus, simian vacuolating agent (SV40, polyomavirus의 한 종류)가 속하는데 이 세 바이러스의 이름으로부터 '파포바(papova)라는 이름이 유래되었다. 파포바바이러스는 외막을 가지지 않으며 정이십면체(icosahedral)대칭의 캡시드를 갖는다. 바이러스의 genome은 비교적 작은 크기(~5-8kb)의 이중가닥 DNA (circular형)로 구성된다.

1. 폴리오마바이러스(polyomavirus)

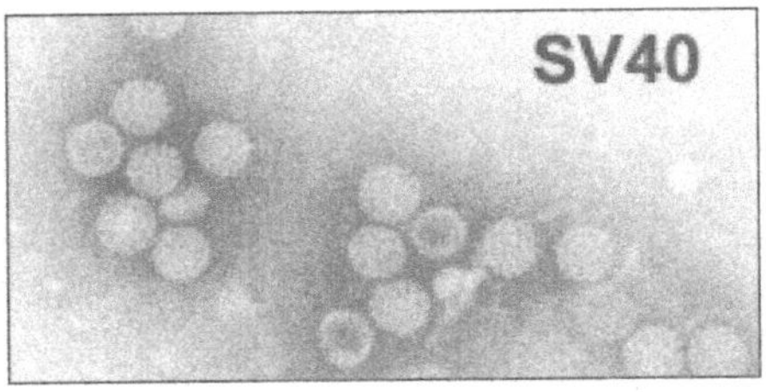

폴리오마바이러스의 일종인 SV40가 허용적(permissive) 숙주인 원숭이세포를 감염하면 증식을 통하여 세포의 용해를 일으킨다. 그러나 사람이나 쥐 세포와 같은 비허용적 숙주를 감염하면 세포의 형질전환을 일으키게 된다. 형질전환 세포에서는 바이러스의 초기단백질인 large T 항원과 small t 항원만이 발현되고 캡시드를 구성하는 후기단백질은 발현이 일어나지 않는다. large T 항원과 small t 항원은 세포의 형질전환이 유지되도록 돕는 역할을 한다. 동물에 있어서 여러 종양을 일으키는 폴리오마바이러스 경우는 세 종류의 항원 즉, large T, middle T 그리고 small t 항원을 만든다. SV40 에서는 large T 항원이 폴리오마바이러스의 large T와 middle T항원의 역할을 같이 수행한다.

단백질의 크기 (아미노산 수)			
바이러스	Large T 항원	small t항원	middle T항원
SV40	708	174	없음
폴리오마 바이러스	785	195	421

2. SV40의 large T 항원

Large T 항원(LT)은 초기유전자 발현으로부터 합성되며 초기발현으로 합성되는 large T(LT)와 small t 항원(ST)은 alternative splicing에 의하여 만들어지기 때문에 아미노말단의 일부 아미노산이 동일하다. 대표적인 초기단백질인 LT는 708개의 아미노산으로 구성되

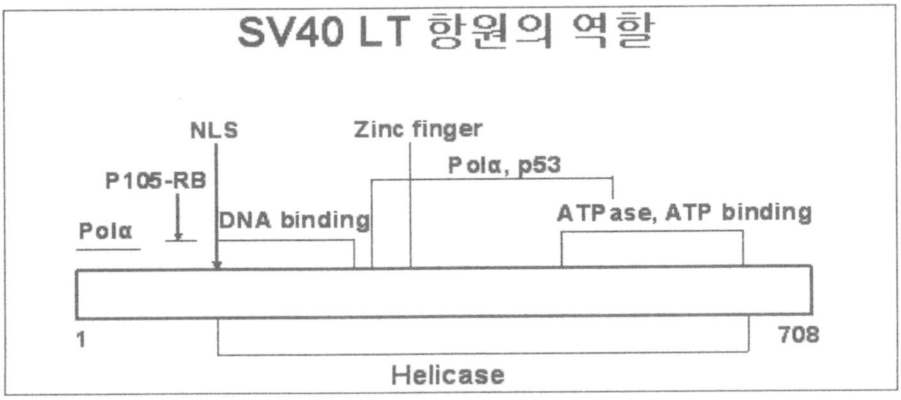

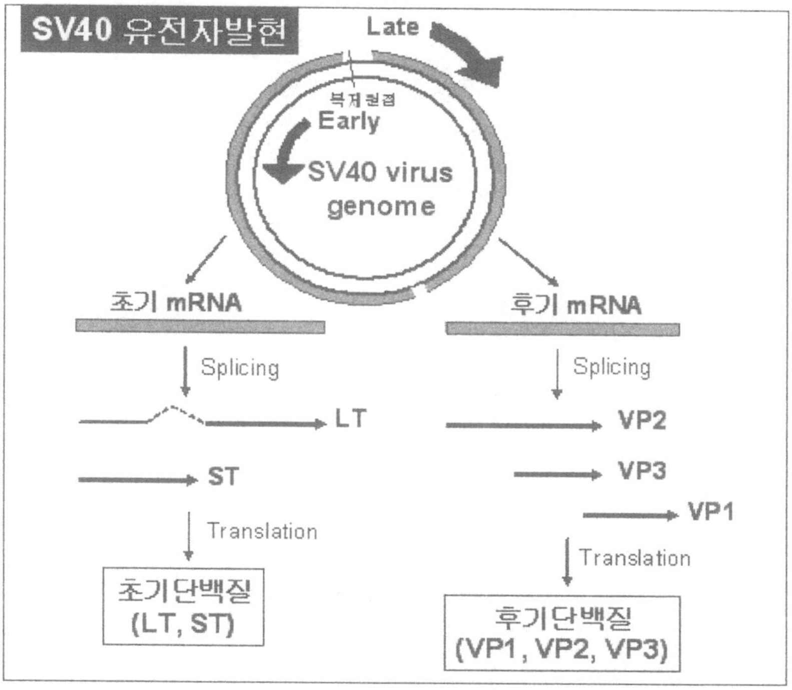

며, DNA 복제 유도와 후기mRNA 합성 촉진, helicase, ATPase 활성을 갖는다. 또 세포의 DNA polα와 결합하여 DNA 복제를 촉진하며, p53과 pRb 단백질과 결합할 수 있는 도메인을 가지고 있어 종양억제 단백질을 불활성화 시킴으로써 형질전환에 중심적인 역할을 한다. small t 항원은 174개의 아미노산으로 구성되며, ST는 형질전환에 필수적이지는 않으나 바이러스 DNA가 핵 내에 축적되도록 돕는 역할을 한다. 후기 mRNA로부터는 바이러스 캡시드를 이루는 후기단백질 VP1, VP2, VP3 가 합성된다.

3. 파필로마바이러스

인간 유두종바이러스(human papillomavirus, HPV)는 피부, 발바닥, 자궁을 비롯한 몸

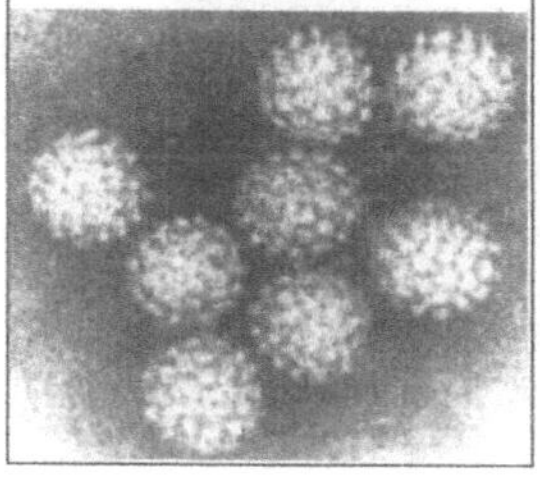

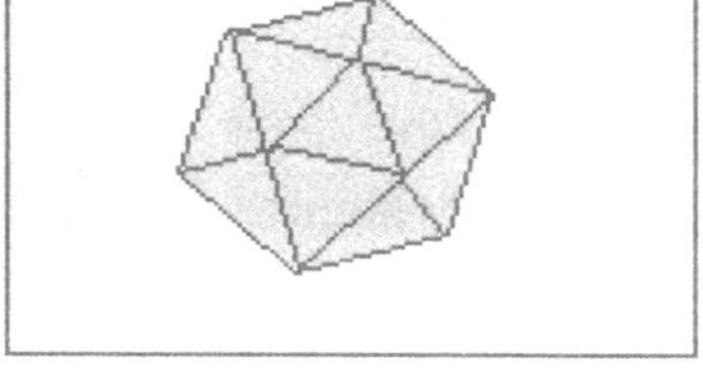

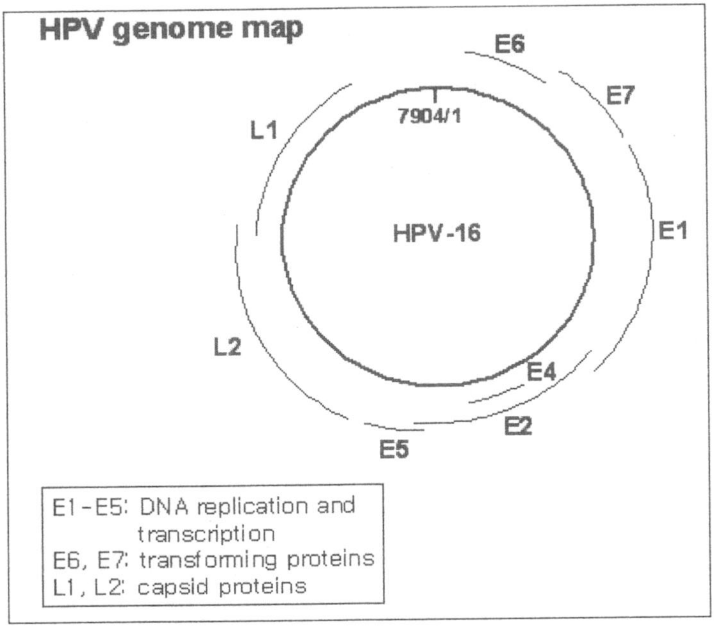

의 여러 곳에 사마귀(wart)를 일으킨다. HPV는 약 8kb의 환형(circular) 이중가닥 DNA를 genome으로 가지며 외막은 존재하지 않는다. 적어도 50종 이상의 HPV가 존재하는데 대부분 사마귀와 같은 양성종양(benign tumor)를 일으키지만, HPV-16과 HPV-18 등은 악성종양과 관계가 있다. 실제로 자궁경부암 조직을 검사하면 HPV의 DNA(type 16 and 18)가 검출됨으로써 HPV가 자궁암 유발과 관련이 있다는 증거가 되고 있다. E6 단백질은 p53 단백질과 결합하여 p53의 분해를 유도하며, E7 단백질은 pRb와 결합하여 세포주기를 조절하는 pRb 기능을 불활성화 시킨다.

▣4. Adenovirus

아데노바이러스는 정이십면체 대칭의 캡시드(60-70nm)를 가지며 250개의 'hexon'과 12개의 'penton'으로 구성된다. 12개의 펜톤(penton)으로부터는 안테나 모양의 fiber가 나와 있다. 바이러스 genome은 linear의 이중가닥 DNA이며 DNA의 5′ 말단에

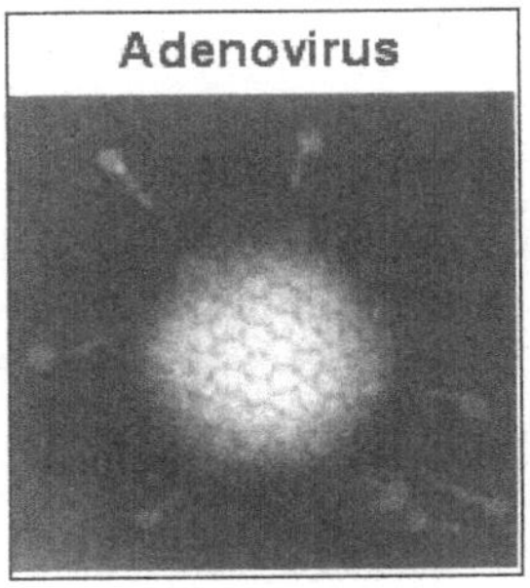

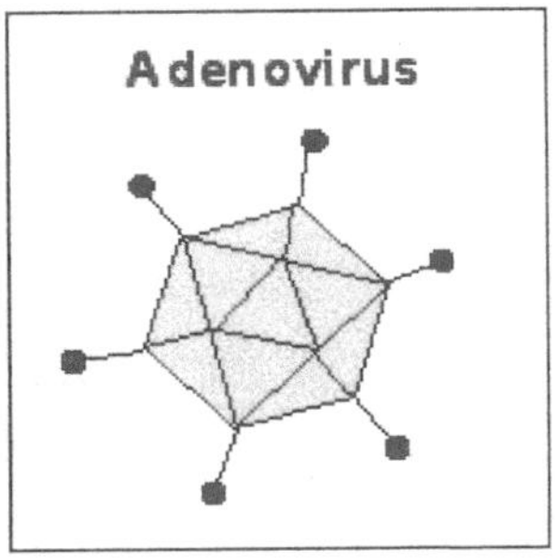

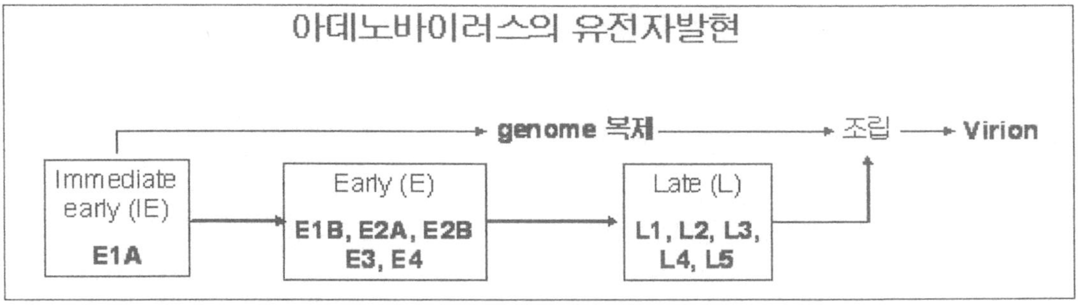

는 55kDa의 단백질이 결합되어 있다. 아데노바이러스는 호흡기질환과, 눈병, 바이러스성 장염 등 다양한 질환과 관련이 있다. 아데노바이러스의 E1A 단백질은 SV40의 large T 항원처럼 genome의 복제와 여러 초기단백질의 전사를 촉진하는 역할을 한다. 세포배양실험에서 형질전환을 시키기 위해서는 E1A 단백질만으로 가능하지만 실험동물에서 암을 발생시키기 위해서는 E1A와 함께 E1B 단백질도 함께 존재해야 한다. E1B 단백질은 형질전환에 직접적인 영향을 주기보다는 E1A 단백질수준을 높여주는 역할을 한다. E1A 단백질은 p105-Rb와 결합하여 Rb를 불활성화하며, E1B 단백질은 p53과 결합하여 p53을 불활성화 시킨다.

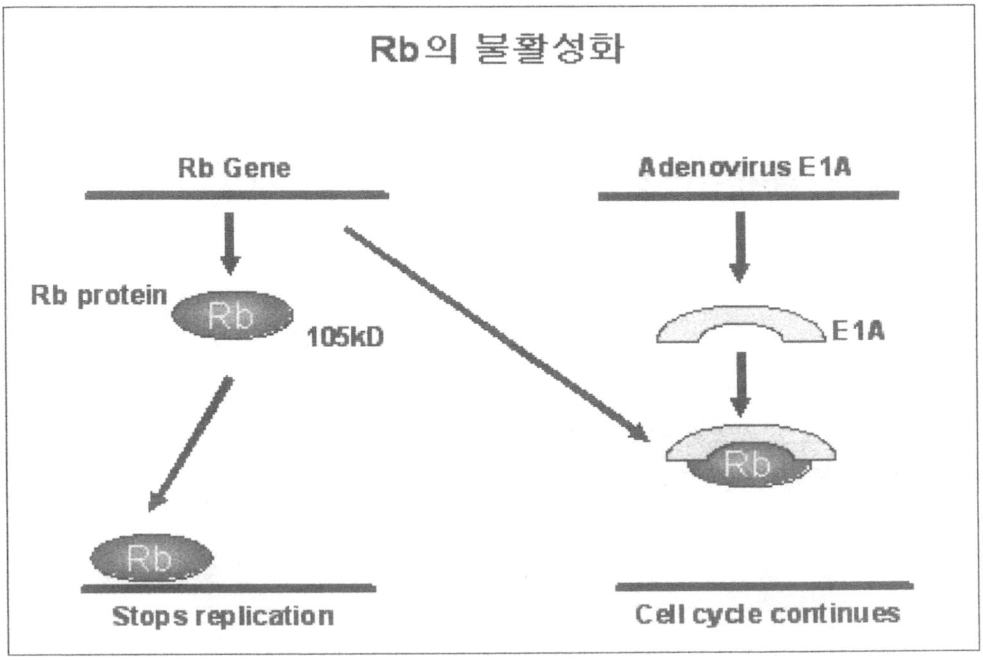

▣5. Epstein-Barr virus(EBV)

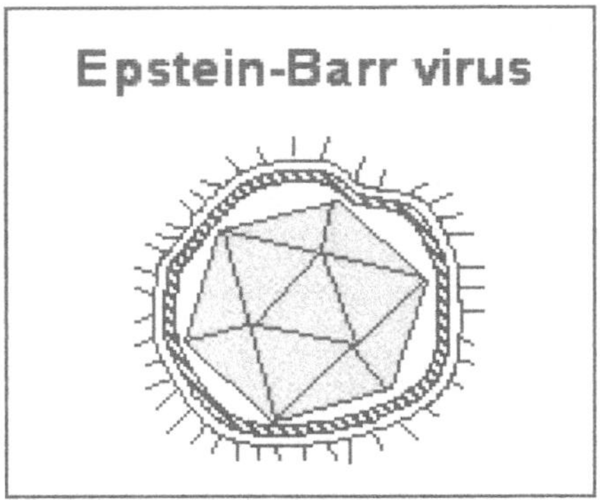

EB virus는 버키트림프종(Burkitt's lymphoma)과 비인두암(nasopharyngeal carcinoma)을 일으키는데 그 발암기작은 아직 명확하지 않다. 형질전환과 관련이 있다고 추정되는 EBV 유전자에는 EBNA(Epstein Barr Nuclear Antigen)-1과 LMP(Latent Membrane Protein)이 있다. EBNA1은 EBV episome의 유지에 필요하고 일부 episome을 세포 염색체에 삽입하거나 전좌(translocation)하는데 관련이 있다. EBNA-1의 transgenic mice에서 림프종 발생률의 증가가 관찰된다. LMP는 지속적으로 활성화된 수용체(constitutively activated receptor)로 작용함으로써 세포주(cell line)를 형질전환 시킬 수 있다. 세포성 단백질과의 결합을 통하여 p53에 의한 세포사멸(apoptosis)을 막으며, Rb 기능을 우회(bypass)할 수 있다. 또 다른 가능성으로 버키트림프종에서 일관성 있게 관찰되는 염색체의 전좌(translocation)가 형질전환에 영향을 줄 가능성이다. 8번 염색체에는 c-*myc*이라는 암유전자가 존재하는데 EBV의 감염에 의하여 14번 염색체의 immunoglobulin(Ig)-H가 있는 곳으로 옮겨지게 된다. B세포에서 가장 발현이 왕성하게 일어나는 것은 Ig 유전자로 이곳에 옮겨진 c-*myc* 유전자발현이 정상보다 1000배가량 증가하게 된다.

▣6. B형 간염바이러스(HBV)

B형 간염 바이러스는 간의 질환에 중요한 역할을 한다. 간염 바이러스의 만성 보균자는 비보균자보다 간암의 발생률이 100-200배 증가한다. HBV에 의해 간암이 발생하는 기전은 다음과 같은 세 가지 가능성을 생각해 볼 수 있다. 첫째는 바이러스의 genome이 세포의 염색체에 끼어 들어감으로써 삽입된 주위의 유전자를 활성화 또는 불활성화 시킴으로써 비정상적인 유전자 발현을 초래하는 것이다. 둘째는 HBV의 X 단백질(HBx)이 종양억제유전자 p53을 불활성화 시키고 다른 유전자들을 transactivation한다. 셋째는 HBV가 감염된 세포가 면역계의 공격에 의해 파괴되고 세포의 부족을 보충하기 위하여 세포분열이 촉진되며 이러한 과정에서 돌연변이가 초래되어 간암의 발생을 증가시킨다는 것이다.

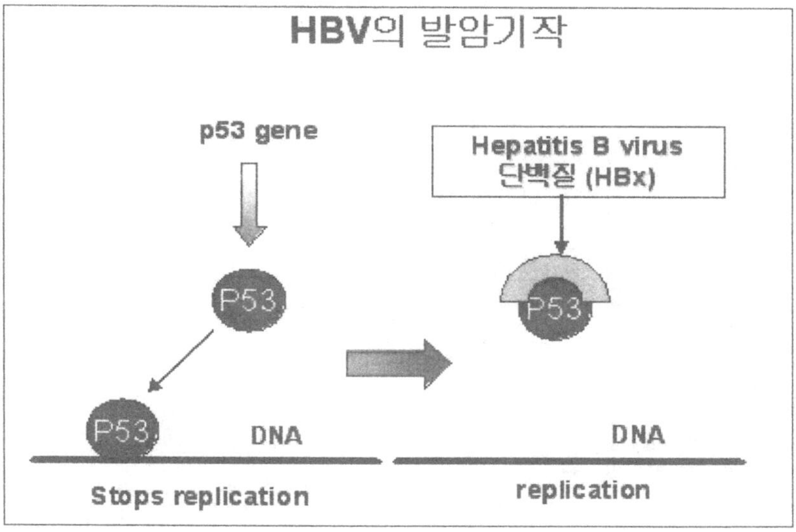

▣7. DNA 종양바이러스와 인간의 암

사람의 경우 동물처럼 실험대상으로 사용할 수 없기 때문에 바이러스에 의한 발암기작을 연구하기에 어려움이 있다. 그러므로 자연적으로 발생하는 암으로부터 바이러스와의 관련성을 추적하는 방법밖에는 없다. 바이러스에 의해 발생하는 암의 예로써 EBV에 의한 버키트림프종, HPV에 의한 자궁암, HBV에 의한 간암 등을 들 수 있다. 그 외에도 많은 DNA 바

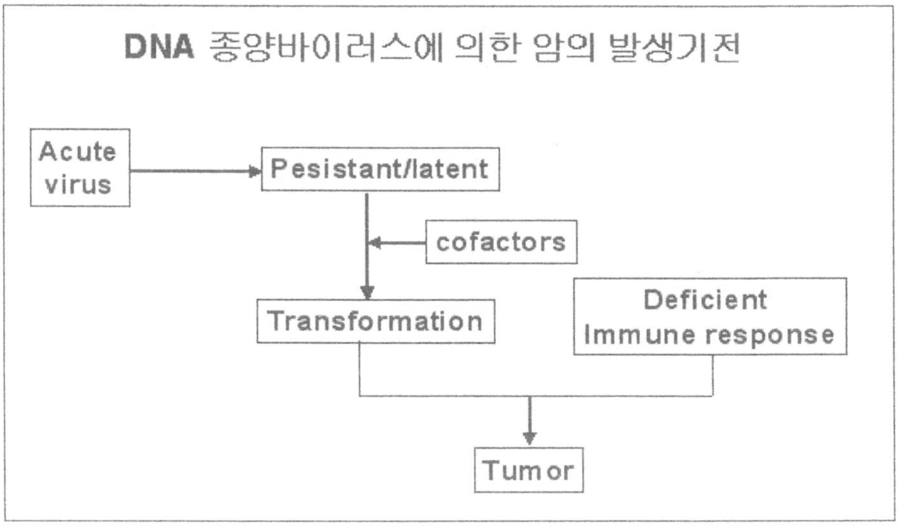

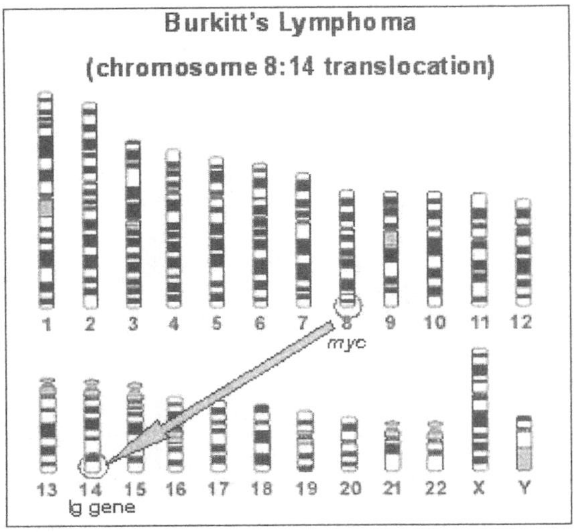

이러스들이 'hit-and-run(치고 도망가기)' 방식으로 종양을 형성한 다음, 흔적을 남기지 않고 떠나버리는 종류도 있을 것으로 추정한다. 바이러스의 감염은 초기에 급성, 지속성, 잠복성의 형태로 일어날 수 있다. 이 바이러스의 감염이 형질을 전환시키기 위해서는 보조인자(cofactor, 화학적 발암원 등)들이 요구된다. EBV의 경우를 예로 들어보면, EBV의 감염은 전세계적으로 많이 일어나고 있는 일이지만, 버키트림프종은 주로 적도근처나 열대의 말라리아가 많이 발생하는 아프리카 지역에서 일어난다. 이 경우는 말라리아가 버키트림프종 발생의 보조인자(cofactor)역할을 한 셈이다. 그리고 EBV의 감염, 말라리아의 감염이 있을지라도 정상적인 면역기능을 가지고 있는 사람이라면 림프종까지 진행되지는 않을 것이다. 면역기능의 저하가 일어난 사람들은 비정상적인 세포들을 제거하지 못하므로 악성종양이 발생하게 된다. 버키트 림프종에서 발견되는 중요한 유전적 변화는 8번 염색체의 말단부분(c-myc)이 14번 염색체(Ig gene)부분으로 전좌(translocation)가 일어나 c-myc 유전자가 지속적으로 발현된다는 것이다(그림).

26장. RNA 종양바이러스

DNA 종양바이러스에서는 여러 종류의 바이러스가 암을 일으키는데 반하여, RNA 바이러스에서 종양을 일으키는 것은 레트로바이러스(retrovirus) 한 종류뿐이다. DNA 종양바이러스의 경우에는 주로 비허용적(nonpermissive)인 숙주를 감염하여 바이러스 초기 유전자의 발현에 의해 합성된 발암 단백질(onco-protein)의 작용으로 형질전환이 일어나며 바이러스입자는 일반적으로 만들어지지 않는다. 그러나 RNA 종양바이러스에서는 허용적(permissive) 숙주를 감염하여 정상적인 자손 바이러스입자를 생산할 수 있다. 다시 말하면 DNA 종양바이러스와 RNA 종양바이러스의 발암기작에는 차이가 존재하는 것이다.

▣1. RNA 종양바이러스

1908년 Ellerman과 Bang은 닭의 백혈병으로부터 추출한 여과성 물질을 닭에 주사하였을 때 똑같은 백혈병이 일어난다는 것을 발견하였다. 1911년 Rous는 닭의 육종(sarcoma)으로부터 추출한 세포를 건강한 닭에 주사하였더니 육종이 발생하였고, 이 세포들을 여과한 액을 주사하였을 때에도 육종이 발생하는 것을 관찰하였다. 이로써 세균보다 더 작은 병원체가 암을 일으킬 수 있음을 증명하였다. 이 병원체는 Rous가 닭의 육종(sarcoma)으로부터 발견하였기 때문에 'Rous Sarcoma Virus(RSV)'라는 이름을 갖게 되었다. 1970년 Temin과 Baltimore는 레트로바이러스로부터 역전사효소(reverse transcriptase)를 발견하였다. 레트로바이러스가 가지고 있는 RNA genome은 DNA로 역전사가 일어나 숙주의 염색체에 삽입되어 세포가 분열한 후에도 딸세포로 전해지며 바이러스를 생성할 수 있다. 1979년 성인의 T-cell leukemia(T세포 백혈병)를 일으키는 레트로바이러스인 HTLV-1(human T-lymphotropic virus)이 최초로 발견되었다. RNA 바이러스에서 레트로바이러스만이 암을 일으킬 수 있고, 레트로바이러스는 다시 세 종류 즉, oncovirus, lentivirus, spumavirus로 분류되는데 이중에서 oncovirus만이 암과 관련이 있다. AIDS를 일으키는 HIV는 lentivirus에 속하며 형질전환과는 관계가 없고 면역세포를 죽여서 면역결핍을 유도한다.

RNA 종양바이러스가 암을 일으키는 기작을 세 가지 유형으로 나누어 생각해 볼 수 있다. 첫째는 RNA 종양바이러스의 genome에 암유전자(oncogene)가 포함되어 있는 경우, 바이러스 감염에 의해 암유전자가 발현되어 암 발생을 유도할 수 있다. 둘째로 RNA 종양바이러스가 암유전자를 지니고 있지는 않지만 RNA 종양바이러스가 세포의 DNA 중간에 끼어들어가고, 바이러스 양쪽 말단에 존재하는 강력한 프로모터인 LTR이 주위의 proto-oncogene의 발현을 비정상적으로 증가시키면 암의 발생을 유도할 수 있다. 셋째로 바이러스가 가지고 있는 미지의 단백질 X가 세포의 유전자와 바이러스의 유전자를 transactivation하여 발현을 비정상적으로 증가시킬 경우 암 발생을 유도할 수 있다.

▣2. RNA 종양바이러스의 암유전자

레트로바이러스 중의 oncovirus에는 여러 종류의 동물에서 암을 일으킬 수 있는 다양한 바이러스들이 속해 있다. Rous에 의해 1911년에 발견된 RSV는 바이러스에 의한 암을 연구하는 많은 실험실에서 지속적으로 연구가 이루어져, '*src*'라는 암유전자(oncogene)를 가지고 있다는 것이 Bishop과 Varmus에 의해 밝혀졌다. 레트로바이러스는 기본적으로 *gag-pol-env* 유전자를 가지는데 RSV는 여기에 '*src*'라는 암유전자를 부가적으로 가지고 있는 것이다. *src* 유전자로부터 만들어지는 단백질은 티로신(tyrosine)을 인산화시키는 티로신 단백질 인산화효소(tyrosine protein kinase)로 작용한다. tyrosine protein kinase는 세포막에 위치하여 외부로부터 성장인자(growth factor)의 신호를 받을 때 세포내의 표적 단백질을 인산화시키는 역할을 한다.

그러면 RNA 종양바이러스가 지니고 있는 암유전자는 과연 어디서 유래한 것일까? RNA 종양바이러스가 가지고 있는 암유전자와 유사한 형태의 유전자가 정상세포 안에도 존재하고 있음이 밝혀지게 되었는데, Bishop과 Varmus 등은 *src* 유전자를 프로브(probe)로 사용하여 혼성화(hybridization) 실험을 한 결과, 바이러스에 감염되지 않은 정상의 척추동물도 바이러스의 암유전자에 상응하는 유전자를 지니고 있음을 확인하였다. 이와 같은 정상적 세포의 유전자를 'proto-oncogene(원형 암유전자)' 또는 'c-*onc*(cellular oncogene)'라고 부르며, 바이러스가 지니는 암유전자는 'v-*onc*(viral oncogene)'라고 부른다. 'c-

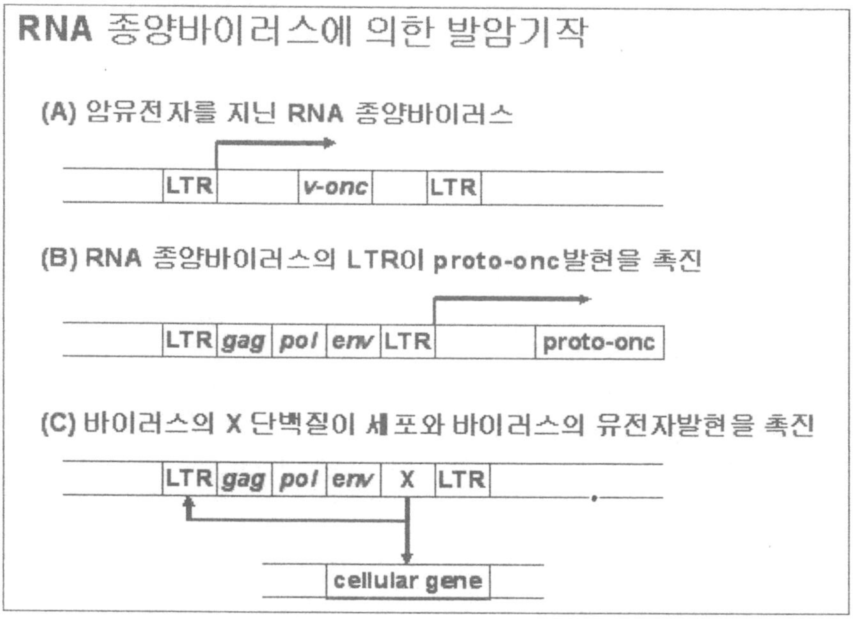

onc' 와 'v−onc' 사이에는 상동성이 존재하지만 완전히 일치하는 것은 아니며 v−onc는 c−onc와 염기서열에서 차이가 나거나 유전자의 일부가 결손 등을 통하여 구조적으로 변형된 형태를 갖는다. 이러한 변형은 단백질의 구조적 변화를 초래하여 단백질의 기능과 특성을 변

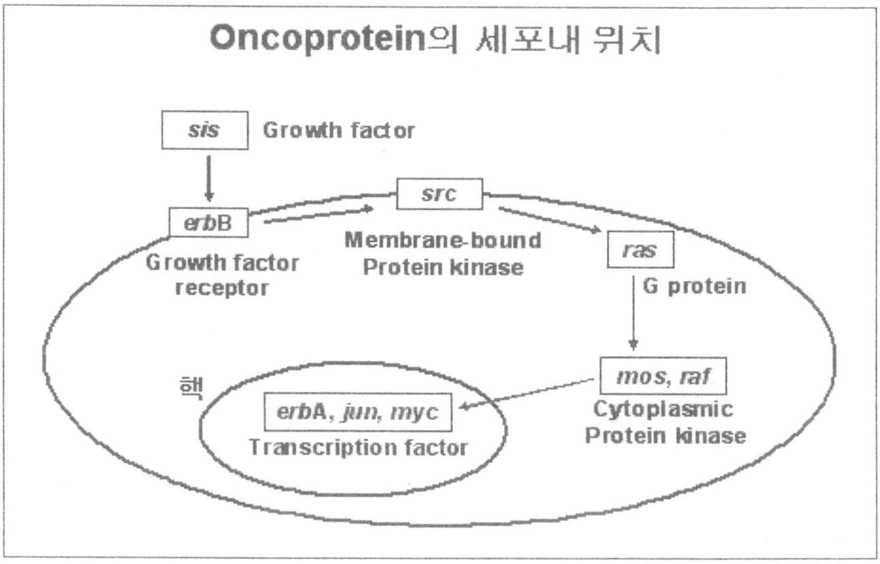

하게 한다. 그러므로 proto-oncogene이 세포의 정상적인 기능조절에 관여하는데 반하여, v-*onc*는 세포를 변형시켜 암세포로 만드는 암유전자로써 작용한다. 이러한 바이러스들은 proto-oncogene을 재조합과정을 통해 습득하는 과정에서 바이러스 자신에 필수적인 *pol* 혹은 *env* 등의 유전자에 손상을 입어 자손 바이러스를 생성할 수 없는 'defective virus'가 되기도 한다. defective virus가 증식을 하기위해서는 'helper virus'를 필요로 한다. 지금까지 수십 종류의 레트로바이러스 암유전자가 발견되었는데 그 중에 몇 가지 예를 아래의 표에서 열거하였다.

바이러스 이름	암유전자	기능
Rous Sarcoma virus	v-*src*	tyrosine protein kinase
Avian erythroblastosis virus	v-*erb*A	hormone receptor
	v-*erb*B	growth factor receptor
Harvey murine sarcoma virus	v-H*ras*	G protein
Simian sarcoma virus	v-*sis*	growth factor
Molony murine sarcoma virus	v-*mos*	serine protein kinase
MC29 avian myelocytoma virus	v-*myc*	transcription factor
Avian sarcoma virus 17	v-*jun*	transcription factor
Kirsten murine sarcoma virus	v-K*ras*	G protein

그러면 v-*onc*의 유전자산물과 c-*onc*의 유전자산물에 기능적 차이가 있음을 예를 들어 설명해 보자. v-*erb*B 에 대한 proto-oncogene은 EGFR(epidermal growth factor receptor)인데 v-*erb*B 단백질산물은 N-말단과 C-말단의 일부가 결실되어 정상적인 경우는 성장인자(growth factor)가 N-말단에 붙을 때만 세포분열신호를 보내지만, *erb*B 단백질은 성장인자가 N-말단에 결합하지 않아도 지속적으로 세포분열신호를 내보낸다.

v-*ras* 유전자는 인간의 방광암 세포로부터 분리되었는데 proto-oncogene과 하나의 염기에서만 차이가 난다. 정상의 proto-oncogene은 12번째 코돈이 GGC로 글리신(glycine)을 코딩하지만 방광암에서 발견된 *ras* 유전자에서는 GTC로 바뀌어 발린(valine)을 코딩한다. 이와 같은 한 아미노산의 변화가 일어나는 곳은 GTP와 GDP가 결합하는 장소로 아미노

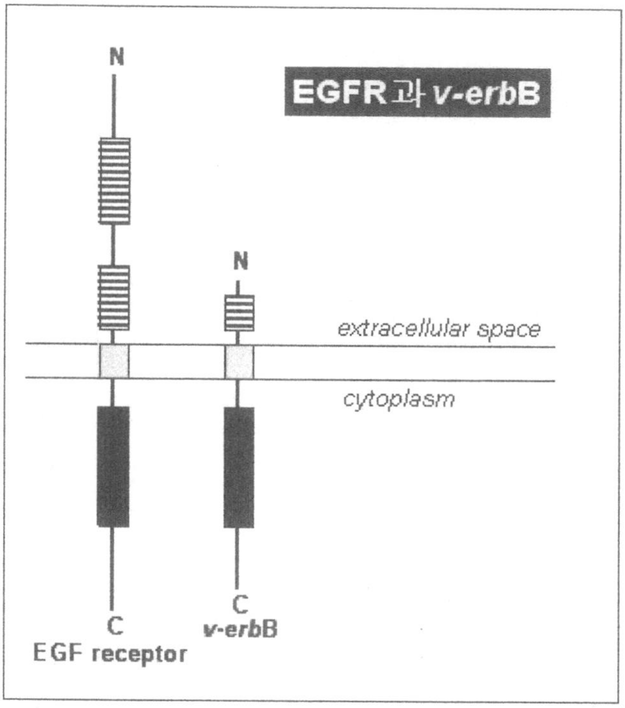

산의 변화로 말미암아 GTP와 결합한 *ras*-GTP 복합체가 *ras*-GDP 복합체보다 양적인 증가가 초래된다. *ras*-GTP는 세포분열을 지시하는 신호를 지속적으로 보내 비정상적인 세포분열을 초래한다.

▣3. 암유전자를 가지지 않는 RNA 종양바이러스

닭에 림프종을 일으키는 Avian leukosis virus(ALV)는 암유전자를 가지지 않는데 어떻게 암을 일으킬 수 있는가? ALV는 역전사효소에 의해 만들어진 바이러스의 DNA를 세포의 DNA 사이에 삽입한다. 복제된 바이러스 DNA의 양쪽 말단에는 강력한 프로모터와 enhancer 역할을 하는 LTR이 존재한다. ALV DNA의 삽입은 무작위적으로 일어나지만 만약 끼어들어가는 자리 주위에 c-*myc*과 같은 proto-oncogene이 존재한다면 LTR의영향에 의하여 유전자 발현이 수십 또는 수백 배 증가하게 된다. 이러한 비정상적인 유전자발현은 암의 발생을 유도할 수 있다. 다른 예로써 Friend murine leukemia virus는 세포의 p53 종양억제유전자 사이에 끼어들어감으로써 p53을 불활성화시킴으로써 암 발생을 유도할 수 있다.

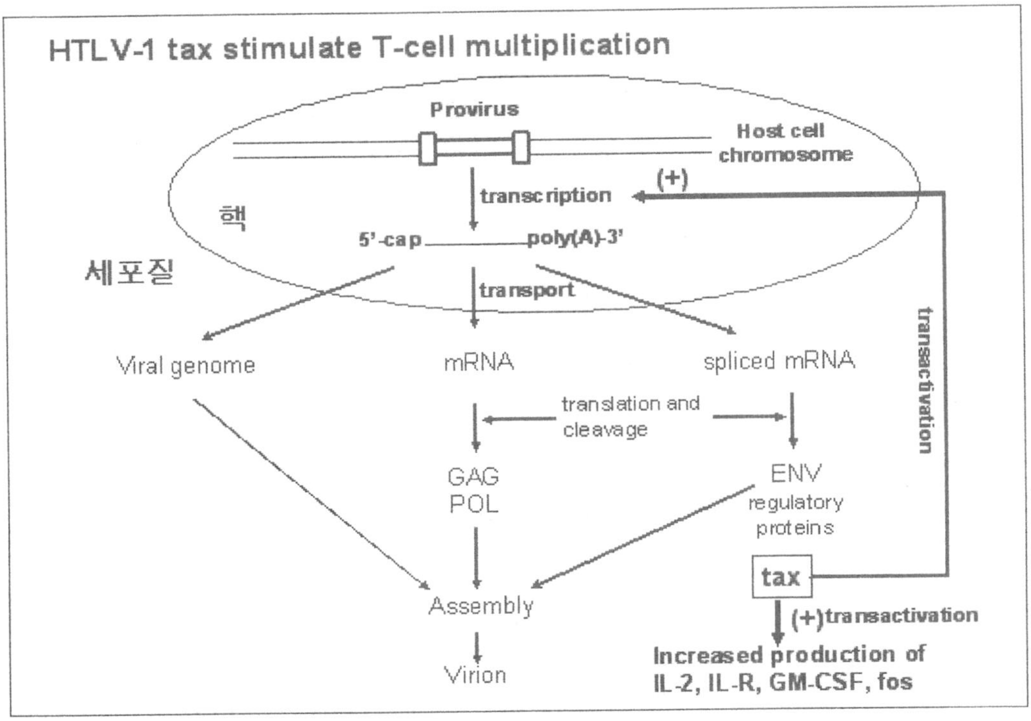

사람의 T림프종을 일으키는 HTLV−1의 경우는 암유전자를 포함하고 있지 않으며 바이러스가 삽입한 주위에 의심이 갈 만한 proto−oncogene이 존재하고 있지 않는다. 그러면 어떻게 암을 일으키는 것일까? 분자생물학적인 연구를 통하여 HTLV−1은 *tax*라는 유전자를 가지고 있으며 이 유전자의 산물은 transactivator로 작용해서 멀리 떨어져있는 여러 가지 유전자들의 발현을 증가시키고 이를 통해서 암을 유도할 수 있다.

7부

프리온과 비로이드

제 27장. 프리온

프리온(prion)의 의미는 감염성있는 단백질(proteinaceous infectious only)이란 뜻이다. 프리온은 바이러스라고 할 수 있을 정도로 작으면서도 바이러스들이 일반적으로 가지고 있는 물리화학적 특징을 지니고 있지 않다. 통상적으로 바이러스는 핵산과 그것을 둘러싸고 있는 단백질로 구성되는데 반하여 프리온은 단백질로만 구성되기 때문에 준바이러스성 감염체(virus-like agent)로서 바이러스와 구분을 하고 있다. 프리온은 단백질임에도 불구하고 그 자체가 전염성을 가지며 스스로 복제할 수 있는 능력을 가진다는 점이 특징적이다. 뇌조직의 일부가 스폰지처럼 되는 증상으로 대표되는 프리온 질병의 두 가지 특징은 뇌를 포함한 중추신경계에서 주로 일어난다는 것과 감염이 일어난 후 질병을 일으키기까지 잠복기가 길다는 것이다.

▣1. 프리온의 유래

1997년 노벨의학상은 프리온 연구의 공로로 프루시너(Prusiner)박사에게 돌아갔다. 프루시너는 1972년 자신이 돌보던 한 환자가 치매를 동반한 크로이츠펠트-야곱병(Creutzfeldt-Jakob Disease, CJD)으로 죽은 후 이 연구를 시작했다. CJD는 평균 100만 명당 1명꼴로 발생하는 희귀한 병이다. CJD와 유사한 것으로 'kuru'와 'scrapie'라는 것이 있는데 쿠루는 식인습성이 있는 파푸아뉴기니아 원주민 중 이 병에 감염된 사람의 뇌를 먹은 사람들에게서 발생했으며, 스크래피는 양에게서 나타나는 뇌질환으로 이병에 걸리면 벽에 양모를 문질러 벗기거나 긁는 등의 특징적 증세를 보인다. CJD와 kuru에 걸린 사람의 뇌를 검사한 결과 스크래피에 감염된 뇌와 유사하게 스폰지 모양의 병증을 나타냈다. 프루시너 등은 스크래피에 걸린 양의 뇌 조직으로부터 병원체를 분리하는 과정에서 27-30kDa 크기의 단백질을 발견하고 이 단백질을 'PrP(프리온 단백질)27-30'이라고 명명하였다. 이 구조물은

프리온 질환에 걸린 사람의 뇌

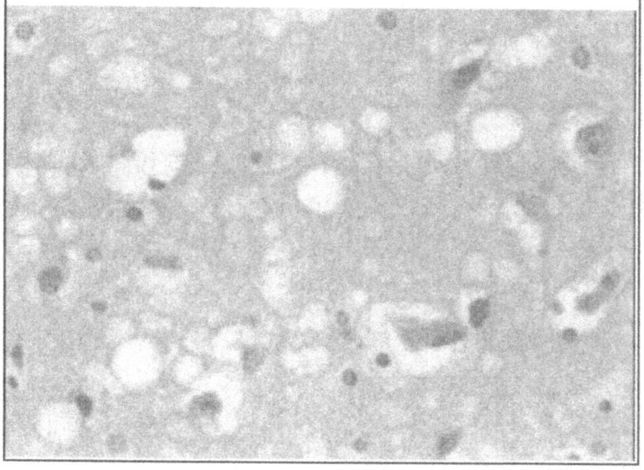

DNase나 RNase의 처리 후에도 감염성을 잃지 않는다는 것이 밝혀져 DNA나 RNA를 포함하지 않는 단백질로만 구성된 단백질로서 프루시너에 의해 'prion(proteinaceous infectious only)'으로 명명되었다.

▣2. 프리온 질환의 특징

프리온은 사람과 동물에 여러 가지 질환을 초래한다. 이러한 프리온 질환은 뇌를 비롯한 중추신경계(central nervous system, CNS)에 많은 구멍이 뚫려 스폰지 모양처럼 된다고 하여 전염성 해면상 뇌병증(transmissible spongiform encephalopathies, TSE)라고 통칭된다. 모든 TSE 질환은 긴 잠복기(수개월- 수년)를 가지며 전염성질병임에도 염증반응이 전혀 일어나지 않으며, 단백질에서 유래한 원섬유(fibrils) 혹은 플라크의 축적이 일어난다. 소에서 나타나는 TSE는 '우해면상 뇌병증(bovine spongifom encephalopathy, BSE)' 일명 '광우병(mad cow disease)'이며 양이나 염소에서 나타나는 TSE가 '스크래피(scrapie)'이다. 인간에 있어서의 대표적인 TSE는 'kuru'와 '크로이츠펠트-야곱병(CJD)'이다.

▣3. 프리온의 복제

1984년 프루시너 등은 정제된 프리온 단백질(PrP)의 아미노말단의 15개 아미노산서열을 밝혀내고 이 아미노산 서열을 바탕으로 oligonucleotide를 제작하여 유전자를 screening 하였다. 이와 같은 연구의 결과로 모든 포유동물에는 프리온 단백질을 생산하는 유전자 *prnp*(사람의 경우 염색체 20번에 위치)를 가지고 있음을 알게 되었다. 정상적인 프리온 단백질(PrPc)은 33-35kDa의 당단백질로서 세포막에 부착되어 신호전달기작의 수용체로 작용한다. 정상적인 뇌 조직이나 감염된 뇌 조직에서 단백질을 분리할 때 모두 33kDa의 단백질이 분리되며 이것을 proteinase K로 처리하면 정상의 프리온 단백질은 완전히 분해가 일어나 소실되는 반면, 프리온에 감염된 뇌 조직에서는 proteinase K에 저항성을 나타내는 27kDa의 단백질이 남게 된다. 프리온에 감염된 뇌 조직에서 분리된 27kDa의 단백질을 'PrPsc' 라고 명명하게 되었다.

프리온 단백질(PrP)은 정상적인 신경세포막에 존재하는 당단백질(glycoprotein)로서 정상적인 경우는 PrP 33-35만이 만들어진다. 그러나 프리온 감염 뇌에서는 PrP 27-30이 PrP 33-35로부터 만들어지고, 만들어진 PrP 27-30은 증식을 통하여 더 많은 PrP 27-30을 만들어내게 된다. PrP 27-30과 PrP 33-35는 178번 코돈에서 서로 다른 아미노산을 가진다. PrP 27-30은 asparagine인데 반해서 PrP 33-35는 aspartate를 가지고 있다. 이러한 차이점과 해독후 수식(post-translational modification)에 의하여 PrP 27-30에 구조적인 변화가 초래된다. 정상의 프리온 단백질(PrP 33-35, PrPc)는 α-helix가 많고 β-sheet 구조는 적으나(~3%), 변형된 프리온 단백질(PrP 27-20, PrPsc)은 α-helix 구조보다 β-sheet 구조(~43%)가 증가한 것이 특징적이다. 이와 같은 구조적인 변화는 PrP 27-30으로

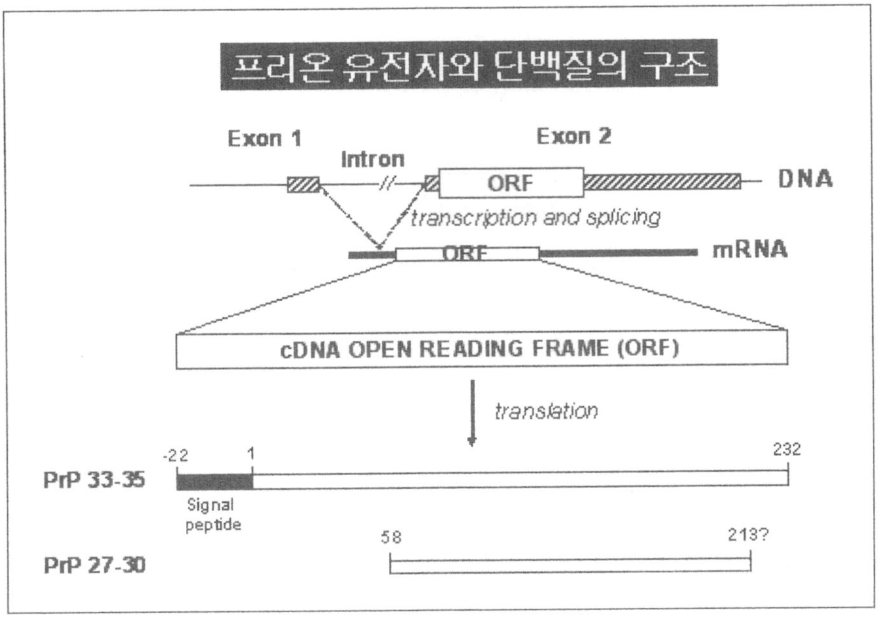

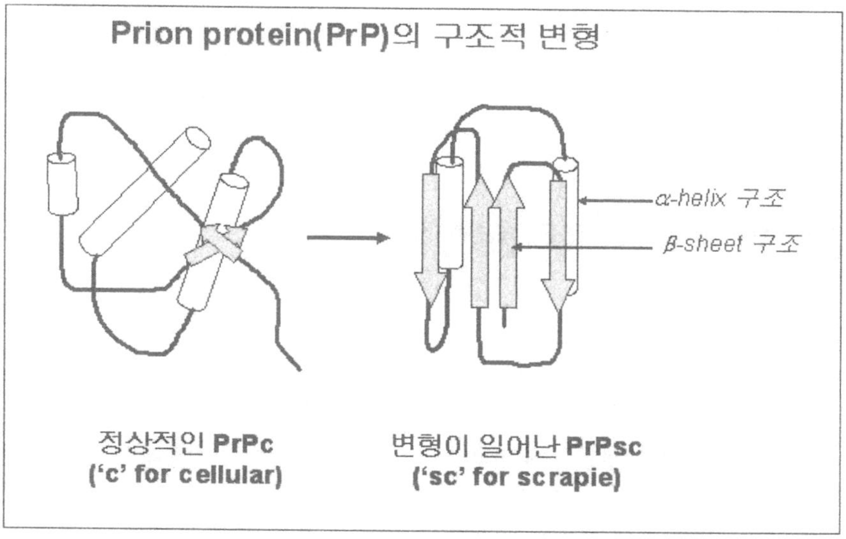

하여금 스스로 복제가 가능하게 하며, 매우 안정적인 형태로 응집체(aggregate)를 형성하여 세포 내외에 침착함으로써 PrP 아밀로이드 플라크를 형성한다. 변형된 프리온 단백질 PrP 27−30은 단백질분해효소(proteinase)에 의하여 분해가 일어나지 않으며 열, 자외선, 화학물질에 강한 저항성을 나타낸다. 프리온 단백질은 오직 변형된 구조를 가졌을 때만 질병을 일으킨다.

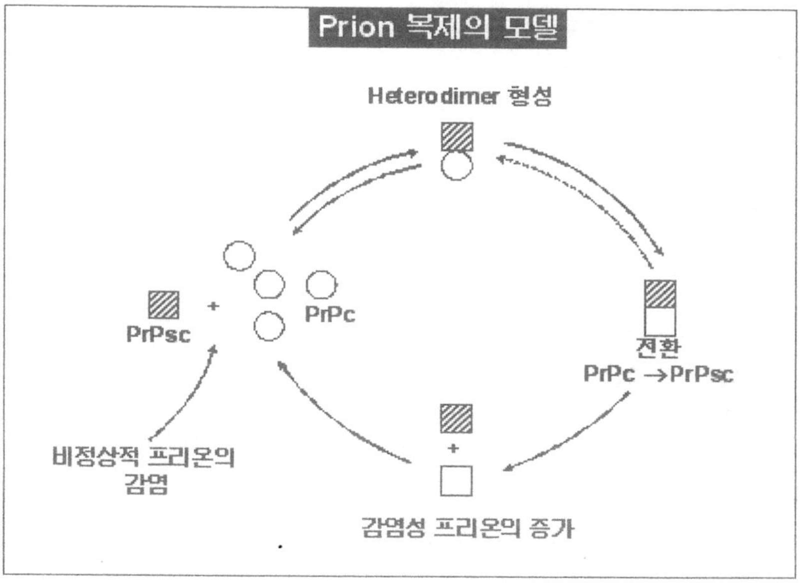

그러면 단백질에 불과한 PrPsc가 어떻게 복제할 수 있는가? PrPsc는 단백질이지만 매우 안정적인 구조를 가지고 있고 정상 단백질인 PrPc를 PrPsc로 전환시킬 수 있어 '복제'의 효과를 나타낼 수 있는 것이다.

▣4. 사람 및 동물의 프리온 질환

1. 쿠루

'kuru'는 1957년 가쥬섹(Gajdusek)이 파푸아뉴기니에서 유행하는 풍토병을 조사하던 중 최초로 발견하였다. '쿠루'라는 말은 그 지역어로 '몸을 떨거나 가누지 못한다(trembling)'의 뜻을 지닌다. 환자들은 주로 여자 어른과 남녀 청소년과 어린이였으며, 남자 어른은 드물었다. 이 병에 걸리면 언어장애와 보행장애, 근육이 마음대로 움직이지 않는 현상, 치매 등의 증상이 나타나 후 결국 사망에 이르게 된다. 쿠루는 1950년 처음 보고가 된 후 오스트레일리아 정부는 이들이 외부로 나오지 못하도록 하며 연구를 진행하고 있었는데 당시에 오스트레일리아에 와있던 가쥬섹은 그들과 함께 생활하며 병의 원인을 찾고자 노력하였다. 당시 뉴기니 고원지대에 사는 원주민에게는 근친이 죽을 경우 죽음을 애도하는 의식의 하나로서 죽은 사람의 시신(특히 뇌)을 먹는 장례습관이 전통으로 내려오고 있었다. 이러한 의식에는 여자 어른과 어린이만이 참여하였기 때문에 남자 어른들에는 증상이 나타나지 않았다. 원주민이 시신을 섭취한 후 시간이 경과할수록 소뇌, 뇌간, 기저핵 등에서 신경세포의 변성이 관찰되며 결국은 신경계질환을 초래하는 것을 확인한 가쥬섹은 쿠루도 일종의 감염성질환일 수 있다는 생각을 했다. 그는 이것을 증명하기 위하여 환자의 뇌를 갈아 만든 시료를 침팬지에 주입하였으며 18-30개월이 지난 후 침팬지에서 사람에 나타나는 것과 동일한 증상이 나타나는 것을 확인했다. 이와 같은 사실이 밝혀진 이후 전통적 식인습관은 금지되었고 쿠루는 사라졌으며 결국 지금은 쿠루가 지구상에 존재하지 않는다.

2. 크로이츠펠트-야곱병

크로이츠펠트-야곱병(Creutzfeldt-Jakob disease, CJD)는 1920년대 크로이츠펠트와 야곱에 의하여 발견되었으며 전 세계적으로 매년마다 백만 명 당 1명 정도로 발병한다. 이 질환은 주로 50-60대에 발생하는데, 초로성 치매와 진행성 혼수상태가 특징적이며 결국 급격한 경련과 팔다리의 마비로 사망하게 된다. CJD는 대개 4가지 유형으로 발생한다. 산발적(sporadic) CJD는 전체 CJD의 85%가량을 차지하는데 발병원인은 밝혀지지 않았다. 가족성(familial) CJD는 CJD 전체의 10% 정도를 차지하는데 프리온 유전자인 *prnp* 에 특징적인 돌연변이가 발견되며 이 유전자는 상염색체 우성방식으로 전달된다. 의인성 CJD는 오염된 장기의 이식이나 호르몬 처방, 오염된 수술도구 등의 재사용에 의해 발병한다. 변종 CJD (variant CJD, vCJD)는 광우병에 걸린 쇠고기를 섭취함으로써 발생하는 새로운 형태의 CJD(인간 광우병)를 말한다. vCJD는 20-30대의 젊은 층에서도 발생할 수 있다는 것이 특징적이다.

3. 스크래피

스크래피(scrapie)는 양에서 주로 발생하며 200년 전에 최초로 발견되었으며 비정상적인 걸음걸이, 담장이나 기둥에 반복적인 문지름과 같은 진행성의 신경계 증상을 나타낸다. 감염된 양의 뇌 조직은 스폰지 모양의 덩어리로 변하여 중추신경계의 치명적인 장애를 초래한다.

4. 광우병

광우병(mad cow disease)은 원래 우해면상 뇌병증(bovine spongifom encephalopathy, BSE)으로 불리는 퇴행성 신경질환이다. 감염된 소의 뇌 조직이 스폰지 모양으로 구멍이 뻥뻥 뚫려 있는 것이 CJD나 스크래피와 비슷하다. 소의 사료에 영양 첨가제로 양고기 찌꺼기를 넣기 시작하면서 스크래피에 걸린 양의 고기가 섞여 소에 감염을 일으켜 발생한 것으로 추정한다. 프리온은 종(種)간(소, 양, 사람)의 벽을 뛰어 넘으며 구강의 섭취로도 병원체의 감염이 일어날 수 있다는 것이 특징적이다.

28장. 비로이드(Viroid)

비로이드(viroid)는 식물에 병을 일으키는 200-400 뉴클레오티드(nucleotide)사이의 단일가닥 RNA를 말한다. 비로이드는 바이러스의 캡시드 단백질이나 외막이 없이 RNA로만 구성되며 지금까지 주로 고등식물에 존재하는 것으로 알려진다. 주요 농작물에 감염하여 수확에 큰 피해를 주고 있다. 비로이드 RNA에는 open reading frame(ORF)이 존재하지 않고 어떠한 단백질에 대한 정보도 포함하고 있지 않다. 비로이드는 프리온처럼 매우 작으면서 병을 일으킨다는 점에서는 바이러스와 비슷한 점이 있으나, 바이러스는 핵산과 단백질로 구성되기 때문에 바이러스에 속하지 못하고 준바이러스성 감염체(virus-like agent)로 분류된다.

▣1. 비로이드의 특징

Diener

비로이드는 1971년 Theodor Diener에 의하여 처음으로 발견되었다. 그는 감자에 감염을 일으켜 감자가 작아지고 상품성이 떨어지게 만드는 이 병원체를 바이러스라고 생각하였다. 그러나 지속적인 연구를 통하여 감염된 식물의 내외에서 바이러스입자(비리온)가 관찰되지 않으며 바이러스의 캡시드 단백질이 존재하지 않으며 단순한 RNA 분자라는 것을 알게 되었다. 대표적인 비로이드인 '감자 방추돌기 비로이드(potato spindle tuber viroid, PSTVd, 바이러스와 구분하기위하여 'Vd' 로 표기함)' 라고 명명된 이 작은 병원체는 가장 작은 바이러스보다도 10분의 1 크기에 지나지 않으며 246-399 뉴클레오티드의 RNA에 불과하지만(PSTVd 경우는 359 뉴클레오티드) 독자적인 증식이 가능하다. 비로이드는 핵산을 보호하는 캡시드 단백질이 없이 단지 하나의 RNA만으로 되어 있지만 핵

PSTV의 RNA와 T7 DNA의 비교

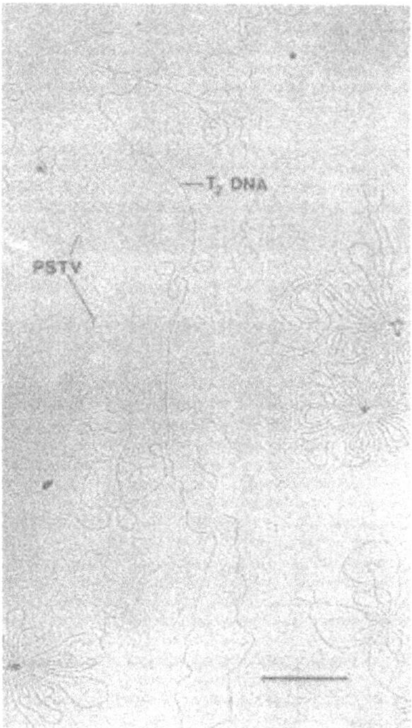

PSTV의 전자현미경사진

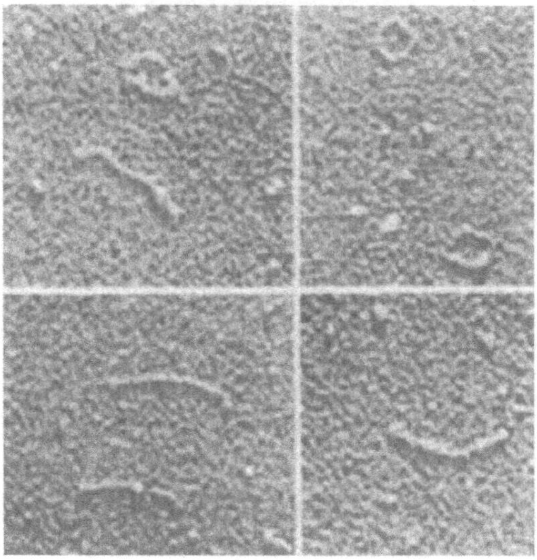

산말단분해효소(exonuclease)에 저항성을 가진 것은 직선형보다는 원형을 이루고 있음을 의미한다. 전자현미경으로 비로이드를 관찰하면 막대형으로 관찰되지만 변성시킨 후 다시 관찰하면 원형(circular form)으로 관찰이 된다. 이것은 유전체가 상보적인 결합을 통하여 원(circle)의 양쪽에 있는 염기가 서로 intramolecular base pairing에 의해 연결되어 있음을 의미한다. 그러나 양쪽이 완전한 짝을 이루지는 못한다.

▣2. 비로이드 분자의 구조

비로이드 RNA의 염기서열분석을 통하여 예측한 PSTVd의 구조는 고리모양을 나타내며 양쪽에 있는 염기가 서로 쌍을 이루며, 중간 중간에 쌍을 이루지 못한 부분은 루프형태를 나타내고 있다. 비로이드는 아래 그림과 같은 5개의 구조적 영역(도메인)을 가지고 있다. 중앙의 중심보존영역(conserved central domain)은 95±15 염기 위치에 위치하며 이 부위가 손상이 없어야 감염력이 유지가 되는 것으로 보아 증식과정에 중요한 역할을 하는 것으로 보

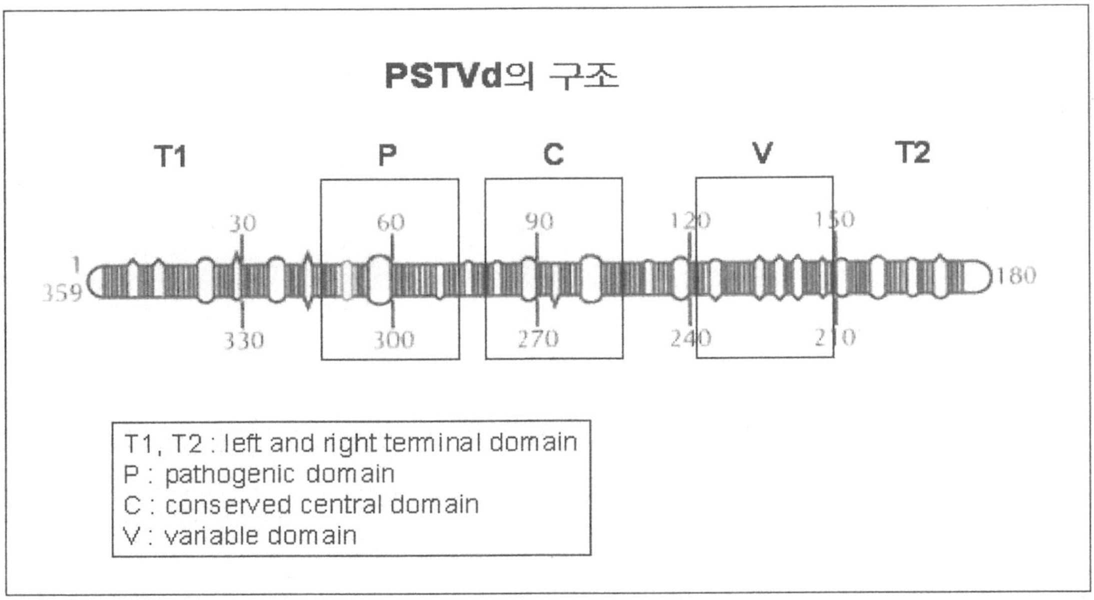

인다. P(pathogenic)영역은 병리학적 원인이 된다. PSTVd에서 site-specific mutagenesis에 의하여 염기를 바꾸면 감염된 식물에 발생하는 질병의 수준이 변화한다. V(variable)영역은 변하기 쉬운 염기를 가지고 있으며 한 쪽 가닥은 퓨린, 다른 쪽 가닥은 피리미딘으로 구성된 특징을 가지고 있다. 양쪽의 말단(T1과 T2)은 작은 루프(loop)로 끝나며 잘 보존된 염기들을 가진다.

▣3. 비로이드의 복제

비로이드 중 가장 많이 연구가 이루어진 PSTVd는 핵에 위치하고 있으며 숙주의 RNA polymerase II에 의하여 복제가 일어나는 것으로 보인다. 비로이드는 단백질을 코딩할만한 충분한 genome을 갖지 못하므로 자신의 핵산을 복제하는데 숙주의 효소기작을 이용한다. 복제기작은 아직까지 명확하지는 않지만 비로이드 증식과정 중에 다량체(concatamer)형태가 관찰되는 것으로 보아 rolling-circle 복제방법에 따라 일어나는 것으로 보인다. 먼저 숙주의 RNA 중합효소를 이용하여 (-)형의 주형 RNA를 전사하고 이것을 주형으로 하여 다량체(concatamer)형태의 (+)RNA를 만든 다음 비로이드와 같은 길이로 잘라져 끝부분이 서로 이어져 환상형의 완성된 비로이드를 만든다.

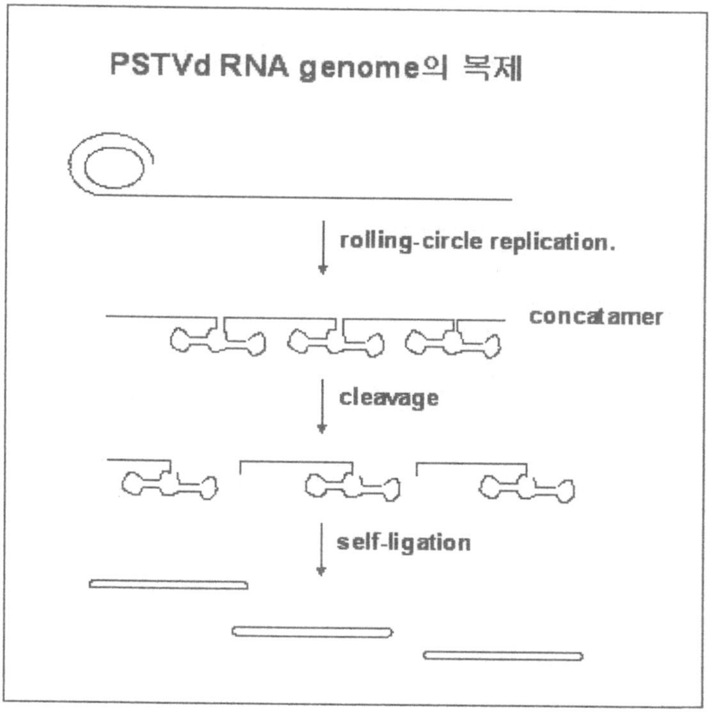

▣4. 비로이드의 병원성

PSTVd에 감염된 토마토를 관찰해보면 황화(yellow)와 얼룩무늬(mottling)가 나타나며 성장이 느려지고 결국 사멸하게 된다. 이러한 식물들이 만드는 열매는 작아서 상품가치가 떨어진다. 비로이드병의 전파는 접목이나 즙액전염과 같이 직접적인 접촉을 통하거나, 종자나 꽃가루를 통한 수직전염이나, 곤충에 의하여 전파될 수 있다. 그렇다면 작은 RNA 분자에 불과한 비로이드가 어떻게 식물에 병을 일으킬 수 있는가? 이러한 질문에 아직도 명확한 해답을 주기에는 이르지만, 최근의 연구결과를 보면 비로이드 RNA가 RNA silencing을 통하여 식물유전자발현을 변화시켜서 발생할 가능성이 높다. 'RNA silencing'이란 이중가닥 RNA(dsRNA) 또는 상보적 hairpin RNA(hpRNA)에 의하여 염기서열-특이적으로 RNA의 분해가 일어나는 것을 말한다. dsRNA나 hpRNA는 'Dicer'라고 불리는 일종의 RNaseIII-like enzyme에 의하여 21-25 nt의 small interfering

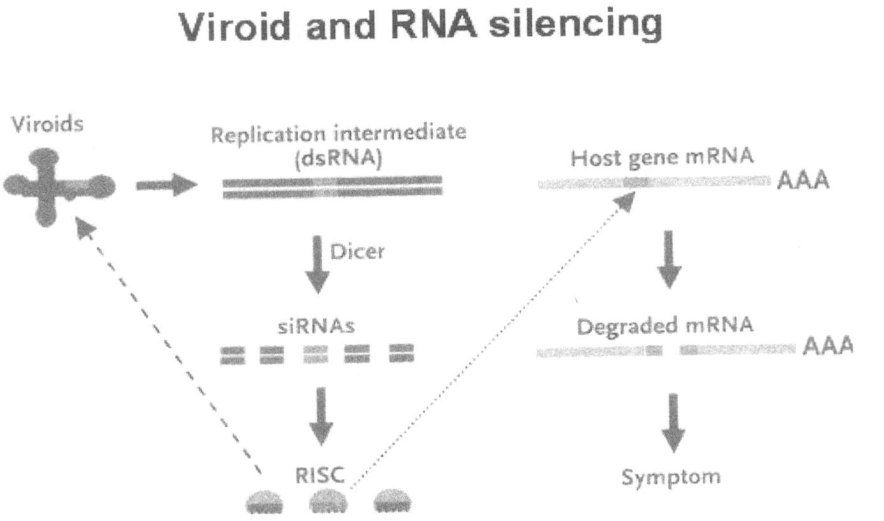

From PNAS 101:3275 (2004)

RNAs(siRNAs)로 전환되어 RNA−induced silencing complex(RISC)라는 siRNA−ribonuclease 복합체를 구성함으로써, 숙주세포의 특정한 mRNA를 분해함으로써 식물에 병징(symptom)들을 나타내게 한다는 것이다.

8부

바이러스와 생물계

제 29장. 바이러스의 진화

바이러스는 핵산(DNA 또는 RNA)과 단백질로 구성된다. 다른 생물체의 유전물질 복제에서 오류가 존재하듯이 바이러스 유전물질의 복제에서도 오류가 일어날 수 있다. 특히 RNA virus 경우는 중합반응에 사용되는 RNA polymerase에 proofreading(오류교정)능력이 없기 때문에 DNA virus 보다도 빈번하게 유전자 돌연변이가 발생한다. 그리고 바이러스의 특성상 한꺼번에 막대한 수의 자손 바이러스를 생산할 수 있기 때문에 확률적으로도 더 많은 돌연변이 개체가 나올 수 있을 것이다. 바이러스 유전자의 돌연변이는 무작위적인 반응이 아니다. 다른 어떤 유전자보다도 바이러스 표면 항원은 돌연변이가 더 많이 발생하는 부위이다. 이러한 이유로 바이러스의 다양성은 매우 크며, 더 많은 생존 기회를 제공해 줄 수 있다.

▣1. 바이러스의 기원

바이러스가 어떻게 나타났는지를 설명해줄 수 있는 증거는 아무것도 없다. 그러나 생명 기원에 관한 과학자들의 끊임없는 호기심은 다음과 같은 이론으로 설명하고 있다. 첫 번째로는 바이러스가 생물체가 가지고 있는 많은 기능들을 상실하고 꼭 필요한 요소만을 지니며 숙주에 기생하는 형태로 퇴행적으로 진화를 했다는 설이다. 둘째로 원래 세포를 구성하는 요소이던 것이 증식능력과 감염능력을 습득한 후 세포를 빠져나와 바이러스로 출현했다는 것이다. 셋째는 원시의 RNA 시대부터 자기복제가 가능했던 존재가 다른 생물체와 함께 독립적으로 진화해 왔다는 이론이다.

▣2. 바이러스 다양성의 원인

바이러스에게 다양성을 부여할 수 있는 중요한 요인으로는 돌연변이(mutation), 재조합(recombination), 재편성(reassortment) 등이 있다.

1. 돌연변이

'돌연변이(mutation)'란 유전자를 구성하는 뉴클레오티드의 치환, 삭제 또는 삽입이 일어남으로써 유전정보가 바뀌는 것을 말한다. 정상적인 생명체가 가지고 있는 유전정보인 DNA에 자연적으로 돌연변이가 발생할 확률은 약 $10^{-8} \sim 10^{-11}$ 이다. 이것은 중합기능을 담당하는 DNA 중합효소와 교정능력의 정확성에 기인한다. 그러나 RNA를 genome으로 가지는 RNA 바이러스의 돌연변이 발생률은 $10^{-3} \sim 10^{-5}$ 정도로 상승하게 된다. 이것은 RNA 복제에 사용되는 RNA 중합효소에는 proofreading(교정)능력이 없기 때문이다. 그러므로 약 10000nt의 RNA genome을 가진 HIV의 경우 1분자의 RNA genome이 복제될 때마다 약 0.1−10개의 돌연변이가 포함될 수 있음을 의미한다. 그러나 이러한 돌연변이 대부분은 바이러스에 치명적 결함을 초래하여 감염성을 잃거나 복제능력을 상실케 함으로써 도태되고 만다. 바이러스는 한꺼번에 많은 자손 바이러스를 만들 수 있기 때문에 돌연변이는 상당한 비율로 자손 바이러스의 유전체 집합에 일정하게 축적되어 quasi−species(유사종)를 형성한다. 이러한 다양성은 변화하는 외부의 상황에 적응하며 그것을 이용할 수 있는 능력의 근거가 된다. 감염력이나 복제능력에서 선택적 이점(advantage)을 부여하는 돌연변이는 생존에서 우위를 차지할 수 있는 놀라운 수단을 제공하게 된다. 인플루엔자 바이러스의 경우 항원성의 변화에는 대변이(antigenic shift)와 소변이(antigenic drift)가 있는데 소변이의 경우가 이와 같은 돌연변이의 결과로 볼 수 있다. 소변이(antigenic drift)는 같은 유형에 들어가지만 항원성에서 약간의 변화가 일어난 것을 말하는데, 이미 면역체계에 노출된 형태로부터 약간의 변화를 일으켜 면역체계의 반응을 피하는 기회를 제공한다.

2. 재조합

두개의 다른 유형의 바이러스가 같은 세포내에 동시에 감염하였을 때, 새롭게 만들어지는 바이러스 genome간에 물리적인 교차가 일어나 기존의 바이러스에는 어느 쪽에도 존재하지 않던 새로운 형태의 genome type이 나타나는 것을 '재조합(recombination)'이라고 한다. 재조합 과정은 두 종류의 genome 가닥의 절단이 일어나 다른 종류끼리 재결합될 때, 혹은 바이러스의 중합효소가 주형을 바꾸어 중합함으로써 발생할 수 있다.

3. 재편성

재편성(reassortment)은 분절화된(segmented) genome을 가지는 바이러스들 사이에서 일어날 수 있는데 인플루엔자 바이러스가 좋은 예이다. 인플루엔자 바이러스는 단일가닥의 RNA가 8조각으로 나뉘어 하나의 genome을 구성하고 있으며 바이러스의 증식이 일어나기 위해서는 8조각의 RNA가 다함께 있어야 한다. 사람, 조류, 돼지, 말 등을 감염할 수 있는 인플루엔자 바이러스는 상동성은 있으나 완전히 일치하지는 않는다. 그런데 사람의 인플루

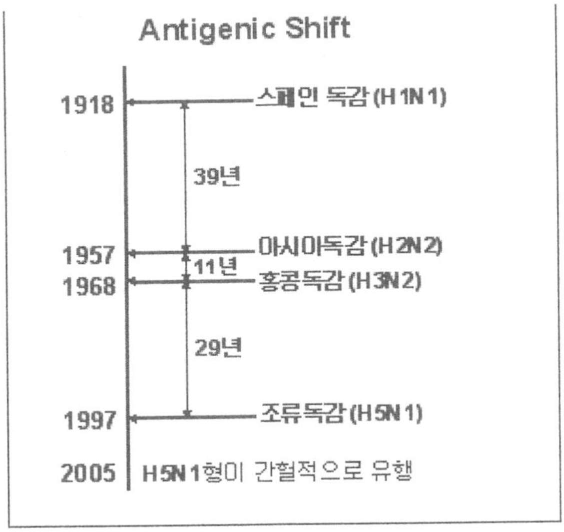

엔자바이러스와 조류의 인플루엔자 바이러스가 동시에 돼지에 감염하여 증식할 경우 각각의 8개 genome 절편이 서로 섞여 재편성된 유전체를 형성할 수 있다는 것이다. 8개의 genome 절편 각각은 바이러스가 필요로 하는 단백질을 암호화하고 있으며 이렇게 만들어진 바이러스는 기존에 존재하던 바이러스의 항원성에 극적인 변화를 일으키게 된다. 이와 같이 새롭게 만들어진 바이러스를 인체의 면역체계가 위험인자로 인식하지 못하기 때문에 바이러스의 감염과 증식에 대해 속수무책인 상태가 초래된다. 이와 같은 현상을 'antigenic shift(항원의 대변이)'라 하며 전 세계적인 유행병(pandemic)을 일으킬 수 있다. 독감은 매년 발생하지만 전 세계적으로 유행되는 경우는 대개 이와 같은 antigenic shift에 의하여 항원성의 큰 변화가 일어날 때 발생한다. 인플루엔자 바이러스의 항원 type은 바이러스의 표면에 있는 적혈구응집소(H)와 뉴라미니다아제(N)의 형태로서 표시하는데, 세계적인 유행병을 일으켰던 스페인독감(H1N1), 아시아독감(H2N2), 홍콩독감(H3N2), 조류독감(H5N1)에서 모두 항원의 대변이가 발생하였다.

▣3. 새로운 바이러스의 출현

그러면 바이러스는 왜 변하는 것일까? 모든 생명체는 각각 자신들에 감염하는 바이러스들을 가지고 있다. 바이러스의 숙주가 되는 모든 생명체(식물, 동물, 미생물)들도 그들의 주위 환경의 변화에 따라서 끊임없이 변해가고 있다. 숙주들을 이용해 살아가는 바이러스는 숙주의 변화속도보다 더 빠른 속도로 변하지 않으면 생존경쟁에서 도태될 위험에 빠지게 된다.

결국 바이러스는 유전적 변이를 통한 다양성을 추구하며 다양성은 바이러스의 생존전략인 셈이다. 우리는 아직도 해결의 실마리를 알지 못하는 AIDS virus, SARS virus, 조류 인플루엔자 바이러스에 대하여 알고 있다. 사스(SARS) 바이러스는 사향고양이로부터 만들어진 변종 코로나바이러스이며, AIDS를 일으키는 HIV는 원래 원숭이를 감염하는 바이러스였다. 이들은 원래 숙주에는 큰 질병을 초래하지 않았지만, 돌연변이로 인해 사람에 대한 친화력을 획득한 다음에 사람에게 치명적 위협이 되고 있다. 또 조류독감 바이러스는 조류, 돼지, 사람 등의 동물을 떠돌아다니면서 사람의 면역기억이 쇠하여질 때를 기다려 인간집단으로 다시 진입할 시점을 노리고 있다. 이와 같은 상황에서 우리 인간들도 바이러스 변화를 예의주시하며, 지속적이며 장기적인 대응책을 마련해 나가는 지혜가 필요하다.

30장. 백신과 항바이러스 요법

바이러스 질병에 대하여 인간이 대응할 수 있는 방법은 크게 두 가지로 나눌 수 있다. 하나는 바이러스가 감염하기 전에 면역력을 길러서 바이러스 감염을 예방하는 방법이고, 다른 하나는 바이러스의 감염이 이미 일어났을 경우 바이러스 증식을 억제하며 바이러스 질병을 치료하는 것이다. 모든 생물체는 자기방어능력을 가지고 있는데, 외부의 이물질(항원)이 안으로 들어오면 면역기능은 이 이물질을 찾아 제거하게 된다. 공기 중에는 수많은 미생물이 존재하며 수시로 우리 몸에 들어올 수 있지만 면역기능은 이러한 침입자들로부터 우리를 안전하게 지켜준다. 백신(vaccine)은 면역기능에 기억력이 있다는 점을 이용한 것이다. 바이러스를 약화시키거나 죽여서 우리 몸에 주입하면 우리 몸에 약한 증상을 일으키며 바이러스에 대한 면역성을 갖게 되는 것이다.

▣1. 백신의 유래

백신이 처음으로 사용된 것은 1796년 영국의 제너(Edward Jenner)가 우두(cowpox)에 걸린 소젖 짜는 여인들이 천연두에 걸리지 않는다는 것에 착안하여 천연두 백신을 개발해 천연두를 예방하면서부터이다. 프랑스의 파스퇴르가 제너의 업적을 기리기 위하여 라틴어의 암소를 뜻하는 'vacca'에서 유래한 'vaccine'이라는 용어를 처음으로 쓰기 시작했다. 현재는 50여종이 넘는 백신이 사용되고 있으며, B형 간염, 홍역(measles), 풍진(rubella), 볼거리(mumps), 소아마비(polio), 뇌염, 수두, 독감 등의 백신이 신생아부터 노인에 이르기까지 접종이 되고 있다. 미래에는 예방 차원을 넘어 질병치료 목적의 백신이 점점 더 중요해질 것이다.

▣2. 백신의 종류

백신은 대개 불활성화 백신, 약독화(생)백신, 소단위체(subunit) 백신, 유전자 백신, 치료용 백신 등의 5 가지로 나눌 수 있다.

1. 불활성화 백신

지금까지 널리 사용되고 있는 백신은 병원체 전부를 불활성화 시켜(inactivated) 만든 것으로 '사백신(killed vaccine)'이라고 부르기도 한다. 바이러스를 배양하여 정제한 후 가열하거나 자외선 조사 또는 포르말린(formalin)이나 알킬화시약 등의 약품을 이용하여 바이러스를 죽여서 만든다. 불활성화할 때에 바이러스의 복제는 일어날 수 없게 만들지만 바이러스 표면에 존재하는 항원 구조는 그대로 유지되도록 한다. 백신과 관련된 감염의 위험성이 거의 혹은 전혀 없다는 장점이 있으나 생산비가 많이 들고 효과가 상대적으로 미약하다는 단점이 있다.

2. 약독화 백신

약독화(attenuated) 백신은 살아있는 바이러스를 계란 또는 인공배지 등에 장기간 계대 배양해 가면서 독성을 없애거나 아주 미약하게 만든 것이다. 이것은 생백신(live vaccine)이라고도 부르며 바이러스의 증식이 가능하다. 생백신은 생산비가 적게 들고 면역효과가 좋으며 체액성 면역과 세포성 면역을 동시에 유도할 수 있다는 장점이 있으나 안전성이 낮은 것이 큰 단점이다.

3. 소단위체 백신

생명과학이 발달하면서 바이러스 표면항원을 암호화하는 유전자들이 클로닝 되었고, 이를 박테리아, 효모, 포유류 등에서 발현시켜서 얻은 재조합(recombinant) 단백질을 백신으로 사용하게 되었다. 소단위체 백신은 바이러스를 직접 사용하지 않기 때문에 감염성의 위험이 없어 높은 안전성을 가지고 있다. 예를 들면 B형 간염 바이러스의 표면항원(surface antigen) 유전자를 효모에서 발현하여 만들어진 단백질에는 바이러스가 전혀 포함되어 있지 않으며 인체에 주입하였을 때 면역반응을 유도할 수 있다.

4. 유전자 백신

유전자 백신은 불활성화 백신, 약독화 백신, 소단위체 백신이 바이러스 자체나 또는 일부의 구성단백질을 이용하는 것과 달리, DNA 유전자를 백신으로 사용하는 것이다. 즉 유전자 백신은 항원을 만들어내는 유전자 DNA를 사용한다는 점에서 기타의 전통적인 백신과 차이가 존재한다. 그러므로 유전자 백신은 불활성화 백신과 약독화 백신 보다 안전하며, 항체반응을 주로 유도하는 소단위체 백신에 비해 세포성면역과 항체 반응 모두를 유도하기 때문에 더 효과적일 것으로 생각되고 있다. 유전자 백신은 사용하는 유전자의 전달에 플라스미드(plasmid)를 사용하는 'DNA 백신'과 유전자를 전달하는 운반체로서 플라스미드대신에 아데노바이러스나 백시니아 바이러스 등을 사용하는 '재조합 바이러스 운반체 백신(recombinant viral vector vaccine)'으로 구분된다. 이 백신은 주사기를 사용하여 식염수에 들어있

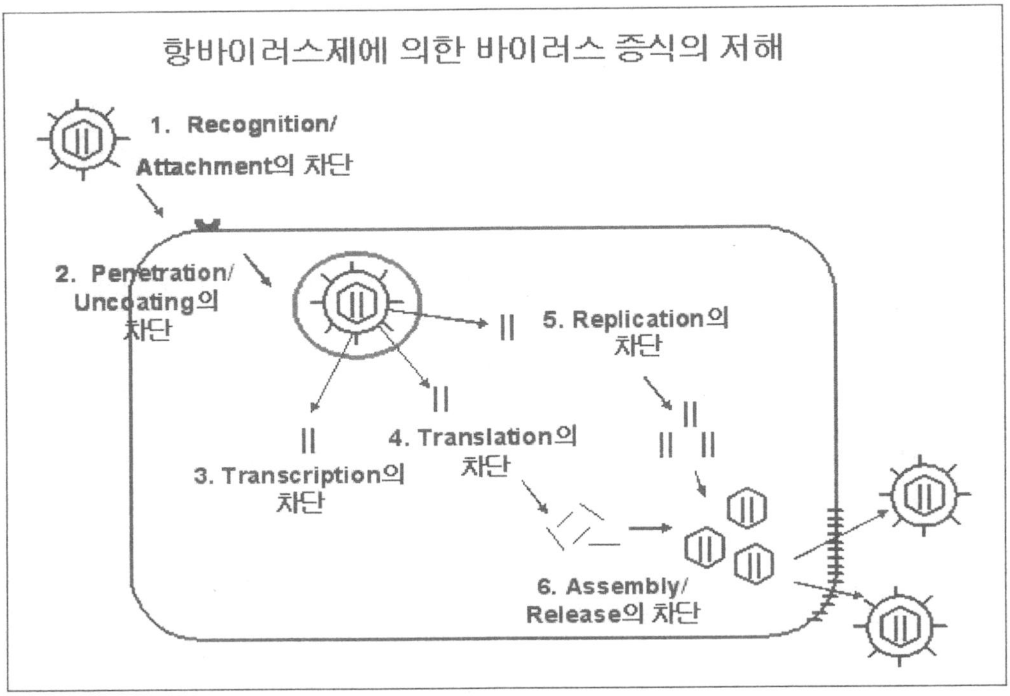

는 상태의 DNA를 주입하거나 DNA가 코팅되어있는 금 알갱이를 유전자총(gene gun)을 사용하여 집어넣을 수 있다. 유전자 백신은 생산비가 적게 들고 저장, 운반, 보관 등이 용이하다는 장점이 있으나 면역반응에 당화(glycosylation)가 필요할 경우, 단백질부분 만으로는 효과가 제한적이라는 단점을 지니고 있다.

5. 치료용 백신

백신은 사용하는 목적에 따라 예방용 백신과 치료용 백신으로 나눌 수 있다. 예방용 백신은 바이러스가 감염되기 전에 접종하여 나중에 바이러스에 감염되었을 때 바이러스를 물리칠 수 있도록 면역기능의 증강(능동면역)을 목표로 하는데 반하여, 치료용 백신은 이미 감염이 일어난 환자의 치료를 목적(수동면역)으로 한다. 어떤 특정 바이러스에 대하여 면역반응이 일어난 사람이나 동물로부터 바이러스에 의해 형성된 항체 또는 T세포를 얻어 바이러스 감염이 일어난 사람에게 제공함으로써 바이러스 감염으로 인한 증상을 치료하려는 것이다. 특히 AIDS 바이러스에 의한 질병과 같이 기존의 능동면역으로 예방이 불가능하거나 기존의 기술로 예방과 치료가 어려운 질환에 대하여 치료용 백신을 통하여 면역세포 특히 세포독성 T세포(cytotoxic T cell), 자연살해세포(natural killer cell) 등이 매개하는 면역기능을 유도함으로써 바이러스 감염질환이나 암을 치료하려는 목적으로 개발되고 있다.

<table>
<tr><th>질환</th><th>바이러스</th><th>항바이러스제</th><th>화학형태</th><th>차단 단계</th></tr>
<tr><td rowspan="5">호흡기질환</td><td rowspan="5">인플루엔자
respiratory
syncytial virus</td><td>아만타딘</td><td rowspan="2">Tricyclic amines</td><td rowspan="2">uncoating</td></tr>
<tr><td>리만타딘</td></tr>
<tr><td>리바비린</td><td>뉴클레오시드
유사체</td><td>replication</td></tr>
<tr><td>자나미빌(리렌자)</td><td rowspan="2">뉴라미니다아제
저해제</td><td rowspan="2">release</td></tr>
<tr><td>오셀타미빌(타미플루)</td></tr>
<tr><td>항 허피스제</td><td>HSV
varicella-zoster
Epstein-Barr virus
cytomegalovirus</td><td>아시클로버
비다라빈
간시클로버</td><td>뉴클레오시드
유사체</td><td>replication</td></tr>
<tr><td rowspan="4">항
retrovirus제</td><td rowspan="4">HIV</td><td>지도부딘(AZT)</td><td rowspan="2">뉴클레오시드
유사체</td><td rowspan="2">reverse
transcription</td></tr>
<tr><td>라미부딘</td></tr>
<tr><td>사퀴나빌</td><td rowspan="2">protease inhibitor</td><td rowspan="2">assembly</td></tr>
<tr><td>넬피나빌</td></tr>
<tr><td>만성 B형
간염</td><td>HBV</td><td>라미부딘
아데포비어</td><td>뉴클레오시드
유사체</td><td>replication</td></tr>
</table>

▣3. 항바이러스 요법

세균의 감염은 항생제를 통하여 억제할 수 있지만 바이러스의 증식은 막지 못한다. 바이러스의 증식은 숙주세포의 기작과 긴밀한 관련이 있기 때문에 바이러스만 효과적으로 제거하는 항바이러스 약물을 찾기에는 많은 어려움이 있다. 바이러스의 life cycle 중의 어느 한 단계, 즉 흡착, 침투, 탈외피, genome 복제, 전사, 조립, 방출의 어느 한 단계라도 방해할 수가 있다면 효과적일 것이다.(p206의 그림참조).

1. Attachment inhibitor

부착(attachment)은 두 가지 방법으로 차단될 수 있다. 바이러스 표면에 부착하여 세포 수용체와 결합하는 것을 방해하거나, 세포 수용체에 결합하여 바이러스의 부착을 억제하는 방법이다. 바이러스 표면에 붙어 중화(neutralization)시킬 수 있는 항체(passive immunization)를 사용하거나, receptor antagonist(sugar/peptide analogue of receptor, chemokine receptor inhibitor)를 이용하면 바이러스의 부착을 저해할 수 있다.

2. Penetration과 uncoating의 inhibitor

바이러스의 침투/탈외피 과정은 많이 알려져 있지 않아 이 단계를 차단하는 것은 어려움이 있다. 인플루엔자 바이러스의 탈외피를 막는 항바이러스제로 amantadine과 rimantadine이 있다. 인플루엔자 바이러스가 탈외피하기 위해서는 엔도좀이 산성환경으로 바뀌어야 하는데 이것은 세포막 이온 채널을 통해 수소이온(H^+)이 유입됨으로써 일어난다. 아만타딘은 M(matrix)2단백질을 억제하여 수소이온의 이동을 방해함으로써 탈외피를 저해할 수 있다. 리만타딘도 유사한 기작을 이용한다.

3. transcription inhibitor

전사의 저해는 anti-sense DNA나 인터페론 알파를 사용하여 일어날 수 있다.

4. translation inhibitor

해독(translation)의 저해는 인터페론을 사용하여 일으킬 수 있다. 특정한 RNA에 간섭하고 절단을 초래하여 유전자발현을 막는 siRNA (small interfering RNA), ribozyme 등도 사용될 수 있다.

5. replication inhibitor

뉴클레오티드 유사체를 사용하여 바이러스 genome의 복제에 관련된 효소작용을 억제함으로써 일어날 수 있다. 이러한 표적이 되는 효소로는 티미딘 키나제(thymidine kinase, TK), DNA 중합효소, 역전사효소(reverse transcriptase) 등이 포함된다. 이러한 유형에 포함되는 것으로는 아시클로버(acyclovir), 간시클로버(gancyclovir), 비다라빈(vidarabine), 리바비린(ribavirin), 지도부딘(zidovudine, AZT), 디디옥시뉴클레오시드 유사체(ddA,

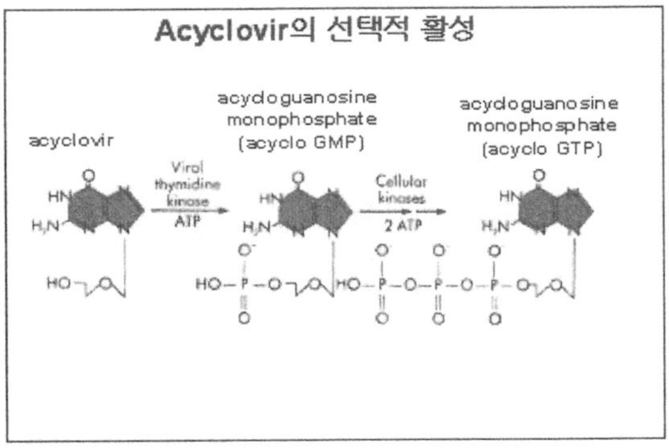

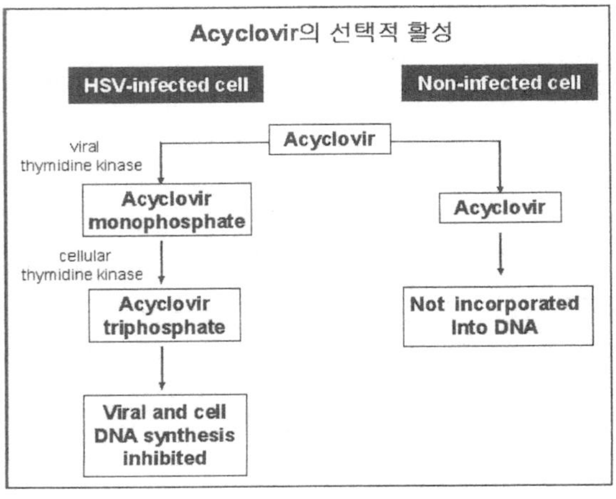

ddC, ddI) 등이 있다. 아시클로버는 숙주의 DNA 합성보다는 바이러스의 복제를 선택적으로 차단하게 되는데, 허피스 바이러스(HSV)의 TK만이 아시클로버에 결합하여 DNA 합성에 사용할 수 있는 전구물질로 전환시킨다. 감염세포에서는 이러한 전환이 일어나 DNA에 삽입되면 DNA합성이 중단되지만 감염되지 않은 세포에서는 전구물질로 전환이 일어나지 않아 아무 영향도 주지 못한다.

6. assembly와 release의 inhibitor

이론적으로 세포에 바이러스가 만들어졌어도 외부로 방출되지 않으면 바이러스 전파를 막을 수 있다. 인플루엔자 바이러스의 뉴라미니다아제는 sialic acid를 분해하여 감염된 세포로부터 출아(budding)하는 바이러스입자가 달라붙지 못하도록 한다. 뉴라미니다아제의 저해제인 리렌자(relenza)는 바이러스입자가 유리(release)되지 못하도록 한다. 이와 더불어 비리온입자의 assembly를 저해하는 것도 항바이러스제의 target이 되고 있다. 바이러스들 중에는 전구체 단백질(폴리프로테인)을 합성한 후 이것을 분해하여 여러 가지 필요한 단백질을 만들어 내기도 하는데 바이러스의 단백질 가수분해효소 (protease inhibitor)를 억제하면 바이러스 입자의 생성을 억제할 수 있다. 현재 HIV protease 기능을 억제하는 항바이러스제가 개발되어 있다.

▣4. 면역요법과 유전자 치료

면역요법은 바이러스 감염이 이미 일어난 환자에게 항바이러스 역할을 하는 사이토카인, 면역조절물질, 항체 등을 투여함으로써 바이러스에 의한 증상을 완화시키는 것이다. 인터페론(interferon)은 당단백질로서 바이러스가 세포에 감염과 증식하는 것을 억제한다. 면역요법의 대표적인 예로는 만성 B형과 C형 간염의 치료에 사용되는 인터페론 알파가 있다. 이 외에도 인터류킨-2(interleukin-2)는 HIV 환자의 면역요법에 사용되며, 인터류킨-12와 인터페론 감마는 NK세포를 자극하여 바이러스 감염 뿐 아니라 암의 치료에도 사용된다. 유전자치료(gene therapy)는 외부의 유전자를 도입하여 결함이 있는 유전자를 교정하거나 세포에 면역기능을 활성화 시키는 유전자를 비롯한 새로운 기능을 제공함으로써 질병을 치료하고자 하는 기술을 말한다. 사용되는 바이러스 운반체로는 아데노바이러스, 레트로바이러스, 백시니아 바이러스 등이 사용되고 있으며, 암과 AIDS, 자가면역질환 등의 치료를 위해 개발되고 있다.

참고문헌

1. Arisaka, F. Assembly and infection process of bacteriophage T4. CHAOS 15: 47502-47507 (2005)

2. Atsumi, S. and Little, J.W. Regulatory circuit design and evolution using phage λ. Genes and develop. 18: 2086-2094 (2004)

3. Behrens, S., Baroth, M., Fricke, J., Wang, S. (2004) Replication and pathogenesis of hepatitis C virus and other flaviviridae. Fox Chase Cancer center 2004 Scientific Report.

4. Botchan, M., Grodzicker, T., Sharp, P.A. (eds.) (1986) Cancer cells: DNA tumor viruses. Cold Spring Harbor: Cold Spring Harbor Laboratory.

5. Bowman, B.R., Baker, M.L., Rixon, F.J., Chiu, W., Quiocho, F.A. Structure of the herpesvirus major capsid protein. EMBO J. 22:757-765 (2003)

6. Branden, C. and Tooze, J. (1991) Introduction to protein structure. New York and London: Garland Publishing.

7. Bussiere, F., Lehoux, J., Thompson, D.A., Skrzeczkowski, L.J., Perreault, J. Subcellular localization and rolling circle replication of peach latent mosaic viroid: Hallmarks of group A viroids. J. Virol. 73: 6353-6360 (1999)

8. Butler, P.J.G. Self-assembly of tobacco mosaic virus: the role of an intermediate aggregate in generating both specificity and speed. Phil. Trans. R. Soc. Lond. B.354: 537-550 (1999)

9. Butler, P.J.G. and Klug, A. Assembly of the particle of tobacco mosaic virus from RNA and disks of protein. Nature New Biol. 229: 47-50 (1971)

10. Caspar, D.L.D. Assembly and stability of the tobacco mosaic virus particle. Adv. Prot. Chem. 18: 37-121 (1963)

11. Cann, A.J. (2001) Principles of molecular virology (3rd edn). London: Elsevier Academic Press.

12. Carpenter, J.M. The stacked-disk structure of tobacco mosaic protein. Virology 41:603-614 (1970)

13. Dimmock, N.J., Easton, A.J., Leppard, K.N. (2001) Introduction to modern virology (5th edn). Oxford: Blackwell Science.

14. Dimmock, N.J. and Primrose, S.B. (1994) Introduction to modern virology (4th edn). Oxford:

Blackwell Science.

15. Ding, B., Kwon, M., Hammond, R., Owens, R. Cell-to-cell movement of potato spindle tuber viroid. The plant J. 12: 931-936 (1997)

16. Dulbecco, R. and Ginsberg, H.S. (1988) Virology (2nd edn). Philadelphia: Lippincott.

17. Elena, S.F., Dopazo, J., Flores, R., Diener, T.O., Moya, A. Phylogenetic analysis of viroid and viroid-like satellite RNAs from plants: A reassessment. J. Mol. Evol. 53:155-159 (2001)

18. Fields, B.N. and Knipe, D.M. (eds.) (1991) Fundamental virology (2nd edn) New York: Raven Press.

19. Durham, A.C.H. and Klug, A. Polymerization of tobacco mosaic virus protein and its control. Nature New Biol. 229:42-46 (1971)

20. Durham, A.C.H., Finch, J.T., Klug, A. States of aggregation of tobacco mosaic virus protein. Nature New Biol. 229: 37-42 (1971)

21. Fraenkel-Conrat, H. and Kimball P.C. (1982) Virology. Englewood Cliffs: Prentice-Hall.

22. Fraenkel-Conrat, H. and Singer, B. Reconstitution of tobacco mosaic virus. III. Improved methods and the use of mixed nucleic acids. Biochim. Biophys. Acta 33:359-370 (1959)

23. Freed, E.O. Mechanisms of enveloped virus release. Virus Res. 106: 85-86 (2004)

24. Garner, J.A. Herpes simplex virion entry into and intracellular transport within mammalian cells. Advanced Drug Delivery Reviews 55:1497-1513 (2003)

25. Garoff, H., Hewson, R., Opstelten, D. Virus maturation by budding. Microbiol. Mol. Biol. Rev. 62: 1171-1190 (1998)

26. zur Hausen, H. Papillomaviruses and cancer: from basic studies to clinical application. Nat. Rev. Cancer 2: 342-350 (2002)

27. Helenius, A. Unpacking the incoming influenza virus. Cell 69: 577-578 (1992)

28. Helt, A. and Galloway, D.A. Mechanisms by which DNA tumor virus oncoproteins target the Rb family of pocket proteins. Carcinogenesis 24: 159-169 (2003)

29. Jayakar, H.R., Jeetendra, E., Whitt, M.A. Rhabdovirus assembly and budding. Virus Res. 106: 117-132 (2004)

30. Jenkins, G.M., Woelk, C.H., Rambaut, A., Holmes, E.C. Testing the extent of sequence similarity among viroids, satellite RNAs, and hepatitis delta virus. J. Mol.Evol. 50: 98-102 (2000)

31. Kaplan, A.S. (ed.) (1973) The herpesviruses. New York and London: Academic Press.

32. Kellberger, E. DNA viruses: Cooperativity and regulation through conformational changes as features of phage assembly. Philos. Trans. R. Lond. B. Biol. Sci. 276:3-13 (1976)

33. Knight, C.A. (1974) Molecular virology. New York: McGraw-Hill.

34. Ko, L.J. and Prives, C. p53: puzzle and paradigm. Genes and develop. 10: 1054-1072 (1996)

35. Laemmli, U.K., Molbert, E., Showe, M., Kelleberger, E. Form-determining function of the genes required for the assembly of the head of bacteriophage T4. J. Mol. Biol. 49: 99-113 (1970)

36. Lane, D.P. p53, guardian of the genome. Nature 358: 15-16 (1992)

37. Levine, A.J., Momand, J. and Finlay, C.A. The p53 tumor suppressor protein. Nature 351: 453-456 (1991)

38. Luria, S.E., Darnell, J.E., Baltimore, D., Campbell, A. (1978) General virology (3rd edn). New York: John Wiley & Sons.

39. Lustig, A. and Levine, A.J. One hundred years of virology. J. Virol. 66: 4629-4631 (1992)

40. Maniataki, E., Tabler, M., Tsagris M. Viroid RNA systematic spread may depend on the interaction of a 71-nucleotide bulged hairpin with the host protein VirP1. RNA 9: 346-354 (2003)

41. Martin, S.J. (1978) The biochemistry of viruses. Cambridge: Cambridge University Press.

42. Meunier, Y.A. Infectious mononucleosis-like syndrome and gastrointestinal disorders in acute acquired cytomegalovirus infection. Singapore Med. J. 46: 421-422 (2005)

43. Mondelli, M.U. Natural history of hepatitis C virus infection. J. Biol. Reg. Homeo. Agents 17: 128-132 (2003)

44. Nayak, D.P., Hui, E.K., Barman, S. Assembly and budding of influenza virus. Virus Res. 106: 147-165 (2004)

45. Nevins, J.R. E2F: a link between the Rb tumor suppressor protein and viral oncoproteins. Science 258: 424-429 (1992)

46. Otto, G.A., Lukavsky, P.J., Lancaster, A.M., Sarnow, P., Puglisi, J.D. Ribosomal proteins mediate the hepatitis C virus IRES-HeLa 40S interaction. RNA 8:913-923 (2002)

47. Pfeiffer, S., Zavolan, M., Grasser, F.A., et. al., Identification of virus-encoded microRNAs. Science 304: 734-736 (2004)

48. Pray, L.A. Viroids, viruses, and RNA silencing. The scientist 18: 23 (2004)

49. Prescott, L.M., Harley, J.P., Klein, D.A. (2005) Microbiology (6th edn). New York: McGraw-Hill.

50. Rabe, B., Vlachou, A., Pante, N., Helenius, A., Kann, M. Nuclear import of hepatitis B virus capsids and release of the viral genome. PNAS 100: 9849-9854 (2003)

51. Rosen, L.J. (ed.) (2001) Mechanism of DNA tumor virus transformation. Basel: Karger.

52. Showe, M.K., Isobe, E., Onorato, L. Bacteriophage T4 prohead proteinase. II. Its cleavage from the product of gene 21 and regulation in phage-infected cells. J.Mol. Biol. 107: 55-69 (1976)

53. Showe, M.K. and Black, L.W. Assembly core of bacteriophage T4: an intermediate in head formation. Nat. New Biol. 242: 70-75 (1973)

54. Smith, K.M. and Ritchie, D.A. (1980) Introduction to virology. London and New York: Chapman and Hall.

55. Spetz, C. (2003) Molecular studies on a complex of potyvirus infecting solanaceous crops, and some specific virus-host interactions. Doctoral thesis. Swedish University of Agricultural Sciences.

56. Stent, G.S. (ed.) (1960) Papers on bacterial viruses. Boston and Toronto: Little, Brown and Company.

57. Sullivan, C.S. and Pipas, J.M. T antigen of simian virus 40: Molecular chaperones for viral replication and tumorigenesis. Microbiol. Mol. Biol. Rev. 66: 179-202 (2002)

58. Tao, Y., Olson, N.H., Xu, W., Anderson, D.L., Rossmann, M.G., Baker, T.S. Assembly of a tailed bacterial virus and its genome release studied in three dimension. Cell 95: 431-437 (1998)

59. Tsugita, A., Black, L.W., Showe, M.K. Bacteriophage T4 prohead proteinase. I. Purification and properties of a bacteriophage enzyme with cleaves the capsid precursor proteins. J. Mol. Biol. 107: 35-54 (1976)

60. Tsugita, A., Black, L.W., Showe, M.K. Protein cleavage during virus assembly: Characterization of cleavage in T4 phage. J. Mol. Biol. 98: 217-225 (1975)

61. Uiprasertkul, M., Puthavathana, P., Sangsiriwut, K., et al.. Influenza A H5N1 replication sites in humans. Emerging Infectious diseases 11:1036-1040 (2005)

62. Vande Woude, G.F., Levine, A.J., Topp, W.C., Watson, J.D. (eds.) (1984) Cancer cells: Oncogenes and viral genes. Cold Spring Harbor: Cold Spring Harbor Laboratory.

63. Voyles, B.A. (1993) The biology of viruses. St. Louis: Mosby-Year Book.

64. Wang, M., Bian, X., Wu, L., et. al., On the role of RNA silencing in the pathogenicity and evolution of viroids and viral satellites. PNAS 101: 3275-3280 (2004)

65. Webster, R.G. and Granoff, A. (eds.) (1994) Encyclopedia of virology, Vols 1-3. London: Academic Press.

66. Weidel, W. (1959) Virus. Ann Arbor: The University of Michigan Press.

67. Weiss, R., Teich, N., Varmus, H., Coffin, J. (eds.) (1985) RNA tumor viruses. Cold Spring Harbor: Cold Spring Harbor Laboratory.

68. Whittaker, G.R. Intracellular trafficking of influenza virus: clinical implications for molecular medicine. Exp. Rev. Mol. Med. 8 Feb, http://www-ermm.cbcu.ac.uk/01002447h.htm

69. 바이러스학, 대한바이러스학회, 정문각, 2004
70. 바이러스학, 브루스 보일(최준호, 하영미 옮김), 라이프 사이언스, 2004
71. 바이러스학, 이재열, 장무웅, 자유아카데미, 2001
72. 분자 바이러스학, 알란 칸(정용석 외 옮김), 월드사이언스, 2005
73. 식물 바이러스학, 최장경 외, 향문사, 1996
74. 인체 바이러스학, 이영종, 고려의학, 1998
75. 진단 바이러스학, 김태운 외, 고려의학, 2001

부록 : 바이러스 분류표

I. Bacteriophage

Family	특징	바이러스 예	모양	핵산의 형태
Myoviridae	icosahedral head, contractile tail	T2, T4 P1, P2 Mu	complex	double-stranded DNA (class 1)
Podoviridae	icosahedral head, noncontractile and short tail	T7 P22, SP6		
Siphoviridae	icosahedral head, noncontractile and long tail	λ, T5		
Tectiviridae	linear dsDNA genome	PRD1	icosahedral	double-stranded DNA (class 1)
Microviridae	circular ssDNA	ΦX174	icosahedral	single-stranded DNA (class 2)
Inoviridae		f1, fd M13	helical	
Cystoviridae	enveloped	Pseudomonas phage Φ6	Enveloped icosahedral	double-stranded RNA (class 3)
Leviviridae	linear ssRNA	MS2, Qβ	icosahedral	single-stranded (positive-sense) RNA (class 4)

II. Plant virus

<table>
<tr><th>Family</th><th>특징</th><th>바이러스 예</th><th>모양</th><th>핵산의 형태</th></tr>
<tr><td>Geminiviridae</td><td>fused-pair icosahedral</td><td>Mazie streak virus</td><td>icosahedral</td><td>single-stranded DNA (class 2)</td></tr>
<tr><td>Reoviridae</td><td rowspan="2">segmented genome</td><td>Phytoreovirus Oryzavirus</td><td rowspan="2">icosahedral</td><td rowspan="2">double-stranded RNA (class 3)</td></tr>
<tr><td>Partitiviridae</td><td>Partivirus Alphacryptovirus</td></tr>
<tr><td>Tobamovirus</td><td>rod-shaped</td><td>Tobacco mosaic virus</td><td rowspan="3">helical</td><td rowspan="5">single-stranded (positive-sense) RNA (class 4)</td></tr>
<tr><td>Potyvirus</td><td rowspan="2">filamentous</td><td rowspan="2">Potato virus Y
Beet yellows virus</td></tr>
<tr><td>Closteroviridae</td></tr>
<tr><td>Bromoviridae</td><td>positive-sense RNA</td><td>Alfalfa mosaic virus, Cucumber mosaic virus</td><td rowspan="2">icosahedral</td></tr>
<tr><td>Comoviridae</td><td>positive-sense RNA</td><td>Cowpea mosaic virus</td></tr>
<tr><td>Rhabdoviridae</td><td rowspan="2">Enveloped</td><td>Cytorhabdovirus</td><td rowspan="2">Enveloped helical</td><td rowspan="2">single-stranded (negative-sense) RNA (class 5)</td></tr>
<tr><td>Bunyaviridae</td><td>Tomato spotted wilt virus</td></tr>
<tr><td>Caulimoviridae</td><td>reverse-transcriptase를 사용</td><td>Cauliflower mosaic virus</td><td>icosahedral</td><td>double-stranded DNA (class 7)</td></tr>
</table>

III. Animal virus

Family	virus class	바이러스 예	모양	핵산의 형태
Adenoviridae	1	Adenovirus	icosahedral	double-stranded DNA
Herpesviridae		Herpes simplex, Varicella-zoster	**Enveloped** icosahedral	
Papovavirus		Paillomavirus, Polyoma virus, SV40	icosahedral	
Poxviridae		Vaccinia virus, Smallpox	complex	
Parvoviridae	2	Adeno-associated virus	icosahedral	single-stranded DNA
Reoviridae	3	Rotavirus	icosahedral	double-stranded RNA
Coronaviridae	4	Coronavirus	**Enveloped** helical	single-stranded (positive-sense) RNA
Astroviridae		Astrovirus	icosahedral	
Caliciviridae		Norwalk virus	icosahedral	
Flaviviridae		Hepatitis C virus (HCV)	**Enveloped** icosahedral	
Picornaviridae		Poliovirus, Rhinovirus	icosahedral	
Togaviridae		Rubella virus, Sindbis virus	**Enveloped** icosahedral	
Paramyxoviridae	5	Measles virus, Mumps virus	**Enveloped** helical	single-stranded (negative-sense) RNA
Rhabdoviridae		Rabies virus		
Arenaviridae		Lymphocytic choriomeningitis virus		
Bunyaviridae		Hantaan virus		
Orthomyxoviridae		Influenza virus		
Retroviridae	6	Human immunodeficiency virus (HIV)	**Enveloped** icosahedral	single-stranded RNA (diploid), reverse-transcriptase를 사용
Hepadnaviridae	7	Hepatitis B virus (HBV)	**Enveloped** icosahedral	double-stranded DNA, reverse-transcriptase를 사용

찾아보기

[ㅅ]

[ㅇ]

[ㅈ]

[ㅊ]

[ㅋ]

[ㅌ]

저자 약력:

1988년, 서울대 미생물학과 졸업 (학사, 석사, 박사)

1988–1991년, 미국 프린스턴대학 분자생물학과 포스트닥

2001–2002년, 미국 뉴욕 마운트 사이나이 의과대학 방문교수

1991–현재, 전남대학교 생명과학기술학부 교수

저서:

인체노화 (탐구당. 2005)

알기쉬운 바이러스

1판인쇄 2006년 5월 2일
1판발행 2006년 5월 10일

지은이 오상진
펴낸이 홍석우
펴낸곳 탐구당

출판등록 1950. 11. 1 서울 제 03–00993호
140–011 서울특별시 용산구 한강로1가 158
전화 (02)3785–2211~5 | 팩스 (02)3785–2272
E-mail : tamgudang@tamgudang.co.kr
http://www.tamgudang.co.kr

값 13,000 원
ISBN 89-87314-88-X